D. J. STRUIK

ABRISS DER GESCHICHTE DER MATHEMATIK

ABRISS DER GESCHICHTE DER MATHEMATIK

VON

DIRK J. STRUIK

Professor em. der Mathematik am Massachusetts Institute of Technology

Vierte, berichtigte Auflage

FRIEDR. VIEWEG & SOHN GMBH

BRAUNSCHWEIG

A Concise History of Mathematics

The Dover Series in Mathematics and Physics

Das Original trägt die Widmung „For Ruth“

Deutsche Übersetzung nach der 2. Auflage:
Prof. Dr. H. Karl, Potsdam

ISBN 978-3-322-96078-8 ISBN 978-3-322-96212-6 (eBook)
DOI 10.1007/978-3-322-96212-6

Lizenzausgabe für die Bundesrepublik Deutschland,
Westberlin, Österreich und die Schweiz

1967

ES 19 A

Lizenz-Nr.: 206 · 435/92/67
Satz: VEB Leipziger Druckhaus, Leipzig III/18/203

VORWORT

Die Mathematik stellt einen großangelegten Tummelplatz von Ideen dar; ihre Geschichte widerspiegelt manche der edelsten Gedanken von zahllosen Generationen. Diese Geschichte in ein Buch von kaum zweihundertfünfzig Seiten zusammenzudrängen, war nur dadurch möglich, daß wir uns eine strenge Disziplin auferlegten, indem wir die Entwicklung einiger weniger Grundideen skizzierten und die Beziehungen zu anderen Entwicklungen auf ein Mindestmaß reduzierten. Bibliographische Einzelheiten mußten auf Überblicke beschränkt bleiben; manche recht bedeutende Gelehrte — Roberval, Lambert, Schwarz, Tschebyscheff u. a. — mußten übergangen werden. Die vielleicht schwerwiegendste Beschränkung besteht aber darin, daß auf die allgemeine kulturelle und gesellschaftliche Atmosphäre, in der die Mathematik einer Epoche blühte (oder dahinsiechte), zuwenig Bezug genommen werden konnte. Viele andere Gebiete beeinflußten die Mathematik, so Ackerbau, Handel und Warenproduktion, desgleichen Kriegswesen, Ingenieurwissenschaften und Philosophie ebenso wie Physik und Astronomie. Der Einfluß der Hydrodynamik auf die Funktionentheorie, des Kantianismus und der Landesvermessung auf die Geometrie, des Elektromagnetismus auf die Theorie der Differentialgleichungen, der Cartesischen Philosophie auf die Mechanik und der Scholastik auf die Infinitesimalrechnung konnte nur in wenigen Sätzen — oder sogar nur in wenigen Worten — dargestellt werden, obwohl ein Verständnis des Weges und des Inhalts der Mathematik nur dann erreicht werden kann, wenn alle diese bestimmenden Faktoren in die Betrachtung einbezogen werden. Oft mußte eine historische Analyse durch einen Literaturhinweis ersetzt werden. Das Werk endet mit dem Jahre 1900; denn wir sehen, daß die heutige Mathematik so vielfältige Aspekte besitzt, daß es unmöglich ist — jedenfalls für den Autor dieses Buches —, auch nur die Hauptentwicklungsrichtungen einwandfrei einzuschätzen.[1])

Wir hoffen, daß es uns trotz dieser Einschränkungen gelungen ist, eine einigermaßen sachgerechte Schilderung der Hauptentwicklungslinien der Mathematik durch die Jahrhunderte und der gesellschaftlichen und kulturellen Grundlagen, auf denen sie sich vollzogen, darzubieten.

Die Stoffauswahl beruht natürlich nicht ausschließlich auf objektiven Faktoren, sondern wurde durch die Sympathien und Antipathien, die Kenntnisse und Wissenslücken des Verfassers beeinflußt. Zu letzteren muß gesagt werden, daß es nicht immer möglich war, aus den ursprünglichen Quellen zu schöpfen; zu oft mußte auf Quellen zweiter, ja sogar dritter Hand zurückgegriffen werden. Es dürfte sich daher bei diesem Buch wie bei allen solchen geschichtlichen Darstellungen empfehlen, die Angaben soweit wie möglich an den ursprünglichen Quellen zu überprüfen. Das ist in mehr als einer Hinsicht ein gutes Verfahren. Unsere Kenntnis von solchen Gelehrten wie Euklid, Diophant, Descartes, Laplace, Gauß oder Riemann sollte nicht ausschließlich auf Zitaten beruhen oder auf Beschreibungen ihrer Leistungen in geschichtlichen Werken. Vom Originalwerk von Euklid oder Gauß geht dieselbe belebende Kraft aus wie vom Originalwerk von Shakespeare, und es gibt bei Archimedes, Fermat oder Jacobi Stellen, die ebenso schön sind wie Horaz oder Emerson.

Zu den Grundsätzen, von denen sich der Verfasser bei der Verarbeitung des Materials leiten ließ, gehören die folgenden:

1. Betonung des Zusammenhangs und der Verwandtschaft zwischen den orientalischen Kulturen gegenüber einer mechanischen Einteilung in ägyptische, babylonische, chinesische, indische und arabische Kultur.
2. Unterscheidung zwischen bewiesener Tatsache, Hypothese und Überlieferung, besonders in der Mathematik der Griechen.

---

[1]) Siehe hierzu H. Weyl, *A Half Century of Mathematics*, Amer. Math. Monthly *58*, S. 523—533 (1951).

3. Nachweis der Beziehungen der beiden Strömungen in der Mathematik der Renaissance, sowohl der arithmetisch-algebraischen als auch der „Fluxionslehre", zu den Handelsinteressen bzw. zu den technischen Bedürfnissen der Epoche.
4. Basierung der Darstellung der Mathematik des neunzehnten Jahrhunderts mehr auf Einzelpersonen und Schulen statt auf Sachgebiete.

Hierbei konnte „Die Entwicklung der Mathematik im 19. Jahrhundert" von Felix Klein als hauptsächlicher Leitfaden dienen. Eine Darstellung nach Sachgebieten findet man in den Büchern von Cajori und Bell oder, mit mehr technischen Einzelheiten, in der „Encyklopädie der mathematischen Wissenschaften" (24 Bände, Leipzig 1898—1935) und in Pascals „Repertorium der höheren Mathematik" (5 Bände, Leipzig 1910—1929).

Der Verfasser möchte Herrn Dr. O. Neugebauer seinen Dank aussprechen, dessen Bereitwilligkeit, die ersten Kapitel dieses Werkes zu lesen, zu mehreren Verbesserungen geführt hat. Herrn Prof. Dr. A. P. Juschkewitsch verdankt der Verfasser mehrere Verbesserungen in der Darlegung der Wissenschaft des Islams und Herrn Kurt-R. Biermann zahlreiche Literaturhinweise.

Bei der zweiten amerikanischen Ausgabe wurden mehrere Druckfehler und Irrtümer berichtigt, die in der ersten stehengeblieben waren. Der Verfasser möchte R. C. Archibald, E. J. Dijksterhuis, S. A. Joffe und anderen Lesern für ihre Aufmerksamkeit danken, die sie entdecken half. Bei der deutschen Ausgabe wurden weitere Korrekturen angebracht.

D. J. Struik

Bei dieser deutschen Ausgabe mußte leider auf Abbildungen völlig verzichtet werden, was an einer Stelle zu kleineren Änderungen des Textes gegenüber dem Original führte. Von der Redaktion der deutschen Ausgabe wurden weitere Literaturhinweise eingefügt, die wir zum größten Teil Herrn Kurt-R. Biermann verdanken. Für den Vorschlag zur Übersetzung des Werkes sind wir Herrn Gerhard Krüger vom Institut für Geschichte der Medizin und der Naturwissenschaften der Humboldt-Universität Berlin zu Dank verpflichtet.

Der Verlag

EINLEITENDE LITERATURÜBERSICHT

Einige der wichtigsten Bücher über die Geschichte des Gesamtbereichs der Mathematik sind nachstehend zusammengestellt. Wir empfehlen an erster Stelle G. Sarton, *The Study of the History of Mathematics* (103 S., Cambridge 1936; Nachauflage New York 1957), worin sich nicht nur eine interessante Einführung in unseren Gegenstand, sondern auch eine vollständige Bibliographie bis 1936 findet.

Englisch geschriebene Darstellungen:

R. C. Archibald, *Outline of the History of Mathematics* (Amer. Math. Monthly *56*, Jan. 1949, 6. Aufl.).

Diese Arbeit enthält auf 114 Seiten eine wohlgelungene Zusammenfassung und viele bibliographische Angaben.

F. Cajori, *A History of Mathematics* (2. Aufl., New York 1938).

Das ist ein Standardwerk von 514 Seiten.

D. E. Smith, *History of Mathematics* (2 Bände, Boston 1923/1925).

Dieses Werk beschränkt sich hauptsächlich auf Elementarmathematik, enthält aber Angaben über alle hervorragenden Mathematiker sowie zahlreiche Abbildungen; Nachauflage, New York 1951 bzw. 1953.

E. T. Bell, *Men of Mathematics* (New York 1937).

E. T. Bell, *The Development of Mathematics* (2. Aufl., New York—London 1945).

Diese beiden Bücher enthalten eine Fülle von Material, sowohl über die Mathematiker als auch über ihre Leistungen. Das Schwergewicht des zweiten Buches liegt auf der modernen Mathematik.

Vorwiegend die Elementarmathematik wird behandelt in:

V. Sanford, *A Short History of Mathematics* (Boston 1930).

W. W. Rouse Ball, *A Short Account of the History of Mathematics* (6. Aufl., London 1915, New York 1961).

Ein älteres, gut lesbares, aber veraltetes Werk.

H. Eves, *An Introduction to the History of Mathematics* (New York 1953).

H. W. Turnbull, *The great mathematicians* (London 1929, Nachauflage New York 1961; auch in J. R. Newmans Buch, siehe S. XI).

Das Standardwerk über die Geschichte der Mathematik ist noch immer M. Cantor, *Vorlesungen über Geschichte der Mathematik* (4 Bände, Leipzig 1900—1908).

Dieses groß angelegte Werk, dessen vierter Band von einer Gruppe von Spezialisten unter Cantors Leitung geschrieben wurde, umfaßt die Geschichte der Mathematik bis 1799. Es ist an vielen Stellen veraltet, besonders in den Abschnitten über die antike Mathematik, und oft in Einzelheiten unrichtig, aber es ist für eine erste Orientierung nach wie vor gut geeignet. Berichtigungen von G. Eneström u. a. finden sich in den Bänden der „Bibliotheca mathematica".

Weitere deutsche Bücher:

H. G. Zeuthen, *Geschichte der Mathematik im Altertum und Mittelalter* (Kopenhagen 1896; französische Ausgabe Paris 1902; erste dänische Ausgabe 1893, zweite dänische Ausgabe 1949, überarbeitet von O. Neugebauer).

H. G. Zeuthen, *Geschichte der Mathematik im 16. und 17. Jahrhundert* (Leipzig 1903).

S. Günther — H. Wieleitner, *Geschichte der Mathematik* (2 Bände; I, verfaßt von Günther, Leipzig 1908; II, verfaßt von Wieleitner, 2 Teile, 1911—1921), herausgegeben von Wieleitner (Berlin 1939).

J. Tropfke, *Geschichte der Elementarmathematik* (7 Bände, 2. Aufl., Leipzig 1921—1924, Band 1—4 in 3. Aufl. 1930—1940).

Die Kultur der Gegenwart III, 1 (Leipzig—Berlin 1912) enthält:

H. G. Zeuthen, *Die Mathematik im Altertum und im Mittelalter.*

A. Voss, *Die Beziehungen der Mathematik zur allgemeinen Kultur.*

H. E. Timerding, *Die Verbreitung mathematischen Wissens und mathematischer Auffassung.*

O. Becker — J. E. Hofmann, *Geschichte der Mathematik* (Bonn 1951).

J. E. Hofmann, *Geschichte der Mathematik* (3 Bände; Sammlung Göschen, Band 226, 875, 882, Berlin 1953—1957).

Diese Bücher haben ein ausführliches Literaturverzeichnis und biographisches Material. Englische Übersetzung (teilweise): *The history of mathematics* (New York 1957).

O. Becker, *Grundlagen der Mathematik in geschichtlicher Entwicklung* (Freiburg—München 1954).

Das älteste Lehrbuch über die Geschichte der Mathematik ist in Frankreich erschienen:

J. E. Montucla, *Histoire des mathématiques* (4 Bände, neue Auflage, Paris 1799—1802).

Dieses zuerst 1758 (in 2 Bänden) veröffentlichte Buch behandelt auch die angewandte Mathematik. Es ist noch heute gut lesbar. Neudruck Paris 1960.

Ein gutes italienisches Buch ist:

G. Loria, *Storia delle matematiche* (3 Bände, Turin 1929—1933).

Es gibt auch mathematikgeschichtliche Anthologien:

D. E. Smith, *A Source Book in Mathematics* (New York 1929).

H. Wieleitner, *Mathematische Quellenbücher* (4 Bände, Berlin 1927—1929).

A. Speiser, *Klassische Stücke der Mathematik* (Zürich—Leipzig 1925).

J. R. Newman, *The World of Mathematics* (4 Bände, New York 1956).

Dies ist eine Anthologie von Essays über Mathematik und von Mathematikern.

Kürzlich erschien:

K. A. Rybnikow, *Geschichte der Mathematik* I (russisch), Moskau 1960.

Ebenso gibt es geschichtliche Darstellungen über Einzelgegenstände, von denen folgende erwähnt seien:

L. E. Dickson, *History of the Theory of Numbers* (3 Bände, Washington 1919—1927).

T. Muir, *The Theory of Determinants in the Historical Order of Development* (4 Bände, London 1906—1923); dazu Ergänzungsband: *Contributions to the History of Determinants 1900—1920* (London 1930).

A. von Braunmühl, *Vorlesungen über Geschichte der Trigonometrie* (2 Bände, Leipzig 1900—1903).

T. Dantzig, *Number. The Language of Science* (3. Aufl., New York 1943).

J. L. Coolidge, *A History of Geometrical Methods* (Oxford 1940).

G. Loria, *Il passato e il presente della principali teorie geometriche* (4. Aufl., Turin 1931).

G. Loria, *Storia della geometria descrittiva delle origini sino ai giorni nostri* (Mailand 1921).

G. Loria, *Curve piane speciali algebriche e transcendenti* (2 Bände, Mailand 1930); deutsche Ausgabe (2 Bände, schon früher veröffentlicht, Leipzig 1910—1911).

A. I. Markuschewitsch, *Skizzen zur Geschichte der analytischen Funktionen* (Übersetzung aus dem Russischen; Berlin 1955).

F. Cajori, *A History of Mathematical Notations* (2 Bände, Chicago 1928—1929).

L. C. Karpinski, *The History of Arithmetic* (Chicago 1925).

H. M. Walker, *Studies in the History of Statistical Methods* (Baltimore 1929).

R. Reiff, *Geschichte der unendlichen Reihen* (Tübingen 1889).

I. Todhunter, *History of the Progress of the Calculus of Variations during the Nineteenth Century* (Cambridge 1861).

I. Todhunter, *History of the Mathematical Theory of Probability from the Time of Pascal to that of Laplace* (Cambridge 1865).

I. Todhunter, *History of the Mathematical Theories of Attraction and the Figure of the Earth from the Time of Newton to that of Laplace* (London 1873).

C. Boyer, *The history of the calculus and its conceptual development* (New York 1959; 2. Aufl. von *The concepts of the calculus* [New York 1949]).

J. L. Coolidge, *The Mathematics of Great Amateurs* (Oxford 1949).

R. C. Archibald, *Mathematical Table Makers* (New York 1948).

R. Dugas, *Histoire de la mécanique* (Neufchatel 1950).

C. Boyer, *History of Analytic Geometry* (New York 1956).

E. W. Beth, *Geschiedenis der logica* (s'Gravenhage 1944).

K. Fladt, *Geschichte und Theorie der Kegelschnitte und der Flächen zweiten Grades* (Stuttgart 1965).

C. Truesdell, *The rational mechanics of flexible or elastic bodies*, 1638–1788, Euler, Opera 2ª ser. 11^2 (1960).

C. Truesdell, *Rational fluid mechanics* 1687—1765, ib. 12 (1954).

N. Bourbaki, *Éléments d'histoire des mathématiques* (Paris 1960).
Eine Sammlung historischer Artikel aus den mehrbändigen *Éléments de mathématiques* (Paris, seit 1939).

A. P. Juschkewitsch, *Historischer Abriß*, Kap. X aus W. W. Stepanow, *Lehrbuch der Differentialgleichungen* (3. Aufl., Berlin 1967).

Weitere Bücher werden am Ende verschiedener Kapitel erwähnt.

Die Geschichte der Mathematik wird auch in den Büchern über die allgemeine Geschichte der Wissenschaften besprochen. Das Standardwerk ist:

G. Sarton, *Introduction to the History of Science* (5 Bände, Washington—Baltimore 1927—1948).

[1]) Im vorliegenden Buch wird Sartons Transkription griechischer und orientalischer Namen zugrunde gelegt.

Es führt bis zum vierzehnten Jahrhundert[1]) und kann durch folgende Abhandlung ergänzt werden:

G. Sarton, *The Study of the History of Science, with an Introductory Bibliography* (Cambridge 1936)[1]).

Das von der Deutschen Akademie der Wissenschaften zu Berlin herausgegebene *Mathematische Wörterbuch* enthält ebenfalls zahlreiche Literaturhinweise zur Geschichte der Mathematik.

Ein gutes Werk für den Schulgebrauch ist:

W. T. Sedgwick — H. W. Tyler, *A Short History of Science* (2. Aufl., New York 1939).

Der Einfluß der Mathematik auf die Kultur wird behandelt in:

M. Kline, *Mathematics in Western Culture* (New York 1953).

Nützlich sind auch die zehn Artikel von G. A. Miller: *A first Lesson in the History of Mathematics, A second Lesson,* usw. in dem „National Mathematics Magazine", Band *13* (1939) bis *19* (1945).

Verwiesen sei ferner auf:

W. P. Subow, *Historiographie der Naturwissenschaften in Rußland* (russisch), Moskau 1956

sowie auf

Geschichte der Naturerkenntnis in Rußland (russisch), I/1 Moskau 1957, I/2 Moskau 1957, II Moskau 1960.

Periodische Veröffentlichungen über die Geschichte der Mathematik oder der Naturwissenschaften im allgemeinen sind:

„Bibliotheca mathematica", Reihe 1—3 (1884—1914).

„Scripta mathematica" (seit 1932).

„Isis" (seit 1913).

Revue d'histoire des sciences (seit 1947).

Archives internationales d'histoire des sciences (seit 1947).

Centaurus (seit 1950).

---

[1]) Siehe auch das auf S. IX erwähnte Buch von G. Sarton.

NTM, Z. f. Geschichte der Naturwissenschaften, Technik und Medizin (seit 1960).

Archiv für Geschichte der Mathematik, der Naturwissenschaften und der Technik (1909–1931).

Physis (seit 1959).

Probleme der Geschichte der Naturwissenschaft und Technik (russisch) (seit 1956).

Mathematik-historische Untersuchungen (russisch) (seit 1948).

Mitteilungen zur Geschichte der Medizin, Naturwissenschaft und Technik (Referatenorgan, ab 1961).

Archive for the History of Exact Sciences (seit 1960).

I. DIE ANFÄNGE

1. Unsere ersten Vorstellungen von Zahl und Form reichen bis in ferne Zeiten, bis in die ältere Steinzeit (Paläolithikum) zurück. Während der hundert oder mehr Jahrtausende dieser Periode lebten die Menschen in Höhlen und unter Bedingungen, die sich nur wenig von denen der Tiere unterschieden. Ihre Anstrengungen galten hauptsächlich dem elementaren Bedürfnis, sich Nahrung zu verschaffen, wo immer dies möglich war. Sie verfertigten Waffen zum Jagen und Fischen, entwickelten die Sprache, um sich untereinander verständigen zu können, und in den späteren Epochen der älteren Steinzeit bereicherten sie ihr Leben durch schöpferische Kunstformen, Figuren und Malereien. Die Höhlenmalereien in Frankreich und Spanien (schätzungsweise vor etwa 15000 Jahren entstanden) hatten vermutlich eine gewisse rituelle Bedeutung; auf jeden Fall verraten sie einen bemerkenswerten Formensinn.

Das Verständnis für Zahlen und räumliche Beziehungen machte so lange geringe Fortschritte, bis der Übergang vom bloßen *Sammeln* der Nahrung zu ihrer tatsächlichen *Produktion*, vom Jagen und Fischen zum Ackerbau, vollzogen wurde. Mit diesem grundlegenden Wandel, einer Umwälzung, in der sich die passive Einstellung des Menschen zur Natur in eine aktive verwandelte, treten wir in die jüngere Steinzeit (Neolithikum) ein.

Dieses große Ereignis in der Geschichte der Menschheit fand wahrscheinlich vor ungefähr 10000 Jahren statt, als die Eisdecke, die vordem Europa und Asien bedeckte, geschmolzen war und Wäldern und Wüsten Platz gemacht hatte. Die nomadenhaften

Wanderungen zur Nahrungssuche hörten allmählich auf. In großem Umfange traten primitive Bauern an die Stelle der Fischer und Jäger. Diese Bauern, die so lange an einer Stelle blieben, wie dort der Boden noch fruchtbar war, begannen mit der Errichtung dauerhafter Wohnstätten; es entstanden Dörfer als Schutz gegen die Witterung und gegen räuberische Feinde. Viele derartige Siedlungen aus der jüngeren Steinzeit sind ausgegraben worden. Die Überreste zeigen, wie sich nach und nach einfache Formen des Handwerks, wie Töpferei, Zimmerhandwerk und Weberei, entwickelten. Es gab Kornspeicher, so daß die Bewohner in der Lage waren, sich gegen den Winter und gegen schlechte Zeiten durch Vorräte zu sichern. Man buk Brot, braute Bier, und in den späteren Abschnitten der Jungsteinzeit wurden Kupfer und Bronze geschmolzen und verarbeitet. Erfindungen wurden gemacht, vor allem die Töpferscheibe und das Wagenrad; Boote und Schuppen wurden verbessert. Alle diese bedeutsamen Neuerungen entstanden nur innerhalb bestimmter Bezirke und verbreiteten sich nicht immer in andere Gegenden. Die amerikanischen Indianer beispielsweise wußten bis zum Eindringen der Weißen nicht viel von der Verwendung des Wagenrades. Dessenungeachtet wurde das Tempo der Vervollkommnung der Technik im Vergleich zur Altsteinzeit außerordentlich beschleunigt.

Zwischen den Dörfern entstand ein umfangreicher Handel, der sich so ausbreitete, daß Verbindungen über Hunderte von Meilen hinweg nachweisbar sind. Die Entdeckung der Technik des Erschmelzens zuerst von Kupfer, dann von Bronze und der Herstellung von Werkzeugen und Waffen daraus trug viel zur Verstärkung dieser Handelstätigkeit bei. Dies wiederum trieb die weitere Ausbildung der Sprachen voran. Die Worte dieser Sprachen drückten sehr konkrete Dinge und sehr wenige Abstraktionen aus, aber sie ließen doch schon einigen Raum für einfache Zahlenausdrücke und einige Beziehungen zwischen Formen. Viele australische, amerikanische und afrikanische Stämme befanden sich zur Zeit ihrer ersten Berührung mit den Weißen in diesem Stadium; einige Stämme leben heute noch unter diesen Bedingungen, so daß es möglich ist, ihre Ausdrucksarten und -formen zu studieren.

2. Ausdrücke für Zahlen — die nach Adam Smith eine „der abstraktesten Ideen, zu deren Bildung der menschliche Geist fähig ist", darstellen — kamen nur langsam in Gebrauch. Ihr erstes Auftreten trug eher qualitativen als quantitativen Charakter, indem man nur zwischen *eins* (genauer eigentlich „einem Mann" an Stelle von „einem Mann"), *zwei* und *viel* unterschied. Der alte qualitative Ursprung der Zahlenvorstellungen kann noch in gewissen dualen Ausdrucksweisen festgestellt werden, die in manchen Sprachen, wie im Griechischen oder Keltischen, vorkommen. Als der Zahlbegriff ausgebaut wurde, bildete man größere Zahlen zunächst durch Addition: 3 durch Addition von 2 und 1, 4 durch Addition von 2 und 2, 5 durch Addition von 2 und 3. Nachstehend ein Beispiel dazu von einigen australischen Stämmen:

Murray River: 1 = enea, 2 = petcheval, 3 = petcheval-enea, 4 = petcheval-petcheval.

Kamilaroi: 1 = mal, 2 = bulan, 3 = guliba, 4 = bulan-bulan, 5 = bulan-guliba, 6 = guliba-guliba.[1])

Die Entwicklung von Handwerk und Handel trug wesentlich zu dieser Herausbildung der Zahlenvorstellung bei. Zahlen wurden zu größeren Einheiten zusammengefaßt, üblicherweise durch die Verwendung der Finger einer Hand oder beider Hände, ein im Handelsverkehr ganz natürliches Verfahren. Dies führte zur Zählung zuerst mit 5, dann mit 10 als Grundzahl, die noch durch Addition und manchmal auch durch Subtraktion ergänzt wurde, so daß 12 als 10 + 2 oder 9 als 10 — 1 aufgefaßt wurde. Manchmal wurde auch 20, die Anzahl der Finger und Zehen, als Grundzahl gewählt. Unter 307 von W. C. Eels untersuchten Zahlensystemen von primitiven amerikanischen Stämmen waren 146 dezimal, 106 verwendeten 5 sowie 5 und 10 oder auch 20 sowie 5 und 20 als Grundzahl.[2]) Das Zwanzigersystem kam in seiner ausgepräg-

---

[1]) L. Conant, *The Number Concept* (New York 1896), S. 106/107, mit vielen ähnlichen Beispielen, sowie *Enzyklopädie der Elementarmathematik*, Band I (Übersetzung aus dem Russischen, Berlin 1954), S. 1—60.

[2]) W. C. Eels, *Number Systems of North American Indians*, Amer. Math. Monthly *20*, 293 (1913).

testen Form bei den Mayas in Mexiko und bei den Kelten in Europa vor.

Zahlenmäßige Unterlagen wurden in verschiedener Weise festgehalten, durch Bündeln, Kerben in einem Stock, Knoten in einer Schnur, zu Fünferhäufchen geordneten Steinchen oder Muscheln — alles Verfahrensweisen, die denen der Gastwirte früherer Tage mit ihrem Kerbholz sehr ähnlich waren. Von dieser Methode war es nur noch ein Schritt bis zur Einführung besonderer Symbole für 5, 10, 20 usw., und man findet den Gebrauch eben dieser Symbole am Anfang der geschriebenen Geschichte, in der sogenannten Morgenröte der Kultur vor.

Das älteste Beispiel für die Verwendung eines Kerbholzes geht bis in die ältere Steinzeit zurück und wurde 1937 in Vestonice (Mähren) gefunden. Es handelt sich um einen 7 Zoll langen Knochen eines jungen Wolfs, in welchen 55 tiefe Kerben eingeschnitten sind, von denen die ersten 25 in Gruppen zu 5 angeordnet sind. Danach kommt eine doppelt so lange Kerbe, mit der die Reihe abschließt; dann beginnt von der nächsten, ebenfalls doppelt so langen Kerbe eine neue Reihe, die bis 30 läuft.[1])

Es ist daher einleuchtend, daß die alte, bei Jacob Grimm zu findende und oft wiederholte Ansicht, das Zählen habe als Zählen an den Fingern begonnen, unrichtig ist. Das Zählen mit Hilfe der Finger, d. h. in Fünfern und Zehnern, kam erst auf einer gewissen Stufe der gesellschaftlichen Entwicklung auf. Nachdem es einmal erfunden war, konnten die Zahlen mittels einer Grundzahl ausgedrückt werden, mit deren Hilfe große Zahlen gebildet werden konnten; so entstand eine primitive Art der Arithmetik. Vierzehn wurde als $10 + 4$, manchmal auch als $15 - 1$ ausgedrückt. Die Multiplikation begann, als 20 nicht in der Form $10 + 10$, sondern als 2×10 ausgedrückt wurde. Solche Verdopplungsoperationen wurden jahrtausendelang als eine Art Mittelding zwischen Addition und Multiplikation verwendet, besonders in Ägypten und in der vorarischen Kultur von Mohenjo-Daro am Indus. Das Dividieren

---

[1]) Isis *28*, 462/463 (1938); entnommen den illustrierten London News vom 2. 10. 1937.

begann, als 10 in der Form „die Hälfte eines Körpers" ausgedrückt wurde, obwohl die bewußte Bildung von Brüchen außerordentlich selten blieb. Bei nordamerikanischen Stämmen beispielsweise sind nur wenige Fälle solcher Bildungen bekannt geworden, und das betraf in fast allen Fällen nur $^1/_2$, obwohl gelegentlich auch $^1/_3$ oder $^1/_4$ vorkommen.[1]) Eine merkwürdige Erscheinung war die Vorliebe für sehr große Zahlen, die vielleicht durch das allzu menschliche Bestreben hervorgerufen wurde, die Größe von Viehherden oder die Zahl der erschlagenen Feinde zu übertreiben; Überreste dieser Tendenz finden sich in der Bibel und in anderen heiligen Schriften.

3. Es ergab sich auch die Notwendigkeit, Länge und Rauminhalt von Gegenständen zu messen. Die Vergleichsmaße waren roh und wurden oft durch Vergleich mit Teilen des menschlichen Körpers gewonnen. In dieser Weise entstanden Einheiten wie Finger, Fuß und Hand. Namen wie Elle und Klafter erinnern noch an diese alten Gepflogenheiten. Als Häuser gebaut wurden, wie bei den Ackerbau treibenden Indianern oder den Bewohnern von Pfahlbauten in Mitteleuropa, wurden Regeln festgelegt, um beim Bauen gerade Linien und rechte Winkel einzuhalten. Das englische Wort „straight" (gerade) ist mit „stretch" (strecken) verwandt und weist auf Hantierungen an Seilen hin[2]), das Wort „line" (Linie) mit „linen" (Leinen), worin sich ein Zusammenhang zwischen dem Weberhandwerk und den Anfängen der Geometrie zeigt. Dies war einer der Wege, auf denen sich das Interesse an der Meßkunst herausbildete.

---

[1]) G. A. Miller hat darauf hingewiesen, daß die Worte one-half, semis, moitié in keinem unmittelbaren Zusammenhang mit den Worten two, duo, deux (im Gegensatz zu one-third, one-fourth usw.) stehen, was zu beweisen scheint, daß der Begriff $^1/_2$ unabhängig von dem der ganzen Zahl entstanden ist. Nat. Math. Magazine *13*, 272 (1939).

[2]) Den Namen „rope-stretchers" (Seilspanner) (griechisch: „harpe donaptai", arabisch: „Massah", assyrisch: „masihānu") erhielten in vielen Ländern diejenigen Menschen, die Vermessungsarbeiten ausführten; siehe S. Gandz, *Quellen und Studien zur Geschichte der Mathematik* I (1930), S. 255—277.

Die Menschen der jüngeren Steinzeit entwickelten auch ein feines Gefühl für geometrische Muster. Das Brennen und Bemalen der Töpferwaren, das Flechten von Binsen, das Weben von Körben und Stoffen und später die Bearbeitung der Metalle, alles das führte zur Beschäftigung mit ebenen und räumlichen Beziehungen. Tanzfiguren müssen ebenfalls eine Rolle gespielt haben. Die jungsteinzeitliche Ornamentik schwelgt geradezu in der vielfältigen Verwendung von Kongruenz, Symmetrie und Ähnlichkeit. Auch zahlenmäßige Beziehungen können in diesen Figuren vorkommen wie in manchen prähistorischen Ornamenten, die Dreieckszahlen darstellen; andere versinnbildlichen „heilige" Zahlen.

Die interessanten geometrischen Muster, die in der Töpferei, Weberei oder Korbmacherei vorkommen, sind dem Leser sicherlich schon in der Literatur begegnet. Man fand sie auf jungsteinzeitlichen Töpferwaren in Bosnien und auf Kunstgegenständen der Ur-Periode in Mesopotamien,[1]) auf ägyptischen Töpferwaren der vordynastischen Zeit (4000—3500 v. u. Z.);[2]) andere wurden von Bewohnern von Pfahlbauten nahe Lubljana (Jugoslawien) in der Hallstatt-Periode verwendet (Mitteleuropa, 1000—500 v. u. Z.).[3]) Mit Dreiecken ausgefüllte Rechtecke und mit Kreisen ausgefüllte Dreiecke stammen von Urnen aus Gräbern nahe Sopron in Ungarn. Sie zeigen Versuche zur Bildung von Dreieckszahlen, die zu späterer Zeit in der Mathematik der Pythagoreer eine bedeutende Rolle spielten.[4])

Ornamente dieser Art haben ihre Beliebtheit bis in die geschichtliche Zeit hinein bewahrt. Schöne Beispiele finden sich auf Dipylon-Vasen aus Minos und aus den frühen griechischen Perioden, in den späteren byzantinischen und arabischen Mosaiken, auf persischen und chinesischen Wandteppichen. Ursprünglich werden diese Ornamente wohl eine religiöse oder magische Bedeutung besessen haben, aber nach und nach gewann ihr ästhetischer Reiz das Übergewicht.

---

[1]) W. Lietzmann, *Geometrie und Praehistorie*, Isis *20*, 436—439 (1933).

[2]) D. E. Smith, *History of Mathematics* (Ginn & Co., 1923) I, S. 15.

[3]) M. Hoernes, *Urgeschichte der bildenden Kunst in Europa* (Wien 1915).

[4]) Siehe auch F. Boas, *General Anthropology* (1930), S. 273.

In der Religion der Steinzeit können wir einen primitiven Versuch erblicken, gegen die Naturkräfte anzukämpfen. Die religiösen Zeremonien waren völlig mit Zauberei durchsetzt, und dieses magische Denken fand seinen Niederschlag sowohl in den vorhandenen Zahl- und Raumvorstellungen als auch in der Bildhauerei, in der Musik und in der Malerei. Es gab magische Zahlen wie 3, 4, 7 und magische Figuren wie den Fünfstern und das sogenannte Hakenkreuz. Manche Autoren haben diese Seite der Mathematik[1]) sogar für den bestimmenden Faktor ihrer Entwicklung gehalten, aber auch wenn die gesellschaftlichen Wurzeln der Mathematik heutzutage verdunkelt sein mögen, so sind sie doch während der Frühzeit der Menschheitsgeschichte recht offensichtlich. Der „moderne" Zahlenaberglaube ist ein Überrest von magischen Riten, die in die jüngere, ja vielleicht sogar in die ältere Steinzeit zurückreichen.

4. Selbst bei sehr primitiven Stämmen findet man eine gewisse Zeitrechnung und daher auch manche Kenntnisse über die Bewegung von Sonne, Mond und Sternen. Diese Kenntnisse gewannen zum erstenmal einen mehr wissenschaftlichen Charakter, als sich Ackerbau und Handel ausbreiteten. Der Gebrauch eines Mondkalenders reicht sehr weit in die Menschheitsgeschichte zurück, da man die sich verändernden Aussichten des Pflanzenwuchses mit den wechselnden Gestalten des Mondes in Zusammenhang brachte. Primitive Völker beachten auch die Sonnenwenden oder den Aufgang der Plejaden in der Dämmerung. Die ältesten zivilisierten Völker verlegten ihre Kenntnis der Astronomie in ihre entfernteste vorgeschichtliche Zeit zurück. Andere primitive Völker verwendeten die Sternbilder als Wegweiser in der Schifffahrt. Aus dieser Astronomie ergaben sich manche Kenntnisse über Eigenschaften der Kugel, von Winkeln und Kreisen.

5. Diese kurzen Ausführungen zu den Anfängen der Mathematik zeigen, daß der geschichtliche Werdegang einer Wissenschaft

---

[1]) W. J. McGee, *Primitive Numbers*, Nineteenth Annual Report, Bureau Amer. Ethnology 1897/98 (1900), 825—851.

nicht unbedingt dieselben Etappen durchläuft, in denen man sie heute beim Studium entwickelt. Einigen von den der Menschheit am längsten bekannten geometrischen Formen, wie Knoten und Ornamenten, hat sich erst in der Gegenwart das volle wissenschaftliche Interesse zugewendet. Auf der anderen Seite stammen einige der mehr elementaren Teile der Mathematik, wie etwa die graphische Darstellung oder die elementare Statistik, erst aus vergleichsweise moderner Zeit. A. Speiser sagte dazu etwas drastisch: „Schon die ausgesprochene Neigung zum Langweiligen, welche wohl unvermeidlich der elementaren Mathematik anhaftet, spricht eher für die späte Entstehung, denn der schöpferische Mathematiker wird sich mit Vorliebe den interessanten und schönen Problemen zuwenden.“[1])

Literatur

Außer den schon erwähnten Büchern und Artikeln von Conant, Eels, Smith, Lietzmann und Speiser seien genannt:

K. Menninger, *Zahlwort und Ziffer. Eine Kulturgeschichte der Zahlen* (2. Aufl. Bd. I, Göttingen 1957, 2. Aufl. Bd. II [*Zahlschrift und Rechnen*], Göttingen 1958).

D. E. Smith — J. Ginsburg, *Numbers and Numerals* (N. Y. Teachers' College 1937).

Gordon Childe, *What Happened in History* (Pelican Book, Harmondsworth—New York 1942).

D. J. Struik, *Stone Age Mathematics*, Scientific American, December 1948.

Interessante Ornamente werden in folgenden Arbeiten beschrieben:

L. Spier, *Plains Indian Parfleche Designs*, Univ. Washington Publ. in Anthrop. *4*, 293—322 (1931).

A. B. Deacon, *Geometrical Drawings from Malekula and Other Islands of the New Hebrides*, J. Roy. Anthrop. Institute *64*, 129—175 (1934).

---

[1]) A. Speiser, *Theorie der Gruppen von endlicher Ordnung* (Leipzig 1925), S. 3.

M. Popova, *La géométrie dans la broderie bulgare*, Comptes Rendus, Premier Congrès des Mathématiciens des pays slaves (Warsaw 1929), S. 367–369.

Die Mathematik der amerikanischen Indianer wird auch in folgenden Artikeln behandelt:

J. E. S. Thompson, *Maya Arithmetic*, Contributions to Amer. Anthropology and History 36, Carnegie Inst. of Washington Publ. *528*, 37–62 (1941).

Eine ausführliche Bibliographie gibt:

D. E. Smith, *History of Mathematics* I (1923), S. 14.

Eine Bibliographie über die Entwicklung der mathematischen Begriffe bei Kindern findet man in:

A. Riess, *Number Readiness in Research* (Chicago 1947).

J. Piaget, *La genèse du nombre chez l'enfant* (Neufchatel 1941).

J. Piaget, *Le développement des quantités chez l'enfant* (Neufchatel 1941).

L. N. H. Bunt, *The development of the ideas of number, and quantity according to Piaget* (Groningen 1951).

II. DER ALTE ORIENT

1. Während des fünften, vierten und dritten Jahrtausends vor unserer Zeitrechnung entfalteten sich an den Ufern großer Ströme in Afrika und Asien, in subtropischen oder fast subtropischen Gebieten, neuere und fortgeschrittenere Staatsformen aus den festgefügten steinzeitlichen Gemeinwesen. Diese Ströme waren der Nil, der Tigris und Euphrat, der Indus, später der Ganges, der Hoangho und noch später der Jangtsekiang.

Auf den Äckern dieser Flußufer ließen sich reiche Ernten erzielen, sobald die Überschwemmungen eingedämmt und die Sümpfe trockengelegt waren. Im Gegensatz zu den Wüsten- und Gebirgsgegenden und auch zu den umgebenden Ebenen konnten die Flußtäler in ein Paradies verwandelt werden. Im Laufe der Jahrhunderte wurden diese Probleme gelöst, indem man Uferbefestigungen und Dämme baute, Kanäle grub und Stauseen anlegte. Die Regulierung der Wasserversorgung erforderte den gemeinsamen Einsatz der Kräfte von räumlich weit entfernten Gegenden, und zwar in einem Ausmaß, das alles Bisherige bei weitem übertraf. Dies führte zur Schaffung zentraler Verwaltungsorgane, die vorwiegend in Städten statt in den barbarischen Dörfern früherer Zeiten errichtet wurden. Der verhältnismäßig große Überfluß, der durch den gewaltig verbesserten, intensiven Ackerbau entstand, erhöhte den Lebensstandard der gesamten Bevölkerung, führte aber auch zur Herausbildung einer von mächtigen Häuptlingen beherrschten städtischen Aristokratie. Es gab zahlreiche spezialisierte Berufszweige, wie Künstler, Krieger, Kaufleute und Priester. Die Verwaltung der öffentlichen Bauten wurde in die

Hände einer Gruppe von Berufsbeamten gelegt, die mit dem Ablauf der Jahreszeiten, der Fortbewegung schwerer Lasten, der Kunst der Aufteilung von Ländereien, der Anlage von Lebensmittelvorräten und der Einziehung von Steuern gut Bescheid wußte. In Urkunden wurden die Erfordernisse der Verwaltung und die Machtbefugnisse der Häuptlinge gesetzlich festgelegt. Sowohl die Angehörigen der Beamtenschaft als auch die Handwerker erwarben in großem Umfange technische Kenntnisse, einschließlich der Metallverarbeitung und der Medizin. Zu diesen Kenntnissen gehörte auch die Kunst des Rechnens und Messens.

Von nun an bildeten sich feste gesellschaftliche Klassen heraus. Es gab Häuptlinge, freie Bauern und Pächter, Handwerker, Schreiber, Beamte, Leibeigene und Sklaven. Örtliche Oberhäupter gewannen so viel Reichtum und Macht, daß sie von Großgrundbesitzern mit begrenzter Machtbefugnis zu örtlichen Königen mit absoluter Souveränität aufstiegen. Zwistigkeiten und Kriege zwischen den verschiedenen Despoten führten zu größeren Herrschaftsbezirken, die unter einem einzigen Monarchen vereinigt waren. Diese auf Bewässerung und intensivem Ackerbau beruhenden Gesellschaftsformen führten so zu einer „orientalischen“ Form des Despotismus. Ein derartiger Despotismus konnte jahrhundertelang aufrechterhalten werden. Sein Zusammenbruch erfolgte manchmal unter dem Ansturm von Stämmen, die aus Gebirgen oder Wüsten durch den Reichtum der Täler angelockt wurden, manchmal auch durch den Verfall des riesigen, komplizierten und lebenswichtigen Bewässerungssystems. Unter derartigen Umständen konnte die Macht leicht von einem Stammeskönig auf den anderen übergehen, oder der Staat konnte in kleinere feudale Machtbereiche auseinanderfallen und der Prozeß der Wiedervereinigung von neuem beginnen. Bei all diesen dynastischen Umwälzungen und nachfolgenden Rückentwicklungen vom Feudalismus zum Absolutismus blieben jedoch die Dörfer, die die Grundlage dieser Gesellschaft bildeten, im wesentlichen unverändert und damit auch die zugrunde liegende ökonomische und soziale Struktur. Die orientalische Gesellschaftsentwicklung bewegt sich in Kreisläufen, und es gibt in Asien und Afrika sogar noch heute viele Staatsbildungen, die über mehrere Jahrtausende hinweg dieselbe Lebensweise bewahrt haben. Unter solchen Bedingungen konnten sich Fortschritte nur langsam und mehr zufällig durchsetzen, und Blütezeiten der Kultur konnten sehr wohl durch viele Jahrhunderte des Stillstands und Verfalls unterbrochen werden.

Der statische Charakter des Orients verlieh seinen Institutionen den Nimbus der Heiligkeit, wodurch der Identifizierung der Religion mit dem Staatsapparat Vorschub geleistet wurde. Die Bürokratie hatte an diesem religiösen Charakter des Staates oftmals ihren Anteil; in vielen orientalischen Ländern waren die Priester zugleich die Verwalter des Staates. Da die Pflege der Wissenschaft Aufgabe der Bürokratie war, findet man in vielen — allerdings nicht in allen — orientalischen Ländern, daß die Priester hervorragende Träger wissenschaftlicher Kenntnisse waren.

2. Die orientalische Mathematik entstand als eine praktische Wissenschaft, um Kalenderberechnungen, die Verwaltung der Ernte, die Organisation der öffentlichen Bauten und die Eintreibung der Steuern zu erleichtern. Das Hauptinteresse galt anfangs natürlich der praktischen Arithmetik und Meßkunde. Eine Wissenschaft jedoch, die jahrhundertelang als ein besonderes Handwerk betrieben wird, dessen Auftrag nicht nur in den Anwendungen besteht, sondern auch darin, ihre Geheimnisse durch die Lehre weiterzugeben, entwickelt Tendenzen zur Abstraktion. Allmählich kommt es dahin, daß sie um ihrer selbst willen studiert wird. Die Arithmetik entfaltet sich zur Algebra, und zwar nicht nur deshalb, weil dadurch die praktischen Berechnungen verbessert werden, sondern auch als natürlicher Wachstumsprozeß einer Wissenschaft, die in Schreiberschulen gepflegt und entwickelt wird. Aus denselben Gründen führte die Meßkunst bis zu den Anfängen — aber auch nicht mehr — einer theoretischen Geometrie.

Trotz all des Handels und Verkehrs, der in diesen alten Gesellschaftsordnungen blühte, blieb der in den durch Isolierung und Bewahrung des Althergebrachten gekennzeichneten Dörfern konzentrierte Ackerbau doch ihr wirtschaftliches Rückgrat. So kam es, daß man trotz aller Ähnlichkeit in der ökonomischen Struktur und im Niveau der wissenschaftlichen Kenntnisse stets überraschende Unterschiede zwischen den verschiedenen Kulturen findet. Die Abgeschlossenheit der Chinesen und Ägypter war sprichwörtlich. Es war stets leicht, zwischen den Kunstformen und der Schrift der Ägypter, Mesopotamier, Chinesen und Inder zu unterscheiden. Man kann ebenso von ägyptischer, mesopotamischer, chinesischer und indischer Mathematik sprechen, obwohl ihr allgemeiner arithmetisch-algebraischer Charakter sehr viele Übereinstimmungen aufweist. Selbst dann, wenn die Wissenschaft während einer Epoche in dem einen Lande größere Fortschritte machte als in einem anderen, behielt sie ihre charakteristische Verfahrensweise und Symbolik bei.

Es ist schwierig, neue Entdeckungen im Osten zeitlich festzulegen. Der statische Charakter seiner gesellschaftlichen Struktur führt dazu, daß die wissenschaftliche Lehre über Jahrhunderte oder sogar Jahrtausende hinweg unverändert bleibt. Entdeckungen, die in der Abgeschlossenheit eines Stadtgebietes gemacht wurden, mögen niemals an anderen Orten bekannt geworden sein. Große Schätze wissenschaftlicher und technischer Kenntnisse konnten durch Wechsel der Herrscher, durch Kriege oder Überschwemmungen zerstört werden. Es geht die Sage, daß im Jahre 221 v. u. Z., als China unter der Herrschaft eines absoluten Despoten, Chhin Shih Huang Ti (des ersten Kaisers von Chhin), vereinigt war, von diesem befohlen wurde, alle Lehrbücher mit Ausnahme einiger (z. B. Medizin) zu vernichten. Später wurde vieles aus dem Gedächtnis neu aufgeschrieben, aber solche Ereignisse machen die Datierung von Entdeckungen sehr schwierig.

Eine weitere Schwierigkeit für Zeitbestimmungen in der orientalischen Wissenschaft rührt von dem für ihre Aufzeichnung verwendeten Material her. Die Mesopotamier brannten Tontäfelchen, die praktisch unzerstörbar sind.[1]) Die Ägypter ver-

---

[1]) außer wenn sie nach der Ausgrabung nicht sorgfältig aufbewahrt werden. Der Verlust an Täfelchen durch schlechte Behandlung ist beträchtlich.

wendeten Papyrus, und ein beträchtlicher Teil ihres Schrifttums hat sich in dem trockenen Klima erhalten. Die Chinesen und Inder benutzten weit weniger widerstandsfähiges Material, wie Rinde oder Bambus. Im zweiten Jahrhundert v. u. Z. begannen die Chinesen, Papier zu verwenden, aber es ist nur wenig erhalten geblieben, was aus dem Jahrtausend vor 700 u. Z. stammt. Unsere Kenntnis der orientalischen Mathematik ist daher sehr bruchstückhaft; für die vorgriechischen Jahrhunderte sind wir fast ausschließlich auf Material aus Mesopotamien oder Ägypten angewiesen. Es ist sehr wohl möglich, daß neue Entdeckungen zu einer vollständigen Neueinschätzung der Gewichte beim Vergleich der verschiedenen Formen orientalischer Mathematik führen können. Lange Zeit hindurch befand sich unsere reichste geschichtliche Quelle in Ägypten, und zwar infolge der 1858 gemachten Entdeckung des sogenannten Papyrus Rhind, das um 1650 v. u. Z. geschrieben wurde, aber viel älteres Material enthält. In den letzten dreißig Jahren hat sich unsere Kenntnis der babylonischen Mathematik durch die bemerkenswerten Entdeckungen von O. Neugebauer und F. Thureau-Dangin außerordentlich vermehrt, die eine große Anzahl von Tontäfelchen entziffern konnten. Es scheint jetzt, als ob die babylonische Mathematik viel weiter entwickelt war als die ihrer östlichen Gegenspieler. Dieses Urteil kann sehr wohl endgültig sein, da im inhaltlichen Charakter der babylonischen und ägyptischen Texte jahrhundertelang eine gewisse innere Konsequenz besteht. Zudem war die ökonomische Entwicklung Mesopotamiens weiter fortgeschritten als die der anderen Länder in dem sogenannten Fruchtbarkeitsgürtel des Nahen Ostens, der sich von Mesopotamien nach Ägypten erstreckt. Mesopotamien war der Kreuzungspunkt einer großen Zahl von Karawanenstraßen, wogegen Ägypten eine vergleichsweise isolierte Lage besaß. Hinzu kam der Umstand, daß die Bändigung des unberechenbaren Tigris und des Euphrat viel mehr technische Fertigkeiten und Maßnahmen verlangte als die des Nils, des „Flusses mit den besten Manieren“, um mit Sir William Willcocks zu sprechen. Weitere Forschungen über die Mathematik der alten Hindus können noch unerwartete Errungenschaften zutage fördern, obwohl entsprechende Behauptungen bis jetzt noch nicht sehr überzeugend wirken.

3. Die meisten unserer Kenntnisse über die ägyptische Mathematik stammen aus zwei mathematischen Papyri: einmal aus dem bereits erwähnten Papyrus Rhind, der 85 Aufgaben enthält, und sodann aus dem sogenannten Moskauer Papyrus, der vielleicht zwei Jahrhunderte älter ist und worin sich 25 Aufgaben befinden. Diese Aufgaben gehörten bereits zum alten Lehrgut, als die Manuskripte zusammengestellt wurden, und trotzdem existieren kleinere Papyri aus wesentlich jüngerer Zeit — sogar aus der Zeit der Römer —, die keinen Unterschied in den angewandten Methoden zeigen. Die darin gelehrte Mathematik beruht auf einem Dezimalsystem mit besonderen Zeichen für jede höhere dezimale Einheit. Mit diesem System sind wir wohlvertraut durch das römische System, das auf demselben Prinzip beruht: MDCCCLXXVIII = 1878. Auf der Grundlage dieses Systems entwickelten die Ägypter eine Arithmetik von vorwiegend additivem Charakter, womit gemeint ist, daß ihre Haupttendenz darin bestand, alle Multiplikationen auf wiederholte Addition zurückzuführen. Beispielsweise wurde die Multiplikation mit 13 dadurch geleistet, daß zuerst mit 2, dann mit 4, dann mit 8 multipliziert wurde und die Multiplikationsergebnisse mit 4 und 8 zur gegebenen Zahl addiert wurden.

Beispiel der Berechnung von 13×11:

*1	11
2	22
*4	44
*8	88

Die mit * bezeichneten Ergebnisse werden addiert, woraus sich 143 ergibt.

Viele Probleme waren sehr einfach und gingen nicht über eine lineare Gleichung mit einer Unbekannten hinaus, etwa in der folgenden Art:

Addiert man zu einer Größe ihr $\frac{2}{3}$-, $\frac{1}{2}$- und $\frac{3}{7}$faches, so erhält man 33. Welches ist diese Größe?

Der hervorstechendste Zug der ägyptischen Arithmetik war ihre Bruchrechnung. Alle Brüche wurden auf Summen von sogenannten Stammbrüchen, d. h. Brüchen mit dem Zähler 1, zurückgeführt. Die einzige Ausnahme bildete $\frac{2}{3} = 1 - \frac{1}{3}$, wofür ein besonderes Symbol verwendet wurde. Die Zurückführung auf Summen von Stammbrüchen wurde durch Tafeln ermöglicht, welche die Zerlegung für Brüche der Form $2/n$ angaben — der einzigen Zerlegung, die man angesichts der Zweiermultiplikation benötigte. Der Papyrus Rhind enthält eine Tafel, in der für alle ungeraden n von 5 bis 331 die Zusammensetzungen aus Stammbrüchen angegeben sind, z. B.

$$\frac{2}{7} = \frac{1}{4} + \frac{1}{28},$$

$$\frac{2}{97} = \frac{1}{56} + \frac{1}{679} + \frac{1}{776}.$$

Diese Art der Bruchrechnung verlieh der ägyptischen Mathematik einen komplizierten und schwerfälligen Charakter und verhinderte nachhaltig das weitere Wachstum der Wissenschaft. Das Zerlegungsverfahren setzte aber zugleich eine gewisse mathematische Gewandtheit voraus, und es existieren interessante Theorien, um das Verfahren zu erklären, mit dessen Hilfe die ägyptischen Fachleute ihre Ergebnisse erzielt haben können.[1])

Die Aufgaben beschäftigen sich mit dem Gehalt von Brot und von verschiedenen Biersorten, mit der Fütterung der Tiere und der Getreidespeicherung, was den praktischen Ursprung dieser schwerfälligen Arithmetik und primitiven Algebra erweist. Einige Probleme offenbaren theoretische Interessen, wie etwa die Aufgabe, 100 Brote so unter 5 Leute zu verteilen, daß die Anteile eine arithmetische Progression bilden und daß ein Siebentel der Summe der drei größten Anteile gleich der Summe der beiden

---

[1]) O. Neugebauer, *Arithmetik und Rechentechnik der Ägypter*, Quellen und Studien zur Geschichte der Mathematik B I (1931), S. 301—380. B. L. van der Waerden, *Die Entstehungsgeschichte der ägyptischen Bruchrechnung*, Band 4 (1938), S. 359—382. Siehe auch E. M. Bruins, Proc. Nederl. Akad. Wet. A. *55* (1952).

kleinsten sein soll. Man findet sogar eine geometrische Progression, die von 7 Häusern handelt, wobei in jedem Haus 7 Katzen vorhanden sind, von denen jede 7 Mäusen auflauert usw. Das offenbart die Kenntnis der Summenformel einer geometrischen Reihe.

Einige Probleme sind geometrischer Natur und behandeln meist Fragen der Messung. Die Dreiecksfläche wurde als das halbe Produkt aus Grundlinie und Höhe gefunden; die Kreisfläche vom Durchmesser d wurde mit $\left(d - \frac{d}{9}\right)^2$ angegeben, was zu dem Wert von $\frac{256}{81} = 3{,}1605$ für π führte. Man findet auch einige Volumenformeln, etwa für den Würfel, das Parallelflach und den Kreiszylinder, sämtlich ganz konkret als Behälter, vorwiegend für Getreide, verstanden. Das bemerkenswerteste Ergebnis der ägyptischen Meßkunde war die Volumenformel für einen Pyramidenstumpf von quadratischem Querschnitt: $V = \frac{h}{3}(a^2 + ab + b^2)$, worin a, b die Längen der Quadratseiten und h die Höhe bedeuten. Dieses Resultat, zu dem bis jetzt kein Gegenstück in einer der anderen alten Formen der Mathematik gefunden wurde, ist um so bemerkenswerter, als es keine Anzeichen dafür gibt, daß die Ägypter irgendeine Ahnung vom Lehrsatz des Pythagoras besaßen, trotz einiger unbegründeter Erzählungen über „Seilknüpfer", die vermutlich mit einem Seil, worin sich $3 + 4 + 5 = 12$ Knoten befanden, rechte Winkel konstruiert haben sollen.[1])

Man muß hier vor Übertreibungen hinsichtlich des Alters der mathematischen Kenntnisse der Ägypter warnen. Den Erbauern der Pyramiden (um 3000 v. u. Z. und früher) sind alle möglichen Resultate einer weitentwickelten Wissenschaft zugeschrieben worden, und es gibt sogar eine vielfach für wahr gehaltene Erzählung, daß die Ägypter im Jahre 4212 v. u. Z. den sogenannten Sothis-Zyklus zur Kalenderberechnung eingeführt haben sollen. Derartig genaues mathematisches und astronomisches Wissen kann man nicht ernsthaft einem Volke zuschreiben, das sich gerade langsam aus den Lebensbedingungen der jüngeren Steinzeit herauslöst. Die Quelle solcher Berichte ist gewöhnlich in

[1]) Siehe S. Gandz, a. a. O., S. 7.

ägyptischen Überlieferungen aus späterer Zeit zu erkennen, die uns von den Griechen übermittelt wurden. Es ist eine allgemeine Eigenart der alten Kulturen, grundlegende Kenntnisse in sehr frühe Zeiten zurückzudatieren. Alle vorhandenen Texte weisen auf einen ziemlich primitiven Stand der ägyptischen Mathematik hin. Ihre Astronomie befand sich auf dem gleichen allgemeinen Niveau.

4. In der Mathematik Mesopotamiens erheben wir uns auf ein viel höheres Niveau, als es die ägyptische Mathematik jemals erreicht hat. Man kann hier sogar Fortschritte im Laufe der Jahrhunderte entdecken. Schon die ältesten Texte, die aus der letzten Sumerischen Periode (der dritten Dynastie in Ur, etwa 2100 v.u.Z.) stammen, zeigen eine ganz erhebliche Rechenfertigkeit. Diese Texte enthalten Multiplikationstabellen, in denen ein wohldurchgebildetes Sexagesimalsystem (Zahlensystem mit der Grundzahl 60) einem ursprünglich vorhandenen Dezimalsystem überlagert wurde; es gibt ein Keilschriftsymbol, das 1, 60, 3600 und auch $\frac{1}{60}$, $\frac{1}{60^2}$ darstellt. Das war aber nicht ihr Hauptmerkmal. Während die Ägypter jede größere Einheit durch ein neues Symbol bezeichneten, verwendeten die Sumerer dasselbe Symbol, gaben aber seinen Wert durch die *Stellung* an. So bedeutete eine 1, der eine andere 1 folgte, 61, und eine 5, danach 6, danach 3 (wir schreiben dafür 5,6,3) bedeutete $5 \times 60^2 + 6 \times 60 + 3 = 18363$. Dieses Positions- oder Stellenwertsystem unterschied sich nicht wesentlich von unserer eigenen Zahlenschreibweise, in der das Symbol 343 an Stelle von $3 \times 10^2 + 4 \times 10 + 3$ steht. Ein solches System bot gewaltige Vorteile beim Rechnen, wovon man sich leicht überzeugen kann, wenn man eine Multiplikationsaufgabe in unserer dekadischen Schreibweise und in der Schreibweise der römischen Ziffern ausführt. Das Stellenwertsystem beseitigt auch viele Schwierigkeiten der Bruchrechnung genauso, wie es in unserem eigenen System bei den Dezimalbrüchen der Fall ist. Dieses ganze System scheint eine unmittelbare Frucht der Verwaltungstätigkeit gewesen zu sein, wie durch Tausende von Texten belegt wird, die aus derselben Periode stammen und die Ablieferung

von Vieh, Getreide usw. sowie auf diesen Lieferungen beruhende Berechnungen behandeln.

Bei dieser Art zu rechnen gab es einige Zweideutigkeiten, da die genaue Bedeutung jedes Symbols nicht immer aus seiner Stellung hervorging. So konnte (5,6,3) auch $5 \times 60^1 + 6 \times 60^0 + 3 \times 60^{-1} = 306\frac{1}{20}$ darstellen, und die genaue Bedeutung mußte dem Zusammenhang entnommen werden. Eine weitere Unbestimmtheit wurde durch die Tatsache hervorgerufen, daß eine leere Stelle gelegentlich Null bedeutete, so daß (11,5) auch $11 \times 60^2 + 5 = 39605$ darstellen konnte. Im Laufe der Zeit kam ein besonderes Symbol für die Null auf, aber nicht vor der Persischen Zeit. Die sogenannte „Erfindung der Null" war somit die logische Folge der Einführung des Stellenwertsystems, aber erst dann, als die Rechenfertigkeit eine beträchtliche Vollendung erreicht hatte.

Sowohl das Sexagesimalsystem als auch das Stellenwertsystem blieben dauernder Besitz der Menschheit. Unsere heutige Einteilung der Stunde in 60 Minuten und 3600 Sekunden geht auf die Sumerer zurück, genauso wie die Einteilung des Vollkreises in 360 Grad, jeden Grads in 60 Minuten und jeder Minute in 60 Sekunden. Es gibt Gründe dafür, um anzunehmen, daß die Wahl der Zahl 60 statt der Zahl 10 als Einheit mit dem Versuch zusammenhing, die Maßsysteme zu vereinheitlichen, obwohl auch die Tatsache eine Rolle gespielt haben mag, daß 60 viele ganzzahlige Teiler besitzt. Übrigens ist die Geschichte des Stellenwertsystems, dessen unvergängliche Bedeutung mit der des Alphabets[1]) verglichen worden ist — da beide Erfindungen ein umfangreiches Symbolsystem durch eine von jedermann leicht zu verstehende Methode ersetzen —, noch immer in beträchtliches Dunkel gehüllt. Es ist sachlich begründet, wenn man annimmt, daß es sowohl den Hindus als auch den Griechen auf den Karawanenstraßen durch Babylon bekannt geworden ist; man weiß auch, daß die moslemischen Gelehrten seine Erfindung den Indern

[1]) O. Neugebauer, *The History of Ancient Astronomy*, Journal of Near Eastern Studies *4*, 12 (1945).

zuschrieben. Die babylonische Tradition dürfte jedoch die ganze spätere Verbreitung des Stellenwertsystems beeinflußt haben.

5. Die nächste Gruppe von Keilschrifttexten stammt aus der Zeit der ersten babylonischen Dynastie, als König Hammurabi in Babylon regierte (1950 v. u. Z.) und ein semitisches Volk die ursprünglichen Einwohner, die Sumerer, unterworfen hatte. In diesen Texten finden wir die Arithmetik zu einer wohlabgerundeten Algebra weiterentwickelt. Während die Ägypter dieser Periode lediglich imstande waren, einfache lineare Gleichungen zu lösen, waren die Babylonier in den Tagen von Hammurabi in vollem Besitz des Verfahrens zur Lösung von quadratischen Gleichungen. Sie lösten lineare und quadratische Gleichungen in zwei Veränderlichen und sogar Probleme, in denen kubische und biquadratische Gleichungen auftraten. Sie formulierten derartige Probleme nur mit bestimmten Zahlenwerten für die Koeffizienten, aber ihre Methode läßt keinen Zweifel darüber, daß sie das allgemeine Lösungsverfahren kannten. Folgendes Beispiel findet sich auf einem Tontäfelchen, das aus dieser Zeit stammt:

„Eine Fläche A, die aus der Summe von zwei Quadraten besteht, beträgt 1000. Die Seite des einen Quadrats ist $\frac{2}{3}$ mal so lang wie die des anderen, abzüglich 10. Wie groß sind die Quadratseiten?" Das Problem führt auf die Gleichungen $x^2 + y^2 = 1000$, $y = \frac{2}{3}x - 10$, deren Lösungen durch Auflösung der quadratischen Gleichung

$$\frac{13}{9}x^2 - \frac{40}{3}x - 900 = 0$$

gefunden werden können, deren eine Lösung $x = 30$ positiv ist.

Der im Keilschrifttext angegebene Lösungsweg beschränkt sich – wie in allen Problemen des Orients – auf die einfache Aufzählung der zahlenmäßigen Schritte, die man zur Lösung der quadratischen Gleichung vorzunehmen hat: „Quadriere 10, das ergibt 100; subtrahiere 100 von 1000, das ergibt 900", usw.

Der stark arithmetisch-algebraische Charakter dieser babylonischen Mathematik tritt auch in ihrer Geometrie zutage. Wie in Ägypten entwickelt sich die Geometrie auf der Grundlage praktischer Probleme des Messens, aber die geometrische Form des Problems war gewöhnlich nur die Einkleidung einer algebraischen Gleichung.

Das oben behandelte Beispiel zeigt, wie ein Problem, das Quadratflächen behandelte, auf ein nichttriviales algebraisches Problem führte, und dieses Beispiel bildet keine Ausnahme. Die Texte erweisen, daß die babylonische Mathematik der semitischen Periode im Besitz der Formel für den Flächeninhalt einfacher rechtwinkliger Figuren und für das Volumen einfacher Körper war, wenn auch das Volumen des Pyramidenstumpfs noch nicht gefunden worden war. Der sogenannte Satz des Pythagoras war bekannt, und zwar nicht nur für Spezialfälle, sondern in voller Allgemeinheit. Das wesentlichste Kennzeichen dieser Geometrie war jedoch ihr algebraischer Charakter. Das gilt ebenso für alle späteren Texte, besonders für die aus der dritten Periode stammenden, aus der wir über eine erhebliche Anzahl von Texten verfügen, aus den neubabylonischen, persischen und seleukidischen Zeiten (etwa von 600 v. u. Z. bis 300 u. Z.).

Die Texte dieser späteren Zeit wurden stark durch die Entwicklung der babylonischen Astronomie beeinflußt, die in jenen Tagen wahrhaft wissenschaftliche Züge annahm und durch eine sorgfältige Untersuchung des Laufes von Sonne, Mond und Planeten gekennzeichnet ist. Die Mathematik wurde bezüglich der Rechentechnik noch weiter vervollkommnet; die Algebra nahm Gleichungsprobleme in Angriff, die selbst heutzutage noch eine erhebliche Gewandtheit im Rechnen erfordern. Es kommen aus der Seleukidenperiode stammende Rechnungen vor, die bis auf siebzehn Sexagesimalstellen durchgeführt wurden. Derartig komplizierte numerische Arbeiten standen nicht mehr mit Problemen der Steuererhebung oder Meßkunde in Zusammenhang, sondern wurden durch astronomische Probleme oder allein durch Vorliebe für das Rechnen selbst angeregt.

In dieser rechnerischen Arithmetik wurde viel mit Tafeln gearbeitet, die von einfachen Multiplikationstabellen bis zu Tafeln der Reziproken und von Quadrat- und Kubikwurzeln reichten. Eine Tafel enthält eine Liste von Zahlen der Form $n^3 + n^2$, die anscheinend dazu verwendet wurde, um kubische Gleichungen der Form $x^3 + x^2 = a$ zu lösen. Man kannte einige vorzügliche Näherungswerte, $\sqrt{2}$ wurde mit $1\frac{5}{12}$ angegeben $\left(\sqrt{2} = 1{,}414214,\ 1\frac{5}{12} = 1{,}4167\right)$[1]) und $\frac{1}{\sqrt{2}} = 0{,}7071$ mit $\frac{17}{24} = 0{,}7083$. Es kommt sogar der Wert $\sqrt{2} = (1; 24, 51, 10) = 1{,}414213$ vor. Quadratwurzeln wurden anscheinend nach folgender Formel berechnet:

$$\sqrt{A} = \sqrt{a^2 + h} = a + \frac{h}{2a} = \frac{1}{2}\left(a + \frac{A}{a}\right).$$

Bezüglich des Wertes von π begnügen sich die meisten Täfelchen mit dem Wert der Bibel, $\pi = 3$. Es gibt Hinweise darauf, daß auch bessere Approximationen verwendet wurden, die einen Wert für π von etwa $3\frac{1}{8}$ ergaben.[2])

Die Gleichung $x^3 + x^2 = a$ tritt in einem Problem auf, worin nach der Lösung eines Gleichungssystems $xyz + xy = 1 + \frac{1}{6}$, $y = \frac{2}{3}x$, $z = 12x$ gefragt ist, die auf $(12x)^3 + (12x)^2 = 252$ oder (laut Tabelle) auf $12x = 6$ führt.

Es existieren auch Keilschrifttexte mit Zinseszinsproblemen, wie z. B. die Frage, wie lange es dauern würde, bis eine bestimmte Geldsumme sich bei 20% Zinsen verdoppelt hat. Das führt auf die Gleichung $\left(1\frac{1}{5}\right)^x = 2$, welche gelöst wird, indem man zunächst feststellt, daß $3 < x < 4$ ist und dann linear interpoliert. In moderner Schreibweise:

$$4 - x = \frac{(1{,}2)^4 - 2}{(1{,}2)^4 - (1{,}2)^3},$$

was auf $x = 4$ Jahre abzüglich (2, 33, 30) Monate führt.

Einer der besonderen Gründe für die Entwicklung der Algebra um etwa 2000 v. u. Z. war anscheinend die Verwendung der alten sumerischen Schrift durch die neuen semitischen Herren des Lan-

[1]) O. Neugebauer, *Exact Science in Antiquity*, Univ. of Pennsylvania Bicentennial Conference, Studies in Civilization, Philadelphia 1941, S. 13—29.

[2]) E. M. Bruins — M. Rutten, *Textes mathématiques de Suse* (Paris 1961), S. 18.

des, die Babylonier. Die alte Schrift war wie die Hieroglyphen eine Sammlung von Begriffszeichen, wobei jedes Zeichen einen einzigen Begriff darstellt. Die Semiten verwendeten sie zur phonetischen Wiedergabe ihrer eigenen Sprache und übernahmen einige Zeichen auch in ihrer alten Bedeutung. Diese Zeichen drückten jetzt Begriffe aus, wurden aber in abweichender Art ausgesprochen. Solche Begriffszeichen waren für eine algebraische Sprache bestens geeignet, so wie unsere heutigen Zeichen +, —, : usw., die in Wahrheit auch Begriffszeichen sind. In den Verwaltungsschulen von Babylon bildete diese algebraische Sprache viele Generationen hindurch einen Teil des Lehrplans, und obwohl das Reich durch die Hände vieler Eroberer ging — Kassiten, Assyrer, Meder, Perser —, blieb diese Tradition erhalten.

Die schwierigeren Probleme stammen aus späteren Perioden in der Geschichte der alten Kulturen, vornehmlich aus der Zeit der Perser und Seleukiden. Babylon war zu dieser Zeit kein bedeutendes politisches Zentrum mehr, blieb aber viele Jahrhunderte hindurch das kulturelle Herz eines großen Reiches, in dem sich die Babylonier mit Persern, Griechen, Juden, Hindus und vielen anderen Völkern vermischten. In allen Keilschrifttexten ist eine ununterbrochene Tradition festzustellen, was auf eine stetige örtliche Entwicklung hinzudeuten scheint. Es ist kaum zweifelhaft, daß diese örtliche Entwicklung auch durch Berührung mit anderen Kulturen angeregt wurde und daß diese Anregung in beiden Richtungen wirkte. Wir wissen, daß die babylonische Astronomie dieser Zeit die Astronomie der Griechen und die babylonische Mathematik ihre rechnerische Arithmetik beeinflußte. Man darf wohl annehmen, daß sich die Wissenschaft der Griechen und der Hindus durch die Vermittlung der babylonischen Schreiberschulen begegneten. Die Rolle von Mesopotamien zur Zeit der Perser und Seleukiden bei der Verbreitung der alten und antiken Astronomie und Mathematik ist erst unzureichend geklärt, aber alle verfügbaren Zeugnisse zeigen, daß sie beträchtlich gewesen sein muß. Die Wissenschaft der Araber und Hindus im Mittelalter fußte nicht nur auf den Traditionen von Alexandrien, sondern auch auf denen von Babylon.

6. Nirgends in der gesamten orientalischen Mathematik findet man auch nur einen Ansatzpunkt zu dem, was wir einen Beweis nennen. Keinerlei Beweisführung wurde dargelegt, sondern nur die Beschreibung gewisser Regeln: „Tue dies, tue das." Wir wissen nichts von den Wegen, auf denen die Sätze gefunden wurden: Woher kannten beispielsweise die Babylonier den Satz des Pythagoras? Man hat verschiedene Erklärungsversuche gegeben, wie die Ägypter und Babylonier zu ihren Ergebnissen gelangt sind, aber sie beruhen sämtlich auf Hypothesen. Uns Heutigen, die wir in der Schule der strengen Beweise Euklids aufgewachsen sind, erscheint diese ganze Denkweise des Orients auf den ersten Blick befremdend und in hohem Maße unbefriedigend. Aber diese Fremdheit verliert sich, sobald wir uns vergegenwärtigen, daß der größte Teil der Mathematik, die wir heute unseren Ingenieuren und Technikern beibringen, noch immer von dieser Art des „Tue dies, tue das" ist, ohne daß wir uns mit strengen Beweisen große Mühe machen. An vielen Oberschulen wird Algebra mehr im Stile einer Sammlung von Regeln als im Stile einer deduktiven Wissenschaft gelehrt. Die orientalische Mathematik scheint sich niemals von dem jahrtausendelangen Einfluß der technischen und Verwaltungsprobleme frei gemacht zu haben, zu deren Lösung sie geschaffen worden war.

7. Das Studium der alten indischen Mathematik wird sehr wesentlich durch die Frage nach dem Einfluß der Griechen, Chinesen und Babylonier bestimmt. Die einheimischen indischen Gelehrten späterer Zeiten pflegten — und bisweilen tun sie es heute noch — nachdrücklich das hohe Alter ihrer Mathematik zu betonen, aber man kennt keine mathematischen Texte, die mit Sicherheit in die Epoche vor dem Beginn unserer Zeitrechnung fallen. Die ältesten Hindutexte stammen vielleicht aus den ersten Jahrhunderten u. Z., die ältesten chinesischen Texte sogar aus noch späterer Zeit. Wir wissen sehr wohl, daß die alten Hindus dezimale Zahlensysteme ohne die Stellenwertschreibweise kannten. Ein solches System wurde aus den sogenannten Brâhmî-Zahlen gebildet, worin es besondere Zeichen für jede der folgenden

Zahlen gab: 1, 2, 3, ..., 9, 10; 20, 30, ... 100; 200, 300, ... 1000; 2000, ... Diese Symbole gehen wenigstens in die Zeit des Königs Açoka (300 v. u. Z.) zurück.

Weiter gibt es die sogenannten „Súlvasūtras", die teilweise bis 500 v. u. Z. oder noch weiter zurückreichen und mathematische Regeln enthalten, die alten einheimischen Ursprungs sein dürften. Diese Regeln finden sich unter religiösen Vorschriften, von denen sich manche mit dem Bau von Altären befassen. Man findet hierin Rezepte zur Konstruktion von Quadraten und Rechtecken und Ausdrücke für die Beziehung zwischen der Diagonale und den Seiten des Quadrats und für den Größenvergleich von Kreisen und Quadraten. Es zeigt sich eine gewisse Kenntnis des Lehrsatzes des Pythagoras in Sonderfällen, und es treten einige bemerkenswerte Näherungswerte in Form von Stammbrüchen auf, wie etwa (in heutiger Schreibweise):

$$\sqrt{2} = 1 + \frac{1}{3} + \frac{1}{3 \cdot 4} - \frac{1}{3 \cdot 4 \cdot 34} (= 1{,}4142156)$$

$$\pi = 4\left(1 - \frac{1}{8} + \frac{1}{8 \cdot 29} - \frac{1}{8 \cdot 29 \cdot 6} + \frac{1}{8 \cdot 29 \cdot 6 \cdot 8}\right)^2 = 18(3 - 2\sqrt{2})$$
$$= 3{,}088 \ldots$$

Die merkwürdige Tatsache, daß diese in den „Súlvasūtras" enthaltenen Resultate in späteren Schriften der Hindus nicht mehr vorkommen, zeigt, daß man von jener für Ägypten und Babylon so charakteristischen Stetigkeit der Überlieferung in der Mathematik der Hindus nicht sprechen kann. Diese Stetigkeit mag bei der tatsächlichen Größe Indiens auch später gelegentlich fehlen. Es mag verschiedene Überlieferungen entsprechend dem Bestehen mannigfaltiger Schulen gegeben haben. Wir wissen beispielsweise, daß der Jainismus, der ebenso alt wie der Buddhismus (etwa 500 v. u. Z.) ist, mathematische Studien förderte. In heiligen Büchern von Jaina findet sich der Wert $\pi = \sqrt{10}$.[1])

8. Auch das Studium der altchinesischen Mathematik wird durch das Fehlen von Übersetzungen erheblich beeinträchtigt, obwohl

[1]) B. Datta, *The Jaina School of Mathematics*, Bulletin Calcutta Math. Soc. *21*, 115–146 (1929).

wir durch die Bücher von Mikami und Needham ausgezeichnet über den Stand der Mathematik im alten China informiert werden. Kennern der russischen Sprache ist wesentlich mehr Material zugänglich, sogar eine russische Übersetzung des klassischen mathematischen „Chiu Chang Suan Ching“ (Neun Bücher über die Kunst der Mathematik). Sowohl dieses Buch als auch das „Chou Pei“ stammen in ihrer jetzigen Form aus der Periode der Han-Dynastie (202 v. u. Z. bis 220 u. Z.), können aber ebensogut Material erheblich älteren Ursprungs enthalten. Das „Chou Pei“ ist nur teilweise mathematisch, aber interessant, weil es den Satz des Pythagoras diskutiert. Die „Neun Bücher“ sind dagegen ein rein mathematisches Werk und charakterisieren schon vollständig die Art der altchinesischen Mathematik im Verlauf der nächsten tausend Jahre und länger.

Sehr alt sind auch gewisse Diagramme aus Büchern der Han-Periode, so z. B. aus dem „I-Ching“ (Book of Changes). Zu ihnen gehört das folgende, von vielen Legenden umwobene magische Quadrat (Lo Shu):

$$\begin{matrix} 4 & 9 & 2 \\ 3 & 5 & 7 \\ 8 & 1 & 6 \end{matrix}$$

Das chinesische Zahlensystem war stets dezimal, und schon im zweiten Jahrtausend v. u. Z. finden wir Zahlen, die durch neun Symbole im Stellenwertsystem ausgedrückt wurden. Diese Schreibweise bürgerte sich in der Han-Periode oder schon früher ein. Die neun Zeichen wurden durch verschieden angeordnete Bambusstäbchen dargestellt; z. B. bedeutete ⊥ ╥ = ╥╥ die Zahl 6729, und sie wurde auch auf diese Weise geschrieben. Die Grundrechenarten wurden auf Rechenbrettern ausgeführt; leere Stellen gaben die Null an (ein spezielles Zeichen für die Null tritt erst im 13. Jahrhundert u. Z. auf, kann aber älter sein).

Bei der Kalenderberechnung wurde eine Art von Sexagesimalsystem verwendet, das etwa mit einer Kombination aus zwei miteinander verbundenen Zahnrädern zu vergleichen ist, wobei das eine Zahnrad 12, das andere 10 Zähne hatte. So wurde die

Zahl 60 eine höhere Einheit, eine „Periode“ (das „cycle“ in „Locksley Hall“ von Tennyson).

Die Mathematik der „Neun Kapitel“ besteht in der Hauptsache aus Problemen sowie allgemeinen Hinweisen zu deren Lösung. Diese Probleme stammen aus der praktischen Arithmetik und führen auf algebraische Gleichungen mit Zahlenkoeffizienten. Quadrat- und Kubikwurzeln werden berechnet, z. B. wird $751\frac{1}{2}$ als Quadratwurzel aus $564752\frac{1}{4}$ gefunden. Für Kreisberechnungen wurde $\pi = 3$ gesetzt. Eine Reihe von Problemen führt auf lineare Gleichungssysteme, z. B. auf das System

$$\begin{aligned} 3x + 2y + z &= 39, \\ 2x + 3y + z &= 34, \\ x + 2y + 3z &= 26, \end{aligned}$$

welches als „Matrix“ seiner Koeffizienten geschrieben wurde. Seine Lösung wurde in einer Form angegeben, die wir heutzutage eine „Matrixtransformation“ nennen würden. In diesen Matrizen finden wir negative Zahlen, die hier zum erstenmal in der Geschichte der Mathematik in Erscheinung treten.

Bei der chinesischen Mathematik besteht die ungewöhnliche Situation, daß ihre Tradition praktisch ohne Unterbrechung bis in die Gegenwart fortbesteht, so daß man ihre Rolle in der Gesellschaft wesentlich besser studieren kann als im Falle der ägyptischen und babylonischen Mathematik, die untergegangenen Kulturen angehörten. Man weiß beispielsweise, daß Examenskandidaten eine genau festgelegte Kenntnis der wichtigsten Klassiker nachweisen mußten und daß für dieses Examen hauptsächlich die Fähigkeit erforderlich war, Textstellen fehlerfrei aus dem Gedächtnis zu zitieren. Die traditionelle Lehre wurde so mit peinlicher Gewissenhaftigkeit von Generation zu Generation überliefert. In einer derart stagnierenden kulturellen Atmosphäre stellten neue Entdeckungen außergewöhnliche Ausnahmen dar, wodurch umgekehrt die Unveränderlichkeit der mathematischen Tradition garantiert wurde. Eine solche Tradition konnte Jahrtausende hindurch weitergereicht und nur gelegentlich durch große historische Katastrophen unterbrochen werden. In Indien existieren ähnliche Bedingungen; hier finden sich sogar Beispiele von mathematischen Texten, die in metrischen Stanzen geschrieben sind, um das Auswendiglernen zu erleichtern. Es besteht kein besonderer Grund für die Annahme, daß die diesbezügliche Praxis der alten Ägypter und Babylonier sich von der der Inder und Chinesen wesentlich unterschieden hat. Das Heraufkommen einer ganz neuen Kultur war notwendig, um die völlige Verknöcherung der Mathematik zu unterbrechen. Die für die griechische Kultur charakteristische ganz andere Lebensauffassung hob endlich die Mathematik auf die Höhe einer wirklichen Wissenschaft.

Literatur

The Rhind Mathematical Papyrus, herausgegeben von T. E. Peet (London 1923).

The Rhind Mathematical Papyrus, herausgegeben von A. B. Chace, L. Bull, H. P. Manning und R. C. Archibald (2 Bände, Oberlin, Ohio 8, 1927–1929).

Dieses Werk enthält eine ausführliche Bibliographie zur ägyptischen und babylonischen Mathematik. Eine andere Bibliographie, hauptsächlich über alte Astronomie, findet sich in O. Neugebauer, a. a. O., S. 18.

Mathematischer Papyrus des staatlichen Museums der schönen Künste in Moskau, herausgegeben von W. W. Struve und B. A. Turajeff (Berlin 1930).

O. Neugebauer, *Vorlesungen über Geschichte der antiken mathematischen Wissenschaften, I. Vorgriechische Mathematik* (Berlin 1934).

O. Neugebauer, *Mathematische Keilschrift-Texte* (3 Bände, Berlin 1935–1937).

O. Neugebauer, *The exact sciences in antiquity* (2. Aufl., Providence 1957).

O. Neugebauer — A. Sachs, *Mathematical Cuneiform Texts* (New Haven 1945).

E. M. Bruins — M. Rutten, *Textes mathématiques de Suse* (Paris 1961).

F. Thureau-Dangin, *Sketch of a history of the sexagesimal system*, Osiris *7*, 95—141 (1939).

F. Thureau-Dangin, *Textes mathématiques babyloniens* (Leiden 1938).

In der Interpretation der babylonischen Mathematik durch die beiden vorgenannten Autoren bestehen gewisse Unterschiede.

Eine Stellungnahme dazu wird gegeben in:

S. Gandz, *Conflicting Interpretations of Babylonian Mathematics*, Isis *31*, 405—425 (1940).

Ein guter Überblick über die vorgriechische Mathematik findet sich in:

R. C. Archibald, *Mathematics Before the Greeks*, Science *71*, 109 bis 121, 342 (1930); s. a. *72*, 36 (1930).

D. E. Smith, *Algebra of 4000 Years Ago*, Scripta mathematica *4*, 111—125 (1936).

K. Vogel, *Vorgriechische Mathematik*, I, II (Hannover und Paderborn 1958 bzw. 1959).

Über indische Mathematik unterrichten die Bände des Bulletin of the Calcutta Mathematical Society und

B. Datta — A. N. Singh, *History of Hindu Mathematics* (2 Bände, Lahore 1935—1938), Besprechung durch O. Neugebauer in: *Quellen und Studien*, Bd. 3 B (1936), S. 263—271.

L. v. Gurjar, *Ancient Indian Mathematics* (Poona 1947; s. a. Math. Rev. *9*, S. 73).

G. R. Kaye, *Indian Mathematics*, Isis *2*, 326—356 (1919).

A. Seidenberg, *The ritual origin of geometry*, Arch. for hist. of exact sc. *1*, 408—527 (1962).

Zur chinesisch-japanischen Mathematik:

Der altchinesische Traktat „Mathematik in neun Büchern“ (russisch) in Istor. Mat. Issled. *10*, 423—584 (1957).

Y. Mikami, *The Development of Mathematics in China and Japan* (Leipzig 1913).

A. P. Juschkewitsch, *Über die Errungenschaften der chinesischen Gelehrten auf dem Gebiet der Mathematik* (russisch), Progress in Mathematics *2*, 256—278 (1956).

Es gibt eine Übersetzung des I-Ching oder Book of Changes von R. Wilhelm (New York 1950).

Der dritte Band von J. Needham, *Science and civilization in China*, einem auf sieben Bände geplanten Werk, von dem bis jetzt drei und der erste Teil des vierten Bandes erschienen sind (1954, 1956, 1959, 1962), enthält eine Darstellung der exakten Wissenschaften im alten China.

Einige Ausführungen zur chinesischen Mathematik finden sich in:

A. P. Juschkewitsch und B. A. Rosenfeld, *Die Mathematik der Länder des Ostens im Mittelalter*, in *Beiträge zur Geschichte der Naturwissenschaft*, herausgegeben von G. Harig, Berlin 1960.

Man vgl. auch die auf S. 68 aufgeführten Bücher von B. L. van der Waerden und von O. Neugebauer.

III. GRIECHENLAND

1. Gewaltige ökonomische und politische Umwälzungen traten während der letzten Jahrhunderte des zweiten Jahrtausends im Raum des Mittelmeerbeckens und in seiner Umgebung ein. In einer turbulenten Atmosphäre von Wanderungen und Kriegen wurde das Bronzezeitalter durch dasjenige abgelöst, das wir unser Zeitalter, die Eisenzeit, nennen. Über diese Periode der Revolution sind nur wenige Einzelheiten bekannt, aber man weiß, daß gegen ihren Abschluß hin, vielleicht um 900 v. u. Z., das Reich des Minos und das Reich der Hethiter verschwunden waren, daß die Macht Ägyptens und Babylons stark geschwächt war und daß neue Völker auf der geschichtlichen Bühne erschienen waren. Die hervorragendsten unter diesen neuen Völkern waren die Hebräer, die Assyrer, die Phönizier und die Griechen. Die Verdrängung der Bronze durch das Eisen brachte nicht nur einen Umschwung im Kriegswesen, sondern vermehrte durch die Verbilligung der Produktionsmittel auch den gesellschaftlichen Reichtum, förderte den Handel und ermöglichte eine stärkere Beteiligung breiter Schichten an den Angelegenheiten von wirtschaftlichem oder öffentlichem Interesse. Das spiegelte sich in zwei großen Neuerungen wider: in dem Ersatz der schwerfälligen Schrift des alten Orients durch das leicht erlernbare Alphabet und in der Einführung des Hartgeldes, das zur Belebung des Handels beitrug. Die Zeit war herangereift, in der die Kulturgüter nicht länger die exklusive Domäne einer orientalischen Beamtenschaft bleiben konnten.

Das Vordringen der „Seeräuber“, wie einige der wandernden Völker in ägyptischen Texten betitelt werden, war zunächst von großen kulturellen Rückschlägen begleitet. Die Kultur von Minos verschwand, die ägyptische Kunst verfiel; die babylonische und ägyptische Wissenschaft stagnierte jahrhundertelang. Aus dieser Übergangsperiode sind uns keine mathematischen Texte überliefert worden. Als wieder stabilere Verhältnisse eingetreten waren, setzte sich die weitere Entwicklung des alten Orients hauptsächlich in seinen traditionellen Bahnen fort, aber der Schauplatz war für einen ganz neuen Typ von Kultur, für die Kultur Griechenlands, vorbereitet.

Die Städte, die längs der Küste Kleinasiens und des griechischen Festlandes entstanden, waren keine Verwaltungszentren einer auf Bewässerungsanlagen basierenden Gesellschaftsordnung mehr. Es waren Handelsstädte, in denen die alten feudalen Großgrundbesitzer einen ausichtslosen Kampf mit einer unabhängigen, politisch selbstbewußten Kaufmannsklasse auszutragen hatten. Während des siebenten und sechsten Jahrhunderts v. u. Z. gewann diese Kaufmannsklasse die Herrschaft und mußte ihrerseits Kämpfe gegen die Kleinhändler und Handwerker, das Volk, bestehen. Das Ergebnis war der Aufstieg der griechischen *polis*, des sich selbst regierenden Stadtstaates, der ein neues gesellschaftliches Experiment darstellte, das völlig verschieden von den ehemaligen Stadtstaaten der Sumerer und anderer orientalischer Länder war. Die wichtigsten dieser Stadtstaaten entwickelten sich in Ionien an der anatolischen Küste. Ihr zunehmender Handel brachte sie mit den Küsten des gesamten Mittelmeeres in Verbindung, mit Mesopotamien, Ägypten, Szythien und sogar mit noch entfernteren Ländern. Längere Zeit spielte Milet eine führende Rolle. Auch die Städte an anderen Küsten gewannen Reichtum und Bedeutung: auf dem griechischen Festland zunächst Korinth, später Athen, an der Küste Italiens Kroton und Tarent, auf Sizilien Syrakus.

Diese neue gesellschaftliche Ordnung schuf auch einen neuen Menschentyp. Der Handelskaufmann hatte noch nie eine solche Unabhängigkeit genossen, aber er wußte, daß diese Unabhängigkeit nur das Ergebnis eines andauernden und harten Kampfes war. Die statische Weltanschauung des Orients konnte er sich niemals zu eigen machen. Er lebte in einer Epoche geographischer Entdeckungen, die nur mit denen Westeuropas im sechzehnten Jahrhundert verglichen werden können; er erkannte keinen absoluten Herrscher oder eine angenommene, in einer statischen Gottheit verankerte Obrigkeit an. Außerdem konnte er sich in gewissem Umfange einer auf Reichtum und Sklavenarbeit beruhenden Muße erfreuen. Er konnte über diese seine Welt philosophieren. Das Nichtvorhandensein irgendeiner fest eingewurzelten Religion führte manche Einwohner dieser Küstenstädte zum Mystizismus, förderte aber auch dessen Gegenteil und führte zum Wachstum eines Rationalismus und einer wissenschaftlichen Weltanschauung.

2. In dieser Atmosphäre des ionischen Rationalismus wurde die moderne Mathematik geboren — diejenige Mathematik nämlich, die nicht nur die orientalische Frage „wie?“ stellte, sondern auch die moderne, die wissenschaftliche Frage „warum?“. Der traditionelle Vater der griechischen Mathematik ist der Kaufmann Thales von Milet, der in der ersten Hälfte des sechsten Jahrhunderts Babylon und Ägypten besuchte. Doch selbst dann, wenn man seine ganze Erscheinung als legendär betrachtet, bildet sie den Hintergrund von etwas außerordentlich Realem. Sie symbolisiert die Umstände, unter denen die Grundlagen nicht nur der modernen Mathematik, sondern auch der modernen Wissenschaft und Philosophie überhaupt gelegt wurden.

Das Studium der Mathematik in der griechischen Frühzeit verfolgt ein hauptsächliches Ziel, nämlich die Gewinnung einer aus einem Vernunftgebäude ableitbaren Einsicht in die Stellung des Menschen innerhalb des Kosmos. Die Mathematik diente dazu, Ordnung im Chaos zu schaffen, Ideen in logischen Ketten anzuordnen und fundamentale Prinzipien zu entdecken. Sie war die am stärksten verstandesmäßig bestimmte unter allen Wissenschaften, und obwohl kaum ein Zweifel darüber bestehen kann, daß die griechischen Kaufleute auf ihren Handelsreisen die orientalische Mathematik kennenlernten, so fanden sie doch bald heraus, daß die Völker des Orients die meiste Arbeit zur verstandesmäßigen Durchdringung ungetan gelassen hatten. Warum hat das gleichschenklige Dreieck zwei gleiche Winkel? Warum ist die Fläche eines Dreiecks ebenso groß wie die halbe Fläche eines Rechtecks von gleicher Grundlinie und Höhe? Diese Fragen drängten sich solchen Menschen ganz natürlich auf, die ähnliche Fragen bezüglich der Kosmologie, Biologie und Physik stellten.

Es ist ein unglücklicher Umstand, daß keine primären Quellen bekannt sind, die uns ein Bild von der frühen Entwicklung der griechischen Mathematik vermitteln können. Die vorhandenen Zusammenstellungen stammen aus christlicher und islamischer Zeit und werden durch ägyptische Papyrusangaben aus etwas früherer Zeit nur dürftig ergänzt. Immerhin hat es uns die klassische Philologie ermöglicht, die verbliebenen Texte, die aus dem vierten Jahrhundert v. u. Z. und etwas späterer Zeit stammen, wiederherzustellen, und wir besitzen daher zuverlässige Ausgaben von Euklid, Archimedes, Apollonius und anderen großen Mathematikern des Altertums. Aber diese Texte repräsentieren eine bereits voll entwickelte mathematische Wissenschaft, worin die geschichtliche Entwicklung selbst mit Hilfe späterer Kommentare kaum noch nachzuzeichnen ist. Bezüglich der Entstehungsjahre der griechischen Mathematik sind wir gänzlich auf kleine, von späteren Autoren übermittelte Fragmente und auf verstreute Bemerkungen von Philosophen und anderen nicht im eigentlichen Sinne mathematischen Autoren angewiesen. Einer höchst geistreichen und geduldigen Textkritik ist es gelungen, viele dunkle Punkte dieser Frühgeschichte aufzuklären, und wir verdanken es dieser Arbeit, die von Forschern, wie Paul Tannery, T. L. Heath, H. G. Zeuthen, E. Frank u. a., geleistet worden ist, daß wir in der Lage sind, so etwas wie ein folgerichtig zusammenhängendes, wenn auch vielfach hypothetisches Bild von der griechischen Mathematik in ihren Entstehungsjahren zu entwerfen.

3. Im sechsten Jahrhundert v. u. Z. entstand eine neue und starke Macht auf den Ruinen des Assyrischen Reiches: das Perserreich der Achämeniden. Es eroberte die anatolischen Städte, aber die gesellschaftliche Struktur auf dem griechischen Festland war schon zu fest verwurzelt, um eine Niederlage zu erleiden. Die persische Invasion wurde in den historischen Schlachten von Marathon, Salamis und Platäa zurückgeschlagen. Das Hauptergebnis des griechischen Sieges war die Expansion und Hegemonie von Athen. Hier erlangten unter Perikles in der zweiten Hälfte des fünften Jahrhunderts die demokratischen Elemente zunehmenden Einfluß. Sie bildeten die treibende Kraft hinter der wirtschaftlichen und politischen Expansion und machten Athen um 430 nicht nur zum Führer des griechischen Reiches, sondern auch zum Mittelpunkt einer neuen und erstaunlichen Kultur — es war das Goldene Zeitalter Griechenlands.

Im Rahmen der gesellschaftlichen und politischen Kämpfe legten Philosophen und Lehrer ihre Theorien, und darunter auch die neue Mathematik, dar. Zum erstenmal in der Geschichte untersuchte eine Gruppe von kritischen Menschen, die Sophisten, die weniger als irgendeine andere frühere Gruppe von Gelehrten durch den Einfluß der Tradition gehemmt war, Probleme mathematischer Natur mehr im Geiste des Verstehens als in dem der Nützlichkeit. Da es diese Geisteshaltung den Sophisten ermöglichte, zu den Grundlagen des exakten Denkens selbst vorzustoßen, wäre es in hohem Maße lehrreich, ihre Diskussionen zu verfolgen. Leider ist nur ein einziges vollständiges mathematisches Fragment aus dieser Zeit vorhanden; es wurde von dem ionischen Philosophen Hippokrates von Chios geschrieben. Dieses Fragment zeigt einen hohen Grad der Vollkommenheit des mathematischen Denkens und behandelt typischerweise ein merkwürdig „unpraktisches“, aber theoretisch wertvolles Thema, die sogenannten „lunulae“ — die kleinen Möndchen oder Sicheln, die von zwei Kreisbögen begrenzt werden.

Dieser Gegenstand — solche von zwei Kreisbögen begrenzte Flächen zu finden, die sich rational durch die Durchmesser ausdrücken lassen — hat eine unmittelbare Beziehung zum Problem der Quadratur des Kreises, einem zentralen Problem der griechischen Mathematik. Bei der Untersuchung dieses Problems[1])

[1]) Eine moderne Untersuchung darüber ist: E. Landau, *Über quadrierbare Kreisbogenzweiecke*, Berichte Berliner Math. Ges. *2*, 1—6 (1903).

zeigte Hippokrates, daß die Mathematiker des Goldenen Zeitalters in Griechenland ein geordnetes System der ebenen Geometrie besaßen, in dem sich das Prinzip der logischen Deduktion, Übergang von einer Tatsache zur nächsten „apagoge", voll durchgesetzt hatte. Es war der Anfang einer Axiomatik gemacht worden, wie aus dem Titel des vermutlich von Hippokrates geschriebenen Buches, den „Elementen" („stoicheia"), hervorgeht. Dies ist der Titel aller axiomatischen Abhandlungen der Griechen, einschließlich der des Euklid. Hippokrates untersuchte den Flächeninhalt sowohl solcher ebenen Figuren, die von geradlinigen Strecken, als auch von solchen, die von Kreisbögen begrenzt werden. Er lehrt, daß sich die Flächeninhalte von ähnlichen Kreisabschnitten ebenso zueinander verhalten wie die Quadrate ihrer Sehnen. Er kennt den Lehrsatz des Pythagoras und ebenso die entsprechende Ungleichung für nichtrechtwinklige Dreiecke. Die ganze Abhandlung ist schon in dem Geiste geschrieben, den man die Euklidische Tradition nennen könnte, aber sie ist um mehr als ein Jahrhundert älter als Euklid.

Das Problem der Quadratur des Kreises ist eines der „drei berühmten mathematischen Probleme des Altertums", die während dieser Periode zu einem Gegenstand der Forschung wurden. Diese Probleme waren folgende:

(1) Die Trisektion des Winkels; dies bedeutet das Problem, einen gegebenen Winkel in drei gleiche Teile zu teilen.
(2) Die Verdopplung des Würfels; dies bedeutet, die Seite eines solchen Würfels zu finden, dessen Volumen zweimal so groß ist wie das eines gegebenen Würfels (das sogenannte Delische Problem).
(3) Die Quadratur des Kreises; dies bedeutet, ein Quadrat mit einem Flächeninhalt zu finden, der dem Inhalt einer gegebenen Kreisfläche gleichkommt.

Die Bedeutung dieser Probleme beruht auf der Tatsache, daß sie durch die Konstruktion einer endlichen Anzahl von geraden Linien und Kreisen nicht exakt gelöst werden können, sondern höchstens näherungsweise, und daß sie deshalb als ein Hilfsmittel zum Eindringen in neue Bereiche der Mathematik dienten. Sie führten zur Entdeckung der Kegelschnitte, einiger kubischer Kurven, Kurven vierter Ordnung und einer transzendenten Kurve, der Quadratrix. Die anekdotenhafte Form, in der die Probleme gelegentlich überliefert werden (Delphisches Orakel usw.), darf uns nicht dazu verleiten, ihre fundamentale Bedeutung zu übersehen. Es geschieht gar nicht selten, daß ein fundamentales Problem in Form einer Anekdote oder eines Rätsels dargestellt wird — der Apfel Newtons, das gebrochene Versprechen von Cardano oder die Weinfässer von Kepler. Mathematiker verschiedener Epochen, unsere eigene nicht ausgenommen, haben den Zusammenhang zwischen diesen griechischen Problemen und der modernen Gleichungslehre klargelegt, wobei sich Betrachtungen über Körpertheorie, algebraische Zahlen und Gruppentheorie als notwendig erwiesen.

4. Wahrscheinlich außerhalb der Gruppe der Sophisten, die in gewissem Umfange mit der demokratischen Bewegung verbunden war, stand eine andere Gruppe von mathematisch interessierten Philosophen, die Beziehungen zu aristokratischen Strömungen besaß. Sie nannten sich selbst Pythagoreer nach dem ziemlich mythischen Gründer der Schule, Pythagoras, der vermutlich Mystiker, Wissenschaftler und aristokratischer Politiker war. Während die meisten Sophisten nachdrücklich die Realität der Veränderung vertraten, verlegten die Pythagoreer das Schwergewicht ihrer Studien auf die unveränderlichen Elemente in Natur und Gesellschaft. In ihrer Suche nach den ewigen Gesetzen des Kosmos studierten sie Geometrie, Arithmetik, Astronomie und Musik (das „Quadrivium"). Ihr bedeutendster Führer war Archytas von Tarent, der um 400 lebte und dessen Schule, wenn wir der Hypothese von E. Frank folgen, viel von dem „Pythagoreischen" Geist der Mathematik zuzuschreiben ist. Ihre Arithmetik war eine in hohem Maße spekulative Wissenschaft, die mit der gleichzeitigen babylonischen Rechentechnik wenig zu tun hatte. Die Zahlen wurden in Klassen eingeteilt, in ungerade, gerade, geradzahlig oft gerade, ungeradzahlig oft ungerade, Primzahlen und zusammengesetzte Zahlen, vollkommene, befreundete, Dreieck-, Quadrat-, Fünfeckzahlen usw. Einige der interessantesten Ergebnisse betreffen die „Dreieckzahlen", die ein Bindeglied zwischen Geometrie und Arithmetik darstellen:

```
                              .
                    .        . .
           .       . .      . . .
· 1      · · 3    · · · 6  · · · · 10 usw.
```

Unsere Bezeichnung „Quadratzahlen" hat ihren Ursprung in Pythagoreischen Spekulationen:

```
                      · · ·
              · ·     · · ·
· 1           · · 4   · · · 9 usw.
```

Die Figuren selbst sind viel älter, denn einige von ihnen finden sich bereits auf Töpfereien aus der jüngeren Steinzeit. Die Pythagoreer untersuchten ihre Eigenschaften, wobei sie ihr besonderes Merkmal des Zahlenmystizismus hinzufügten und sie zum Mittelpunkt einer kosmischen Philosophie machten, die alle Beziehungen auf Zahlenbeziehungen zurückzuführen versuchte („Alles ist Zahl"). Ein Punkt war eine „Lageeinheit".[1])

Die Pythagoreer kannten einige Eigenschaften der regulären Polygone und der regulären Körper. Sie zeigten, wie man die Ebene mit Hilfe von regulären Dreiecken, Quadraten und regulären Sechsecken und den Raum mit Würfeln ausfüllen kann. Aristoteles versuchte später, dies durch die falsche Aussage zu ergänzen, der Raum könne mit Hilfe regulärer Tetraeder dicht ausgefüllt werden. Die Pythagoreer haben möglicherweise auch das reguläre Oktaeder und Dodekaeder gekannt — die Figur des letzteren insbesondere deshalb, weil in Italien vorkommender Pyrit in Dodekaedern kristallisiert und Nachbildungen solcher Figuren in Form von Ornamenten oder magischen Symbolen bis in etruskische Zeiten zurückreichen. Sie gehen zurück auf keltische Völker

[1]) Über die Arithmetik der Pythagoreer siehe B. L. van der Waerden, Math. Annalen *120*, 127—153, 676—700 (1948).

in Mitteleuropa während des Beginns der Eisenzeit, etwa 900 v. u. Z. und danach (Pyrit ist ein Ausgangsmaterial des Eisens).[1])

Was nun den Satz des Pythagoras betrifft, so schrieben die Pythagoreer seine Entdeckung ihrem Meister zu, von dem angenommen wurde, er habe den Göttern als Zeichen seiner Dankbarkeit hundert Ochsen geopfert. Wie wir bereits sahen, war der Satz schon im Babylon Hammurabis bekannt, aber der erste allgemeine Beweis kann sehr wohl der Schule der Pythagoreer entstammen.

Die wichtigste den Pythagoreern zugeschriebene Entdeckung war aber die Entdeckung des Irrationalen mit Hilfe von inkommensurablen Strecken. Diese Entdeckung kann das Ergebnis ihres Interesses für das geometrische Mittel $a : b = b : c$ gewesen sein, das als Symbol der Aristokratie galt. Wie groß war das geometrische Mittel von 1 und 2, von zwei heiligen Symbolen? Das führte zum Studium des Verhältnisses von Seite und Diagonale eines und desselben Quadrates, und man fand, daß dieses Verhältnis nicht durch „Zahlen" ausgedrückt werden konnte — d. h. durch positive ganze Zahlen und ihre Verhältnisse, die in der Pythagoreischen Arithmetik allein zugelassenen Begriffe.

Angenommen, dieses Verhältnis sei $p : q$, wobei man stets p und q als teilerfremd voraussetzen kann. Daraus folgt $p^2 = 2q^2$, also ist p^2 und damit auch p eine gerade Zahl, etwa $p = 2r$. Dann müßte q ungerade sein, aber wegen $q^2 = 2r^2$ müßte es zugleich gerade sein. Dieser Widerspruch wurde nicht, wie im Orient oder in Europa im Zeitalter der Renaissance, durch eine Verallgemeinerung des Zahlbegriffes aufgelöst, sondern unter Ablehnung einer auf Zahlen beruhenden Theorie durch den Versuch einer geometrischen Synthese.

Diese Entdeckung, die die wohlabgestimmte Harmonie zwischen Arithmetik und Geometrie zerstörte, wurde wahrscheinlich in den letzten Jahrzehnten des fünften Jahrhunderts v. u. Z. gemacht. Sie kam noch zu einer anderen Schwierigkeit hinzu, die aus Erörterungen über die Realität der Veränderungen entstanden war,

---

[1]) F. Lindemann, Sitzungsberichte bayr. Akad. Wiss., München 1896, S. 625—757; 1934, S. 265—275.

d. h. aus Erörterungen, die die Philosophen seit jener Zeit bis in unsere Tage beschäftigt haben.

Diese Schwierigkeit wird Zeno von Elea (um 450 v. u. Z.), einem Schüler von Parmenides, zugeschrieben. Zeno war konservativer Philosoph, nach dessen Lehre der menschliche Verstand nur das absolute, unveränderliche Sein der Dinge erkennen kann, während alle Veränderungen nur Schein sind. Sie gewann mathematische Bedeutung, als im Zusammenhang mit solchen Fragen wie der Bestimmung des Pyramidenvolumens unendliche Prozesse studiert werden mußten. Hier gerieten die Zenonischen Paradoxien in Widerspruch mit einigen älteren intuitiven Begriffen bezüglich des unendlich Kleinen und unendlich Großen. Man hatte immer geglaubt, daß die Summe von unendlich vielen Größen so groß gemacht werden kann, wie man nur will, selbst wenn jede Größe beliebig klein ist ($\infty \times \varepsilon = \infty$), und daß weiter die Summe von endlich oder unendlich vielen Größen, von denen jede einzelne gleich Null ist, wieder Null ergibt ($n \times 0 = 0$, $\infty \times 0 = 0$). Die Kritik des Zeno zweifelte die Zulässigkeit dieser Begriffe an, und seine vier Paradoxien erregten ein solches Aufsehen, daß man die Auswirkungen davon noch heute beobachten kann. Sie sind durch Aristoteles überliefert worden und als Paradoxien des Achilles, des fliegenden Pfeiles, der (unendlich oft wiederholten) Halbierung und des Stadions bekannt. Sie sind so formuliert, daß sie Widersprüche in den Begriffen der Bewegung und der Zeit hervorkehren; es wird dabei kein Versuch unternommen, die Widersprüche aufzulösen. Der Hauptgedanke der Überlegung kann dem „Achilles" und der „Halbierung" entnommen werden, die in moderner Fassung wie folgt lauten:

Achilles. Achilles und eine Schildkröte bewegen sich geradlinig in derselben Richtung. Achilles läuft viel schneller als die Schildkröte; aber um sie einzuholen, muß er zuerst denjenigen Punkt P erreichen, von dem aus die Schildkröte gestartet ist. Wenn er nach P gelangt ist, hat sich die Schildkröte nach einem anderen Punkt P_1 vorwärtsbewegt. Achilles kann sie nicht einholen, ehe er nicht P_1 passiert hat, aber die Schildkröte hat inzwischen einen neuen Punkt P_2 erreicht. Wenn Achilles in P_2 angelangt ist, hat die Schildkröte wieder einen neuen Punkt P_3 erreicht, usw. Folglich kann Achilles die Schildkröte niemals einholen.

Dichotomie (Zweiteilung). Angenommen, ich möchte längs einer Strecke von A nach B wandern. Um B zu erreichen, muß ich zunächst die halbe Entfernung AB_1 von AB zurücklegen, und um nach B_1 zu kommen, muß ich zuerst B_2 in der Mitte von AB_1 erreichen. Entsprechend geht es unendlich oft weiter, so daß die Bewegung überhaupt nicht beginnen kann.

Die Überlegungen von Zeno machten klar, daß eine endliche Strecke in unendlich viele kleine Strecken zerlegt werden kann, von denen jede eine endliche Länge besitzt. Sie zeigten außerdem, daß es schwierig zu erklären ist, was man eigentlich damit meint, wenn man sagt, daß eine Linie aus Punkten „zusammengesetzt" ist. Es ist sehr wahrscheinlich, daß Zeno selbst gar keine Vorstellung von den mathematischen Konsequenzen seiner Überlegung hatte. Probleme, die zu seinen Paradoxien führen, sind nämlich im Verlauf von philosophischen und theologischen Diskussionen regelmäßig aufgetaucht. Sie sind bekannt als jene Fragen, die die Beziehungen zwischen dem potentiellen und dem aktualen Unendlich betreffen. Paul Tannery jedoch glaubte, daß die Überlegungen von Zeno sich besonders gegen die Pythagoreische Idee des Raumes als einer Summe von Punkten („der Punkt ist die Einheit der Lage")[1]) richteten. Was nun auch die Wahrheit sein mag, die Darlegungen von Zeno beeinflußten jedenfalls das mathematische Denken während vieler Generationen. Seine Paradoxien können mit denjenigen verglichen werden, die 1734 von Bischof Berkeley vorgebracht wurden, als dieser die logischen Widersprüche nachwies, zu denen eine unsachgerechte Formulierung der Prinzipien der Infinitesimalrechnung führen kann, ohne allerdings selbst eine bessere Fundierung zu bieten.

Zenos Überlegungen beunruhigten die Mathematiker noch mehr, nachdem das Irrationale entdeckt worden war. War Mathematik als exakte Wissenschaft überhaupt möglich? Tannery[2]) vertrat

[1]) P. Tannery, *La géométrie grecque* (Paris 1887), S. 217—261. Eine andere Meinung vertritt B. L. van der Waerden, Math. Annalen *117*, 141—161 (1940).

[2]) P. Tannery, *La géométrie grecque* (Paris 1887), S. 98. Tannery behandelt an dieser Stelle nur den Zusammenbruch der alten Theorie der Proportionen als Ergebnis der Entdeckung inkommensurabler Strecken.

die Meinung, daß man von „einem wirklichen logischen Skandal", von einer Krise in der griechischen Mathematik, sprechen könne. Wenn das zutrifft, dann entstand diese Krise in der letzten Zeit des Peloponnesischen Krieges, der 404 mit dem Fall von Athen endete. Man kann dann auch einen Zusammenhang zwischen der Krise in der Mathematik und der im sozialen System entdecken, da der Fall von Athen den Zusammenbruch der Herrschaft einer Sklavenhalterdemokratie bedeutete und eine neue Periode der Adelsherrschaft herbeiführte — eine Krise, die im Geiste der neuen Periode gelöst wurde.

5. Typisch für diese neue Periode der griechischen Geschichte war der wachsende Reichtum gewisser Schichten der herrschenden Klassen, der mit ebenso wachsendem Elend und zunehmender Unsicherheit der Armen einherging. Die herrschenden Klassen gründeten ihr gesamtes Dasein mehr und mehr auf die Sklaverei, wodurch sie Muße gewannen, Künste und Wissenschaften zu pflegen, aber zugleich auch jeder Handarbeit immer mehr entfremdet wurden. Ein edler Vertreter der Muse sah verächtlich auf die Arbeit der Sklaven und Handwerker herab und suchte Zuflucht vor der rauhen Wirklichkeit im Studium der Philosophie und der Ethik. Plato und Aristoteles verkörperten diese Haltung; und gerade in Platos „Staat" (etwa um 360 geschrieben) findet man den klarsten Ausdruck der Ideale der Sklavenhalteraristokratie. Die „Wächter" (Krieger) in Platos Staat müssen das „Quadrivium", die oberste Stufe der freien Künste (Arithmetik, Geometrie, Astronomie und Musik), studieren, um die Gesetze des Universums zu verstehen. Eine solche geistige Atmosphäre wirkte sich, zumindest in ihrer ersten Zeit, sehr förderlich auf eine Diskussion über die Grundlagen der Mathematik und auf eine spekulative Kosmogonie aus. Wenigstens drei große Mathematiker dieser Zeit waren mit der Akademie von Plato verbunden, nämlich Archytas, Theätet (gestorben 369) und Eudoxus (etwa 408—355). Theätet wird die Theorie des Irrationalen zugeschrieben, die im zehnten Buch der „Elemente" von Euklid enthalten ist. Der Name des Eudoxus ist mit der Theorie der Proportionen verbunden,

die Euklid im fünften Buch darlegt, und außerdem mit der sogenannten „Exhaustionsmethode“, die eine strenge Behandlung von Flächen- und Volumenberechnungen gestattete. Das bedeutet aber, daß es Eudoxus war, der die „Krise“ der griechischen Mathematik überwand, und dessen strenge Formulierungen dazu beitrugen, die weitere Entwicklung der griechischen Axiomatik und in erheblichem Umfange der gesamten griechischen Mathematik zu bestimmen.

Die Theorie der Proportionen des Eudoxus beseitigte die arithmetische Theorie der Pythagoreer, die nur für kommensurable Größen gültig war. Es handelte sich um eine rein geometrische Theorie, die in ihrer strengen axiomatischen Form jede Bezugnahme auf inkommensurable oder kommensurable Größen überflüssig machte.

Typisch dafür ist die Definition 5 in Buch V der Euklidischen „Elemente“:

„Man sagt, daß Größen in demselben Verhältnis stehen, die erste zur zweiten wie die dritte zur vierten, wenn bei beliebiger Vervielfältigung die Gleichvielfachen der ersten und der dritten den Gleichvielfachen der zweiten und vierten gegenüber, paarweise entsprechend genommen, entweder zugleich größer oder zugleich kleiner sind.“

Die heutige Theorie der Irrationalzahlen, wie sie von Dedekind und Weierstrass entwickelt wurde, folgt fast wörtlich dem Gedankengang von Eudoxus, hat aber durch Verwendung moderner arithmetischer Methoden wesentlich weitere Perspektiven eröffnet.

Die „Exhaustionsmethode“ (der Ausdruck „Exhaustion“ kommt zum erstenmal 1647 bei Grégoire de Saint Vincent vor) war die Antwort der Platonischen Schule auf Zeno. Sie vermied die Fallstricke des Infinitesimalen, indem sie diese einfach dadurch umging, daß sie Probleme, die zu infinitesimalen Betrachtungen führen konnten, auf solche zurückführte, die allein mit formaler Logik zu bewältigen waren. Wollte man beispielsweise beweisen, daß das Volumen V eines Tetraeders gleich einem Drittel des Volumens P eines Prismas von gleicher Grundfläche und Höhe ist, so bestand der Beweis darin, daß gezeigt wurde, daß die beiden

Annahmen $V > \frac{1}{3}P$ und $V < \frac{1}{3}P$ auf Widersprüche führen. Hierbei wurde ein Axiom eingeführt, das heute nach Archimedes benannt wird und das dem Axiom, das der Theorie der Proportionen von Eudoxus zugrunde liegt, ähnlich ist, nämlich: „Daß sie ein Verhältnis zueinander haben, sagt man von Größen, die vervielfältigt einander übertreffen können" (Euklid, Buch V, Definition 4)[1]). Diese Methode, die zur Standardmethode bei den Griechen und in der Renaissance wurde, sobald es sich um exakte Beweise zur Flächen- und Volumenbestimmung handelte, war vollkommen streng und kann leicht in eine Beweisform gebracht werden, die den Anforderungen der modernen Analysis genügt. Sie hat den großen Nachteil, daß das Ergebnis, um bewiesen werden zu können, vorher bekannt sein muß, so daß der Mathematiker es zuerst mit Hilfe anderer weniger strenger und mehr heuristischer Methoden finden muß.

Es gibt einwandfreie Anzeichen dafür, daß eine andere Methode dieser Art tatsächlich verwendet wurde. Wir besitzen einen Brief von Archimedes an Eratosthenes (um 250 v. u. Z.), der erst 1906 entdeckt wurde, in dem Archimedes ein unstrenges, aber fruchtbares Verfahren zur Auffindung von Resultaten erläutert. Dieser Brief ist unter dem Namen „Methode" bekannt. Es ist, besonders von S. Luria, vermutet worden, daß sie Ausdruck einer Schule mathematischen Denkens ist, die mit der Schule von Eudoxus konkurrierte, ebenfalls in die Zeit der „Krise" zurückreicht und mit dem Namen von Demokrit, dem Begründer der Atomistik, verbunden ist. Nach der Theorie von Luria wurde in der Schule von Demokrit der Begriff des „geometrischen Atoms" eingeführt. Man dachte sich eine Strecke, eine Fläche oder ein Volumen aus einer zwar großen, aber endlichen Anzahl von unteilbaren „Atomen" aufgebaut. Die Berechnung eines Volumens bedeutete

[1]) Die Fassung von Archimedes (die er ausdrücklich dem Eudoxus zuschreibt) lautet: „Die größere von zwei gegebenen Größen, sei es Linie, Fläche oder Körper, überragt die kleinere um eine Differenz, die, genügend oft vervielfacht, jede der beiden gegebenen Größen übertrifft." (In: „Kugel und Zylinder", Ostwald's Klassiker der exakten Wissenschaften Nr. 202, Leipzig 1922.)

die Summation der Volumina von allen „Atomen“, aus denen der betreffende Körper besteht. Diese Theorie hört sich nur so lange absurd an, bis man sich vergegenwärtigt, daß mehrere Mathematiker in der Periode vor Newton, besonders Vieta und Kepler, im wesentlichen dieselben Begriffe verwendeten, indem sie sich etwa den Umfang eines Kreises aus einer sehr großen Anzahl von winzigen Strecken zusammengesetzt dachten. Es gibt keinen Hinweis darauf, daß im Altertum auf dieser Grundlage jemals eine strenge Methode entwickelt worden ist, aber unsere modernen Grenzwertbetrachtungen haben es möglich gemacht, diese „Atom“-theorie in eine genauso strenge Theorie einzubauen, wie es die Exhaustionsmethode ist. Sogar noch heute verwenden wir ganz selbstverständlich diese Auffassung von den „Atomen“, wenn wir den mathematischen Ansatz für ein Problem aus der Theorie der Elastizität, der Physik oder Chemie machen, wobei wir die strenge „Grenzwert“-Theorie dem Berufsmathematiker überlassen.[1])

Der Vorteil der „Atom“-Methode gegenüber der „Exhaustions“-Methode bestand darin, daß sie das Auffinden neuer Ergebnisse erleichterte. Im Altertum hatte man somit die Wahl zwischen einer zwar strengen, aber vergleichsweise unfruchtbaren und einer nur unzureichend begründeten, aber viel fruchtbareren Methode. Es ist aufschlußreich, daß praktisch in allen klassischen Werken die erste Methode verwendet wurde. Das dürfte mit der Tatsache zusammenhängen, daß die Mathematik eine Lieblingsbeschäftigung einer Klasse der Muße geworden war, die sich auf die Sklaverei gründete, gegen Erfindungen gleichgültig und an besinnlicher Schau interessiert war. Es kann auch eine Widerspiegelung des Sieges des Platonischen Idealismus über den Materialismus des Demokrit im Bereich der Philosophie der Mathematik sein.

---

[1]) „So kann etwa, insoweit nur erste Differentiale berücksichtigt werden, ein kleiner Teil einer Kurve nahe bei einem bestimmten Punkt als gerade und analog ein kleiner Teil einer Fläche als eben angesehen werden; während einer kurzen Zeit kann ein Teilchen als mit konstanter Geschwindigkeit bewegt und ein beliebiger physikalischer Prozeß als konstant ablaufend angesehen werden“ (H. B. Phillips, *Differential Equations*, New York 1922; S. 7).

6. Im Jahre 334 begann Alexander der Große die Eroberung von Persien. Als er 323 in Babylon starb, war der ganze Nahe Osten den Griechen zugefallen. Alexanders Eroberungen wurden unter seine Heerführer aufgeteilt, und aus ihnen gingen schließlich drei Reiche hervor: Ägypten unter den Ptolemäern, Mesopotamien und Syrien unter den Seleukiden und Mazedonien unter Antigonos und seinen Nachfolgern. Selbst im Tal des Indus regierten griechische Fürsten. Das Zeitalter des Hellenismus hatte begonnen.

Die unmittelbare Folge von Alexanders Siegeszug bestand darin, daß das Vordringen der griechischen Kultur in große Gebiete des Orients beschleunigt wurde. Ägypten, Mesopotamien und ein Teil Indiens wurden hellenisiert. Die Griechen strömten als Händler, Kaufleute, Ärzte, Abenteurer, Reisende und Söldner in den Nahen Osten. Die Städte — von denen viele neu gegründet wurden, die an ihren griechischen Namen kenntlich sind — standen unter griechischer Militär- und Verwaltungskontrolle und besaßen eine aus Griechen und Orientalen gemischte Bevölkerung. Aber der Hellenismus war im wesentlichen eine städtische Kultur. Die Landbevölkerung blieb einheimisch und lebte auch weiterhin in althergebrachter Weise. In den Städten traf die alte orientalische Kultur mit der neu hereinkommenden Kultur von Griechenland zusammen und vermischte sich teilweise mit ihr, obwohl zwischen beiden Welten ständig eine tiefgreifende Trennung bestehenblieb. Die griechischen Herrscher nahmen orientalische Sitten an und hatten sich mit orientalischen Verwaltungsproblemen auseinanderzusetzen, förderten aber zugleich griechische Kunst, Literatur und Wissenschaft.

Die so in eine neue Umgebung verpflanzte griechische Mathematik bewahrte viele ihrer gewohnten Züge, erfuhr aber auch den Einfluß der Probleme aus Verwaltung und Astronomie, die im Orient zu lösen waren. Dieser enge Kontakt der griechischen Wissenschaft mit dem Orient war außerordentlich fruchtbar, besonders während der ersten Jahrhunderte. Praktisch das ganze wirklich produktive Gesamtwerk, das wir „Griechische Mathematik“ nennen, wurde in der relativ kurzen Zeitspanne von 350 bis 200 v. u. Z., von Eudoxus bis Apollonius, geschaffen, und sogar die Meisterleistungen von Eudoxus sind uns nur durch ihre Darstellung bei Euklid und Archimedes bekannt. Bemerkenswert ist außerdem, daß die größte Blüte dieser griechischen Mathematik in Ägypten unter den Ptolemäern und nicht in Mesopotamien erreicht wurde, obwohl die einheimische Mathematik in Babylon einen höheren Stand erreicht hatte.

Der Grund für diese Entwicklung ist wohl darin zu suchen, daß Ägypten nunmehr eine zentrale Lage in der Welt des Mittelmeers einnahm. Die neue Hauptstadt Alexandria war an der Meeresküste erbaut worden und wurde zum geistigen und wirtschaftlichen Mittelpunkt der hellenistischen Welt. Demgegenüber spielte Babylon lediglich die Rolle eines entlegenen Kreuzungspunktes von Karawanenstraßen und verlor noch mehr an Bedeutung, als es durch Ktesiphon-Seleukia, die neue Hauptstadt der Seleukiden, ersetzt wurde. Soweit uns bekannt ist, waren keine großen griechischen Mathematiker jemals mit Babylon verbunden. Antiochia und Pergamon, gleichfalls Städte im Seleukidenreich, aber näher am Mittelmeer, hatten bedeutende griechische Schulen. Die Entwicklung der einheimischen babylonischen Astronomie und Mathematik erreichte unter den Seleukiden sogar ihren Höhepunkt, und die griechische Astronomie empfing einen Impuls, dessen Bedeutung wir erst jetzt besser zu verstehen beginnen. Neben Alexandria gab es einige andere Mittelpunkte mathematischer Gelehrsamkeit, insbesondere Athen und Syrakus. Athen wurde zu einem Zentrum der Erziehung, während Syrakus Archimedes, den größten griechischen Mathematiker, hervorbrachte.

7. In dieser Periode entstand der berufmäßige Wissenschaftler, also ein Mann, der sein Leben dem Studium der Wissenschaft widmete und dafür ein Gehalt empfing. Einige der allerbedeutendsten Vertreter dieses Kreises von Menschen lebten in Alexandria, wo die Ptolemäer ein großes Zentrum der Gelehrsamkeit in dem sogenannten Museum mit seiner berühmten Bücherei errichteten. Hier wurde das griechische Erbe in Wissenschaft und Literatur bewahrt und weiterentwickelt. Der Erfolg dieser Einrichtung war beträchtlich. Unter den ersten mit Alexandria verbundenen

Gelehrten befand sich Euklid, einer der einflußreichsten Mathematiker aller Zeiten.

Euklid, über dessen Leben wir nichts Genaues wissen, war vermutlich während der Zeit des ersten Ptolemäers (306—283), zu dem er der Überlieferung nach die Bemerkung gemacht haben soll, daß es keinen Königsweg zur Geometrie gebe, auf der Höhe seines Schaffens. Seine berühmtesten und wissenschaftlich bedeutsamsten Werke sind die 13 Bücher seiner „Elemente" („stoicheia"), obwohl ihm auch einige andere kleinere Werke zugeschrieben werden. Unter diesen anderen Werken finden sich die „Daten", die das enthalten, was wir Anwendung der Algebra auf Geometrie nennen würden; aber sie werden in strenger geometrischer Sprache dargestellt. Wir wissen nicht, wie viele dieser Texte von Euklid selbst stammen und wie viele von ihnen als Zusammenfassungen anzusehen sind, aber sie zeigen an vielen Stellen eine erstaunliche sachliche Tiefe. Es sind die ersten vollständigen mathematischen Lehrbücher, die aus der griechischen Antike auf uns gekommen sind.

Die „Elemente" bilden wohl nächst der Bibel das am meisten gedruckte und gelesene Buch in der Geschichte der westlichen Welt. Über tausend Ausgaben sind seit Erfindung der Buchdruckerkunst erschienen, und vor dieser Zeit wurde der Unterricht in Geometrie von handschriftlichen Kopien beherrscht. Der größte Teil unserer Schulgeometrie wird, häufig sogar wörtlich, aus neun von den dreizehn Büchern entnommen; und die Euklidische Tradition lastet noch schwer auf unserem Elementarunterricht. Auf den Fachmathematiker haben diese Bücher immer einen unwiderstehlichen Reiz ausgeübt, und ihre logische Struktur hat das wissenschaftliche Denken vielleicht mehr als irgendein anderes Buch der Welt beeinflußt.

Die Darstellung Euklids wird auf eine streng logische Deduktion der Sätze aus einer Anzahl von Definitionen, Postulaten und Axiomen gegründet. Die ersten vier Bücher behandeln die ebene Geometrie und führen von den elementarsten Eigenschaften von Geraden und Winkeln zur Dreieckskongruenz und Flächengleichheit, zum Satz des Pythagoras (I, 47), zur Konstruktion eines Quadrats, das zu einem gegebenen Rechteck flächengleich ist, zum Goldenen Schnitt, zum Kreis und zu den regulären Vielecken. Das fünfte Buch stellt die Theorie inkommensurabler Größen von Eudoxus in rein geometrischer Form dar, und im sechsten Buch wird sie auf die Ähnlichkeit von Dreiecken angewendet. Diese erst an so später Stelle erfolgende Darlegung der Ähnlichkeitslehre ist einer der hauptsächlichen Unterschiede zwischen der Euklidischen Behandlung der ebenen Geometrie und dem gegenwärtigen Verfahren und muß dem besonderen Gewicht zugeschrieben werden, das von Euklid der neuen Theorie der inkommensurablen Größen von Eudoxus beigemessen wird. Die geometrische Diskussion wird im zehnten Buch wieder aufgenommen, das meist als das schwierigste unter den Büchern des Euklid angesehen wird und das eine geometrische Klassifizierung quadratischer Irrationalitäten und von Quadratwurzeln aus solchen enthält, die wir daher als Zahlen von der Form $\sqrt{a + \sqrt{b}}$ bezeichnen. Die letzten drei Bücher behandeln räumliche Geometrie und führen über räumliche Winkel, die Volumina von Parallelepiped, Prisma und Pyramide zur Kugel und zu dem, was anscheinend als Höhepunkt des Ganzen gedacht war: zur Diskussion der fünf regulären („Platonischen") Körper und zum Beweis, daß es nur fünf solche Körper gibt.

Die Bücher VII—IX sind der Zahlentheorie gewidmet — nicht einer Technik des Rechnens, sondern solchen Pythagoreischen Fragestellungen wie der Teilbarkeit von ganzen Zahlen, der Summierung von geometrischen Reihen und einigen Eigenschaften von Primzahlen. Dort finden wir sowohl den „Euklidischen Algorithmus", der dazu dient, den größten gemeinsamen Teiler von gegebenen ganzen Zahlen zu bestimmen, als auch den „Satz des Euklid", daß es unendlich viele Primzahlen gibt (IX, 20). Von besonderem Interesse ist der Satz VI, 27, der das erste Maximumproblem enthält, das uns überliefert worden ist, und dazu den Beweis, daß das Quadrat unter allen Rechtecken von gegebenem Umfang den größten Flächeninhalt besitzt. Das fünfte Postulat von Buch I (die Beziehung zwischen „Axiomen" und

„Postulaten“ bei Euklid ist nicht klar) ist dem sogenannten „Parallelenaxiom“ gleichwertig, nach welchem durch einen Punkt außerhalb einer gegebenen Geraden eine und nur eine Gerade parallel zu dieser Geraden gezogen werden kann. Erst im neunzehnten Jahrhundert führten die Versuche, dieses Axiom auf einen Satz zu reduzieren, zu einer vollen Einsicht in die Weisheit von Euklid, es als Axiom anzunehmen, und zur Entdeckung von anderen, sogenannten nichteuklidischen Geometrien.

Die algebraischen Überlegungen werden bei Euklid vollständig in geometrischer Fassung dargestellt. Der Ausdruck $\sqrt{A}$ wird als Seite eines Quadrates der Fläche A eingeführt, das Produkt $a \cdot b$ als Fläche eines Rechtecks mit den Seiten a und b. Diese Ausdrucksweise war in erster Linie eine Folge der Theorie der Proportionen von Eudoxus, der ganz bewußt numerische Angaben für Strecken verwarf und auf diese Art die inkommensurablen Größen rein geometrisch behandelte. Die Arithmetik beschränkte sich ausschließlich auf „Zahlen“ (positive ganze Zahlen) und ihre Verhältnisse.

Welche Absicht verfolgte Euklid bei der Abfassung seiner „Elemente“? Wir können mit einiger Sicherheit annehmen, daß er drei große Entdeckungen der jüngsten Vergangenheit in einem Lehrbuch vereinigen wollte: die Theorie der Proportionen von Eudoxus, die Theorie irrationaler Größen von Theätet und die Theorie der fünf regulären Körper, die in der Kosmologie von Plato einen hervorragenden Platz einnehmen. Alle drei waren typisch „griechische“ Errungenschaften.

8. Der größte Mathematiker der hellenistischen Periode — und darüber hinaus des gesamten Altertums — war Archimedes (287—212), der in Syrakus als Ratgeber von König Hieron lebte. Er ist eine der wenigen wissenschaftlichen Persönlichkeiten des Altertums, von denen mehr als der bloße Name übriggeblieben ist; über sein Leben und seine Person sind einige Einzelheiten bekannt. Wir wissen, daß er getötet wurde, als Syrakus von den Römern eingenommen wurde, nachdem er sein technisches Genie den Verteidigern der Stadt zur Verfügung gestellt hatte. Dieses Interesse an praktischen Anwendungen ist zunächst verwunder-

lich, wenn wir es mit der Verachtung vergleichen, mit der ein solches Interesse von seinen Zeitgenossen aus der Platonischen Schule gestraft wurde, aber man kann eine Erklärung in einer oft zitierten Stelle aus dem „Marcellus“ von Plutarch finden, daß er es

„obwohl ihm diese Erfindungen den Ruf einer übermenschlichen Weisheit verschafft hatten, nicht zuließ, daß von ihm über derartige Fragen irgendein schriftliches Werk auf die Nachwelt kam, denn da er die Beschäftigung mit Mechanik und jede Art von Betätigung, die auf Nutzen und Profit gerichtet war, als erniedrigend und unedel ansah, legte er seinen ganzen Ehrgeiz in solche Forschungen, deren Schönheit und Tiefe von jeder Beimengung gewöhnlicher Lebensbedürfnisse völlig frei waren“.

Die bedeutendsten Beiträge, die Archimedes zur Mathematik geliefert hat, liegen auf dem Gebiet, das wir heute Integralrechnung nennen — Sätze über Flächeninhalte von ebenen Figuren und Volumina von Körpern. In seiner „Kreismessung“ fand er Näherungswerte für den Kreisumfang mit Hilfe von einbeschriebenen und umbeschriebenen regulären Vielecken. Indem er diese Approximation bis zum 96-Eck weiterführte, fand er (in heutiger Schreibweise)

$$3\frac{10}{71} < 3\frac{284\frac{1}{4}}{2018\frac{7}{40}} < 3\frac{284\frac{1}{4}}{2017\frac{1}{4}} < \pi < 3\frac{667\frac{1}{2}}{4673\frac{1}{2}} < 3\frac{667\frac{1}{2}}{4672\frac{1}{2}} = 3\frac{1}{7},^{1)}$$

was man gewöhnlich so ausdrückt, daß man sagt, π habe ungefähr den Wert $3\frac{1}{7}$. In dem Buch „Kugel und Zylinder“ finden wir den Ausdruck für die Kugeloberfläche (in der Form, daß die Kugeloberfläche viermal so groß ist wie die Fläche eines Großkreises) und für das Kugelvolumen (in der Form, daß dieses Volumen das $\frac{2}{3}$fache vom Volumen des umbeschriebenen Zylinders beträgt). Der Ausdruck von Archimedes für den Flächeninhalt des Parabel-

---

[1]) $3{,}1409 < \pi < 3{,}1429$. Das arithmetische Mittel aus dem oberen und dem unteren Näherungswert beträgt $\pi = 3{,}1419$. Der genaue Wert ist $\pi = 3{,}14159\ldots$

segments (das $\frac{4}{3}$-fache der Fläche desjenigen einbeschriebenen Dreiecks mit derselben Basis wie das Segment, dessen dritte Ecke in dem Punkt liegt, in welchem die Tangente parallel zur Basis ist) findet sich in seinem Buch „Quadratur der Parabel". In dem Buch „Über Spiralen" findet man die „Spirale des Archimedes" nebst Flächenberechnungen; in dem Buch „Über Konoide und Sphäroide" finden sich die Volumina von gewissen (quadratischen) Rotationsflächen. Der Name von Archimedes ist auch mit seinem Satz über den Gewichtsverlust von in Flüssigkeiten eingetauchten Körpern (Archimedisches Prinzip) verbunden, der in seinem Buch „Über schwimmende Körper", einer Abhandlung über Hydrostatik, enthalten ist.

In allen diesen Werken verband Archimedes eine überraschende Originalität der Gedankenführung mit großer Meisterschaft der Rechentechnik und Strenge der Beweise. Typisch für diese Strenge ist das schon erwähnte „Axiom des Archimedes" und seine ständige Verwendung des Exhaustionsverfahrens zum Beweis seiner Integrationsresultate. Wir sahen schon, wie er in Wahrheit diese Resultate auf einem mehr heuristischen Wege fand (durch „Wägung" von Infinitesimalen); aber anschließend veröffentlichte er sie unter Einhaltung der schärfsten Anforderungen bezüglich der Strenge. Durch seine rechnerische Gewandtheit unterschied sich Archimedes von den meisten produktiven griechischen Mathematikern. Dadurch erhielt sein Werk, bei allen seinen typisch griechischen Eigenheiten, einen Zug zum Orientalischen. Dieser Zug tritt deutlich in seinem „Rinderproblem" zutage, einem sehr komplizierten Problem der Gleichungslehre, das als ein Problem darstellbar ist, welches auf eine Gleichung vom „Pellschen" Typ, nämlich

$$t^2 - 4729494u^2 = 1$$

führt, die nur durch sehr große Zahlen lösbar ist.

Dies ist nur eins von vielen Anzeichen dafür, daß die griechische Mathematik von der Platonischen Tradition niemals vollständig beherrscht wurde; in die gleiche Richtung weist die griechische Astronomie.

9. Bei dem dritten großen griechischen Mathematiker, Apollonius von Perga (etwa 260 bis etwa 170), befinden wir uns wieder vollständig innerhalb der griechischen Tradition. Apollonius, der wohl in Alexandria und Pergamon gelehrt hat, schrieb eine Abhandlung von acht Büchern über „Kegelschnitte", von denen sieben erhalten sind, drei allerdings nur in einer arabischen Übersetzung. Es ist eine Abhandlung über Ellipse, Parabel und Hyperbel, die als Schnitte eines Kreiskegels eingeführt werden, und dringt bis zur Diskussion der Evoluten von Kegelschnitten vor. Wir kennen diese Kegelschnitte noch heute unter den Namen, die sich bei Apollonius finden; sie beziehen sich auf gewisse Flächeneigenschaften dieser Kurven, die in heutiger Bezeichnung durch die Gleichungen

$$y^2 = px, \quad y^2 = px \pm \frac{p}{d} x^2$$

ausgedrückt werden. (p und d sind bei Apollonius Strecken.) Das Pluszeichen ergibt die Hyperbel, das Minuszeichen die Ellipse. Parabel bedeutet hier „Abbildung", Ellipse „Abbildung mit Defekt", Hyperbel „Abbildung mit Überschuß". Apollonius besaß unsere Koordinatenmethode nicht, weil er keine algebraische Schreibweise hatte (die er, wahrscheinlich unter dem Einfluß der Schule von Eudoxus, bewußt ablehnte). Viele seiner Ergebnisse können jedoch sofort in die Koordinatensprache umgeschrieben werden — einschließlich der Evolutionseigenschaften, die in der Cartesischen Gleichung ebenso lauten.[1]) Dasselbe kann von anderen Büchern des Apollonius gesagt werden, von denen Teile erhalten sind und die „algebraische" Geometrie in geometrischer und daher in homogener Ausdrucksweise enthalten. Hier findet man das Apolloniussche Berührungsproblem, bei dem die Konstruktion des Berührungskreises an drei gegebene Kreise gefordert wird; die Kreise

---

[1]) „Meine Behauptung geht deshalb dahin, daß der Kernpunkt der analytischen Geometrie in dem Studium der Örter mit Hilfe ihrer Gleichungen besteht, und daß dies den Griechen bekannt war und die Grundlage ihrer Untersuchung der Kegelschnitte bildete." J. L. Coolidge, *A History of Geometrical Methods* (Oxford 1940), S. 119. Man vergleiche jedoch unsere Bemerkungen über Descartes.

können auch durch gerade Linien oder Punkte ersetzt werden. Bei Apollonius finden wir zum erstenmal ausdrücklich die Forderung ausgesprochen, daß bei geometrischen Konstruktionen nur Zirkel und Lineal verwendet werden sollen, die daher nicht eine so allgemeine „griechische“ Forderung darstellt, wie man manchmal glaubt.

10. Die Mathematik kann während ihrer ganzen Geschichte bis in unsere Zeit hinein nicht von der Astronomie getrennt werden. Die Erfordernisse der Bewässerung und des Ackerbaus im allgemeinen — und in gewissem Umfange auch die der Schiffahrt — verschafften der Astronomie den ersten Platz in der orientalischen und griechischen Wissenschaft, und ihre Entwicklung war von keinem geringen Einfluß auf die der Mathematik. Der rechnerische und auch oft der begriffliche Inhalt der Mathematik wurde weitgehend durch die Astronomie bedingt, und ebenso hing der Fortschritt der Astronomie vom wissenschaftlichen Stand der zur Verfügung stehenden mathematischen Literatur ab. Die Struktur des Planetensystems erlaubte es, weitreichende Ergebnisse bereits mit relativ einfachen mathematischen Methoden zu erzielen, die aber immerhin kompliziert genug sind, um einen Ansporn zu ihrer Vervollkommnung und damit zu einem Fortschritt der astronomischen Wissenschaft überhaupt zu liefern. Im Orient waren während der dem hellenistischen Zeitalter unmittelbar vorangehenden Periode beträchtliche Fortschritte der rechnerischen Astronomie erreicht worden, besonders in Mesopotamien während der späteren assyrischen und persischen Perioden. Hier hatten die langfristigen, sorgfältigen Beobachtungen zu einer bemerkenswerten Einsicht in viele veränderliche Sternörter geführt. Die Bewegung des Mondes war eines der sich dem Mathematiker am meisten aufdrängenden Probleme der Astronomie, und zwar sowohl im Altertum als auch noch im achtzehnten Jahrhundert. Babylonische (chaldäische) Astronomen haben ihrem Studium viel Kraft gewidmet. Das Zusammentreffen von griechischer und babylonischer Wissenschaft während der Periode der Seleukiden führte zu großen rechnerischen und theoretischen Fortschritten, und während die babylonische Wissenschaft ihre alte Tradition der Kalenderberechnung fortsetzte, erzielte die griechische Wissenschaft einige ihrer bemerkenswertesten theoretischen Ergebnisse.

Der älteste bekannte griechische Beitrag zur theoretischen Astronomie war die Planetentheorie desselben Eudoxus, der auf Euklid so anregend gewirkt hatte. Es war ein Versuch, die Bewegung der Planeten (um die Erde herum) durch die Annahme von vier sich überlagernden, rotierenden, konzentrischen Kugelschalen zu erklären, wobei jede ihre eigene Rotationsachse besaß, deren Endpunkte an der umgebenden Kugelschale befestigt waren. Das war etwas Neues und typisch Griechisches, eine Erklärung an Stelle einer bloßen Beschreibung von Erscheinungen am Himmel. Trotz ihrer noch wenig durchgearbeiteten Form enthielt die Theorie des Eudoxus die zentrale Idee aller Planetentheorien bis zum 17. Jahrhundert, die darin bestand, Unregelmäßigkeiten in den scheinbaren Bahnen des Mondes und der Planeten durch die Überlagerung von kreisförmigen Bewegungen zu erklären. Sie liegt sogar noch den rechnerischen Verfahren unserer modernen dynamischen Theorien zugrunde, sobald man Fourierreihen benutzt.

Auf Eudoxus folgte Aristarch von Samos (etwa 280 v. u. Z.), der „Kopernikus des Altertums", dem Archimedes die Hypothese zuschreibt, daß die Sonne und nicht die Erde das Zentrum der Planetenbewegung ist. Diese Hypothese fand im Altertum nur wenige Anhänger, obwohl der Glaube, daß sich die Erde um ihre Achse dreht, weit verbreitet war. Der geringe Erfolg der heliozentrischen Anschauung beruht in der Hauptsache auf der Autorität von Hipparch, der oft als der bedeutendste Astronom des Altertums angesehen wird.

Die Beobachtungstätigkeit des Hipparch von Nicäa fiel in die Jahre von 161 bis 126 v. u. Z. Von seinem Werk ist uns unmittelbar nur wenig bekannt. Die wichtigste Quelle unserer Kenntnis über seine Leistungen bilden die Schriften von Ptolemäus, der drei Jahrhunderte später lebte. Ein großer Teil des Inhalts des großen Werkes von Ptolemäus, des „Almagest", kann Hipparch zugeschrieben werden, insbesondere die Verwendung von exzentrischen

Kreisen und Epizyklen zur Erklärung der Bewegung von Sonne, Mond und Planeten, außerdem die Entdeckung der Präzession der Äquinoktien. Auf Hipparch geht nach unserer Kenntnis auch eine Methode zurück, Länge und Breite mit astronomischen Mitteln zu bestimmen, aber das Altertum war nie in der Lage, irgendwelche wissenschaftlichen Messungen großen Stils durchzuführen. (Im Altertum waren Wissenschaftler sehr dünn gesät, sowohl in räumlicher als auch in zeitlicher Hinsicht.) Das wissenschaftliche Werk von Hipparch war eng mit den Fortschritten der babylonischen Astronomie verbunden, die in dieser Periode große Erfolge erreichte, und wir können in diesem Werk die bedeutendste wissenschaftliche Frucht der Berührung zwischen Griechenland und dem Orient während der hellenistischen Periode[1]) sehen.

11. Die dritte und letzte Periode der antiken Gesellschaft ist die der römischen Herrschaft. Syrakus fiel 212 an Rom, Karthago im Jahre 146, Griechenland auch 146, Mesopotamien 64 und Ägypten 30 v. u. Z. Der gesamte von Rom beherrschte Orient einschließlich Griechenland wurde in die Lage einer von römischen Verwaltungsbeamten regierten Kolonie übergeführt. Diese Kontrolle beeinflußte die ökonomische Struktur der orientalischen Länder so lange nicht, wie die hohen Steuern und andere Abgaben pünktlich entrichtet wurden. Das römische Imperium teilte sich ganz natürlich in einen westlichen Teil mit extensiver Landwirtschaft, die sich völlig auf Sklavenarbeit gründete, und in einen östlichen Teil mit intensiver Landwirtschaft, der Sklaven nie zu anderen Zwecken als für häusliche Dienste und öffentliche Arbeiten verwendete. Trotz des Wachstums einiger Städte und eines die ganze bekannte westliche Welt umfassenden Handels blieb die gesamte ökonomische Struktur des römischen Imperiums auf die Landwirtschaft gegründet. Die Verbreitung der Sklavenwirtschaft in einer solchen Gesellschaft war aller schöpferischen wissen-

---

[1]) O. Neugebauer, *Exact Science in Antiquity*, Studies in Civilization, Un. of Pennsylvania Bicentennial Conf. (Philadelphia 1942), S. 22—31, und das Buch des Autors „*The Exact Sciences in Antiquity*" (Princeton 1952).

schaftlichen Arbeit äußerst abträglich. Die Klasse der Sklavenhalter ist an technischen Entdeckungen selten interessiert, einesteils deshalb, weil die Sklaven billige Arbeitskräfte darstellen, und zum anderen deswegen, weil sie sich fürchtet, Sklaven irgendein Hilfsmittel in die Hand zu geben, das ihre Intelligenz fördern könnte. Viele Angehörige der herrschenden Klasse beschäftigten sich in seichter Form mit den Künsten und Wissenschaften, und dieser ausgeprägte Dilettantismus begünstigte mehr die Mittelmäßigkeit als das produktive Denken. Als mit dem Niedergang des Sklavenmarktes die römische Wirtschaft verfiel, da gab es nur wenige Menschen, die selbst die mittelmäßige Wissensehaft der vergangenen Jahrhunderte hätten weiterpflegen können.

Solange das römische Imperium gefestigt war, dauerte die Blütezeit der Wissenschaft des Ostens auf der Grundlage einer eigenartigen Mischung hellenistischer und orientalischer Elemente an. Obwohl Originalität und Einfallsreichtum allmählich verschwanden, ermöglichte die mehrere Jahrhunderte hindurch bestehende pax Romana ungestörtes Weiterdenken in traditionellen Bahnen. Gleichzeitig mit der pax Romana bestand mehrere Jahrhunderte hindurch die pax Sinensis; der eurasische Kontinent hat in seiner ganzen Geschichte nie mehr eine solche Periode ununterbrochenen Friedens wie unter Antoninus in Rom und den Han in China erlebt. Dadurch wurde die Verbreitung von Wissen von Rom und Athen aus über den Kontinent hinweg nach Mesopotamien, China und Indien mehr erleichtert als jemals zuvor. Die hellenistische Wissenschaft gelangte weithin nach China und Indien und wurde ihrerseits durch die Wissenschaft dieser Länder beeinflußt. Einzelne Kenntnisse der babylonischen Astronomie und der griechischen Mathematik gelangten nach Italien, Spanien und Gallien. Ein Beispiel dafür ist die Verbreitung der Sexagesimalteilung des Winkels und der Stunde im römischen Imperium. Es gibt eine Theorie von F. Woepcke, welche die Verbreitung der sogenannten indisch-arabischen Ziffern in Europa auf neupythagoreische Einflüsse in der Spätzeit des römischen Imperiums zurückführt. Mag nun die Verbreitung schon zu dieser Zeit zutreffen oder nicht, wenn sie aber so weit zurückreicht, dann beruht sie viel wahrscheinlicher auf dem Einfluß des Handels als auf dem der Philosophie.

Alexandria blieb das Zentrum der antiken Mathematik. Die schöpferische Arbeit ging weiter, obwohl allmählich Sammeln und Kommentieren immer mehr zur vorherrschenden Form der Wissenschaft wurden. Viele Ergebnisse der alten Mathematiker und Astronomen sind uns durch die Arbeit dieser Verfasser der Sammelwerke überliefert worden, und es ist oft sehr schwierig herauszufinden, was sie abgeschrieben und was sie selbst entdeckt haben. Wenn man versuchen will, den allmählichen Niedergang der griechischen Mathematik zu verstehen, muß man auch ihre technische Seite berücksichtigen: die schwerfällige geometrische Ausdrucksweise im Verein mit der konsequenten Ablehnung jeder algebraischen Bezeichnung, wodurch ein Fortschritt über die Kegelschnitte hinaus fast unmöglich gemacht wurde. Algebra und Rechnung wurden den verachteten Orientalen überlassen, deren Lehre mit einem Anstrich griechischer Kultur überzogen wurde. Trotzdem ist es falsch zu glauben, daß die Mathematik in Alexandria rein „griechisch" im Sinne der Euklidisch-Platonischen Tradition war; rechnerische Arithmetik und Algebra in ägyptisch-babylonischer Art wurde neben den abstrakten geometrischen Beweisen gepflegt. Man braucht nur an Ptolemäus, Heron und Diophant zu denken, um sich von dieser Tatsache zu überzeugen. Das einzige Band unter den vielen Rassen und Schulen war die allgemeine Verwendung der griechischen Sprache.

12. Einer der frühesten Mathematiker in Alexandria während der römischen Zeit war Nicomachos von Gerasa (100 u. Z.), dessen „Einführung in die Arithmetik" die vollständigste erhaltene Darstellung der Pythagoreischen Arithmetik bildet. Darin werden großenteils dieselben Fragestellungen behandelt wie in den arithmetischen Büchern von Euklids „Elementen", aber dort, wo Euklid Zahlen durch Strecken darstellt, verwendet Nicomachos eine arithmetische Bezeichnungsweise unter Zuhilfenahme der gewöhnlichen Sprache, sobald unbestimmte Zahlen auszudrücken sind. Seine Behandlung der Polygonalzahlen und Pyramidalzahlen übte einen gewissen Einfluß auf die mittelalterliche Arithmetik aus, insbesondere durch Boetius.

Eines der bedeutendsten Dokumente aus dieser zweiten Alexandrinischen Periode ist das „Große System" des Ptolemäus, das besser unter dem arabisierten Titel „Almagest" (etwa 150 u. Z.) bekannt ist. Der „Almagest" ist ein astronomisches Werk von höchster Meisterschaft und Originalität, selbst unter Berücksichtigung der Tatsache, daß darin viele von Hipparch oder Kidinnu und anderen babylonischen Astronomen stammende Ideen vorkommen. Er enthält auch eine Trigonometrie mit einer Sehnentafel von 0 bis 180°, die in Intervallen von einem halben Grad fortschreitet und einer Sinustafel im Winkelbereich von 0 bis 90° gleichwertig ist. Ptolemäus fand für die Sehne von 1° den Wert $(1, 2, 50) = \frac{1}{60} + \frac{2}{60^2} + \frac{50}{60^3} = 0{,}0174537$ (der genaue Wert ist 0,0174524) und für π den Wert $(3, 8, 30) = \frac{377}{120} = 3{,}14166$. Man findet im „Almagest" die Formeln für den Sinus und Cosinus der Summe und der Differenz von zwei Winkeln, außerdem die Anfänge der sphärischen Trigonometrie. Die Sätze wurden in eine geometrische Darstellung gekleidet; unsere heutigen trigonometrischen Bezeichnungen stammen erst von Euler aus dem achtzehnten Jahrhundert. In diesem Werk findet sich auch der „Satz des Ptolemäus" über das einem Kreis einbeschriebene Viereck. In dem „Planisphaerium" von Ptolemäus ist eine Diskussion der stereographischen Projektion enthalten, und in seiner „Geographia" wird die Lage von Orten auf der Erde mit Hilfe von Länge und Breite bestimmt, die somit antike Beispiele von Koordinaten auf der Kugel bilden. Die stereographische Projektion liegt der Konstruktion des Astrolabiums zugrunde, eines zur Bestimmung der Lage auf der Erde verwendeten Instruments, das schon in der Antike bekannt war und bis zur Einführung des Sextanten im achtzehnten Jahrhundert vielfach benutzt wurde.[1])

Etwas älter als Ptolemäus war Menelaos (etwa 100 u. Z.), dessen Werk „Sphaerica" eine Geometrie der Kugel einschließlich

[1]) H. Michel, *Traité de l'astrolabe* (Paris 1947), O. Neugebauer, Isis *40*, 240—256 (1949).

einer Diskussion sphärischer Dreiecke enthält, einem Gegenstand, der im Euklid fehlt. Darin findet man den „Satz des Menelaos" für das Dreieck in seiner Erweiterung auf die Kugeloberfläche. Während die Astronomie von Ptolemäus großenteils Berechnungen mit Hilfe von Sexagesimalbrüchen enthält, ist die Abhandlung von Menelaos streng geometrisch im Sinne der reinen Euklidischen Tradition abgefaßt. In dieselbe Zeit wie Menelaos dürfte auch Heron gehören, jedenfalls wissen wir, daß er eine genaue Beschreibung einer im Jahre 62 u. Z.[1]) eingetretenen Mondfinsternis gegeben hat. Heron war ein vielseitiger Gelehrter, der über geometrische, rechnerische und mechanische Fragen schrieb; darin offenbart sich eine bemerkenswerte Mischung von griechischem und orientalischem Wissen. In seinem Werk „Metrica" leitete er die „Heronische" Formel für den Flächeninhalt eines Dreiecks

$$A = \sqrt{s(s-a)(s-b)(s-c)}$$

in rein geometrischer Form her; der Satz selbst wird Archimedes zugeschrieben. Ebenda finden sich typisch ägyptische Stammbrüche wie der Näherungswert von $\sqrt{63}$ in der Form $7 + \frac{1}{2} + \frac{1}{4} + \frac{1}{8} + \frac{1}{16}$. Die Heronische Formel für das Volumen eines quadratischen Pyramidenstumpfs kann leicht in diejenige umgeformt werden, die dafür in dem alten Moskauer Papyrus angegeben ist. Im Gegensatz dazu war seine Volumenbestimmung für die fünf regulären Polyeder wieder im Geiste von Euklid gehalten.

13. Die Berührung mit der orientalischen Wissenschaft ist noch ausgeprägter in der „Arithmetica" von Diophant (etwa 250 u. Z.). Nur sechs der ursprünglichen Bücher sind erhalten geblieben; über ihre Gesamtzahl ist man auf Vermutungen angewiesen. Die geschickte Behandlung unbestimmter Gleichungen zeigt, daß die alte Algebra Babyloniens oder vielleicht Indiens nicht nur unter einem Anstrich von griechischer Kultur weiterlebte, sondern auch durch einige aktive Männer weiterentwickelt worden war. Wie und wann das geschah, ist nicht bekannt, ebenso wie wir nicht

---

[1]) O. Neugebauer, *Über eine Methode zur Distanzbestimmung Alexandria — Rom bei Heron*, Hist. fil. Medd. Danske Vid. Sels. *26* Nr. 2, 28ff. (1938).

wissen, wer Diophant war — er kann ein hellenisierter Babylonier gewesen sein. Sein Werk ist eine der großartigsten Abhandlungen aus dem griechisch-römischen Altertum.

Die Diophantische Sammlung von Problemen ist sehr vielseitig, und ihre Lösungen sind oft höchst geistvoll. Die „Diophantische Analysis" besteht darin, Lösungen von unbestimmten Gleichungen der Formen $Ax^2 + Bx + C = y^2$, $Ax^3 + Bx^2 + Cx + D = y^2$ oder Systemen von solchen Gleichungen zu finden. Typisch für Diophant ist die Tatsache, daß er nur an positiven rationalen Lösungen interessiert ist; irrationale Lösungen nennt er „unmöglich" und ist sorgfältig darauf bedacht, seine Koeffizienten so zu wählen, daß er die positive rationale Lösung erhält, die er sucht. Unter diesen Gleichungen finden sich $x^2 - 26y^2 = 1$ und $x^2 - 30y^2 = 1$, die heute als „Pellsche" Gleichungen bezeichnet werden. Diophant kennt auch einige Sätze aus der Zahlentheorie, beispielsweise den Satz (III, 19), wonach das Produkt von zwei ganzen Zahlen, von denen jede die Summe von zwei Quadraten ist, auf zwei Arten in zwei Quadrate zerlegt werden kann. Er besitzt auch Sätze über die Darstellung einer Zahl als Summe von drei und vier Quadraten.

Bei Diophant wird zum erstenmal ein systematischer Gebrauch von algebraischen Symbolen gemacht. Er hat ein besonderes Zeichen für die Unbekannte, für die Subtraktion und für die Reziprokenbildung. Die Zeichen besitzen noch mehr den Charakter von Abkürzungen als den von algebraischen Symbolen im heutigen Sinne (sie bilden die sogenannte „rhetorische" Algebra); für jede Potenz der Unbekannten gibt es ein besonderes Symbol.[1]) Es kann nicht zweifelhaft sein, daß wir hier nicht nur, wie in Babylon, arithmetische Fragen von ausgeprägt algebraischer Natur finden, sondern auch eine gut durchgebildete algebraische Bezeichnungsweise,

---

[1]) Papyrus 620 der Universität Michigan, der 1921 erworben wurde, enthält einige Probleme der griechischen Algebra, die in die Zeit vor Diophant, vielleicht in den Anfang des zweiten Jahrhunderts u. Z., gehören. Einige bei Diophant verwendete Symbole kommen in diesem Manuskript vor. Siehe F. E. Robbins, *Classical Philology 24* (1929), S. 321—329; K. Vogel, ebenda *25* (1930), S. 373—375.

die sich für die Lösung von weit komplizierteren Aufgaben, als sie jemals zuvor in Angriff genommen worden waren, als vorteilhaft erwies.

14. Die letzte der großen alexandrinischen mathematischen Abhandlungen wurde von Pappus geschrieben (Ende des dritten Jahrhunderts). Seine „Sammlung" („Synagoge") war eine Art von Handbuch zum Studium der griechischen Geometrie mit historischen Anmerkungen, Verbesserungen und Abänderungen bereits bekannter Sätze und Beweise. Es war besser mit den Originalwerken zusammen lesbar als unabhängig von ihnen. Viele Resultate der antiken Autoren sind nur in der Form bekannt, in der sie uns von Pappus überliefert worden sind. Beispiele dafür sind die Probleme, welche die Quadratur des Kreises, die Würfelverdopplung und die Dreiteilung des Winkels betreffen. Interessant ist das Kapitel über isoperimetrische Figuren, in dem ausgesprochen wird, daß der Kreis eine größere Fläche hat als irgendein reguläres Polygon von gleichem Umfang. Hier findet man auch eine Bemerkung darüber, daß die Zellen einer Bienenwabe gewissen Maximum-Minimum-Bedingungen genügen.[1]) Die halbregulären Körper von Archimedes sind uns ebenfalls durch Pappus bekannt. Ebenso wie die „Arithmetica" von Diophant ist die „Sammlung" ein anregendes Buch, dessen Probleme viele weitere Forschungen in späteren Zeiten veranlaßten.

Die Alexandrinische Schule erstarb nach und nach, zusammen mit dem Niedergang der antiken Gesellschaft. Sie blieb als Ganzes ein Bollwerk des Heidentums gegen das Vordringen des Christentums, und einige ihrer Mathematiker haben sich auch in der Geschichte der antiken Philosophie einen Namen gemacht. Proklus (410—485), dessen „Kommentar zum ersten Buche von Euklid" eine unserer Hauptquellen für die Geschichte der griechischen Mathematik ist, war das Haupt einer neuplatonischen Schule in Athen. Eine andere Vertreterin dieser Schule, in Alexandria, war Hypatia, die Kommentare zu den klassischen Mathe-

[1]) Eine ausführliche Diskussion dieses Problems ist enthalten in D'Arcy W. Thompson, *Growth and Form* (2. Aufl., Cambridge 1942).

matikern schrieb. Sie wurde im Jahre 415 von den Anhängern des Heiligen Cyrill ermordet, ein Vorgang, der Charles Kingsley[1]) zu einem Roman inspirierte (1853). In diesen Philosophenschulen mit ihren Kommentatoren wechselten Jahrhunderte hindurch Zeiten des Aufstiegs und Niedergangs ab. Die Akademie in Athen wurde von Kaiser Justinian (529) als „heidnisch" aufgehoben, aber zu dieser Zeit gab es schon wieder Schulen an solchen Orten wie Konstantinopel und Jundīshāpūr. Viele alte Sammelwerke überdauerten die Zeit in Konstantinopel, während Kommentatoren fortfuhren, das Andenken an die griechische Wissenschaft und Philosophie in der griechischen Sprache für immer zu erhalten. Im Jahre 641 wurde Alexandria von den Arabern erobert, die den Anstrich mit griechischer Kultur in Ägypten durch einen entsprechenden arabischen Anstrich ersetzten. Es gibt keinen Grund für die Annahme, daß die Araber die berühmte Bibliothek von Alexandria zerstört haben, da es zweifelhaft ist, ob diese Bibliothek zu dieser Zeit überhaupt noch existierte. Tatsächlich haben die arabischen Eroberer den Charakter der mathematischen Studien in Ägypten nicht wesentlich verändert. Es mag einen Rückgang gegeben haben, aber als wieder etwas von ägyptischer Mathematik zu hören ist, schreitet sie auf den Bahnen der alten griechisch-orientalischen Tradition fort (z. B. Alhazen).

15. Wir beenden dieses Kapitel mit einigen Bemerkungen über die griechische Arithmetik und Rechenkunst. Die griechischen Mathematiker machten einen Unterschied zwischen „Arithmetik" oder Wissenschaft von den Zahlen („arithmoi") und „Logistik" oder praktische Rechenkunst. Der Ausdruck „arithmos" bezog sich nur auf natürliche Zahlen, auf „aus Einheiten zusammengesetzte Größen" (Euklid VII, Def. 2; dies bedeutete auch, daß „eins" nicht als eine Zahl angesehen wurde).[2]) Unser Begriff der reellen Zahl war unbekannt. Eine Strecke hatte daher nicht immer eine Länge. Geometrisches Denken ersetzte unser Arbeiten mit

[1]) Siehe auch F. Mauthner, *Hypatia, Roman aus dem Altertum* (1892).

[2]) Noch Stevin bringt in seiner „Arithmétique" (1585) einen fast leidenschaftlichen Aufruf, endlich doch „eins" als eine Zahl anzuerkennen.

den reellen Zahlen. Wenn Euklid die Tatsache ausdrücken wollte, daß die Fläche eines Dreiecks gleich dem halben Produkt aus Grundlinie und Höhe ist, mußte er sagen, daß sie halb so groß ist wie die Fläche eines Parallelogramms von gleicher Grundlinie, das zwischen denselben Parallelen liegt (Euklid I, 41). Der Satz des Pythagoras stellte eine Beziehung zwischen den Flächen von drei Quadraten dar und nicht zwischen den Längen von drei Seiten. Die „Elemente" von Euklid geben eine Theorie der quadratischen Gleichungen, aber sie wird unter „Verwendung" von Flächen behandelt, und da die Wurzeln durch gewisse Konstruktionen gefundene Strecken sind, kann man verstehen, daß die einzigen zugelassenen Wurzeln die positiven sind. In den „Elementen" besitzt jedoch eine Strecke nicht notwendig einen ihr zugeordneten Zahlenwert. Diese Auffassungen über Strecken und Zahlen müssen als eine wohlüberlegte Einstellung angesehen werden, die auf dem Sieg des Platonischen Idealismus innerhalb derjenigen Teile der herrschenden Klasse Griechenlands beruhte, die an der Mathematik interessiert waren, während die gleichzeitige orientalische Auffassung über die Beziehung zwischen Algebra und Geometrie keinerlei Beschränkung des Zahlbegriffs zuließ. Es bestehen gute Gründe dafür, zu glauben, daß der Satz des Pythagoras für die Babylonier eine zahlenmäßige Beziehung zwischen den Längen von Seiten war, und es war gerade diese Art von Mathematik, mit der die ionischen Mathematiker zuerst bekannt geworden waren.

Die gewöhnliche rechnerische Mathematik (unter dem Namen „Logistik") blieb während aller Perioden der griechischen Geschichte sehr lebendig. Euklid lehnte sie ab, aber Archimedes und Heron verwendeten sie mit Geschick und ohne alle Bedenken. Sie beruhte auf einem Zahlensystem, das sich mit der Zeit änderte. Das ältere griechische Zahlensystem beruhte auf einem additiven Dezimalprinzip ähnlich dem der Ägypter und Römer. In der alexandrinischen Zeit, vielleicht auch schon früher, kam eine Zahlenschreibweise auf, die fünfzehn Jahrhunderte hindurch verwendet wurde, und zwar nicht nur von Wissenschaftlern, sondern auch von Kaufleuten und Verwaltungsbeamten. Sie verwendete der Reihe nach die Buchstaben des griechischen Alphabets, um zunächst unsere Ziffern 1, 2, ..., 9, sodann die Zehner von 10 bis 90 und schließlich die Hunderter von 100 bis 900 ($\alpha = 1, \beta = 2$, usw.) auszudrücken. Drei besondere ältere Buchstaben wurden zu den 24 Buchstaben des griechischen Alphabets noch hinzugenommen, um auf die notwendige Anzahl von 27 Zeichen zu kommen. Mit Hilfe dieses Systems konnte jede Zahl unter 1000 mit höchstens drei Zeichen geschrieben werden, z. B. 14 als $\iota\delta$, da $\iota = 10$, $\delta = 4$; größere Zahlen als 1000 konnten durch eine einfache Erweiterung des Systems ausgedrückt werden. Es wird in den noch vorhandenen Manuskripten von Archimedes, Heron und allen anderen klassischen Autoren benutzt. Es gibt archäologische Beweise, daß es in den Schulen gelehrt wurde.

Es war ein dezimales System ohne Stellenwertcharakter; $\iota\delta$ und $\delta\iota$ konnten beide nur 14 bedeuten. Dieses Fehlen des Stellenwertes und die Verwendung von nicht weniger als 27 Symbolen werden gelegentlich als Beweis für die Minderwertigkeit des Systems angesehen. Die Leichtigkeit, mit der es die antiken Mathematiker handhabten, seine allgemeine Verwendung bei den griechischen Kaufleuten, auch wenn es sich um recht komplizierte Geschäftsabwicklungen handelte, sein langer Bestand — im oströmischen Reich unverändert bis zu seinem Ende 1453 — scheinen auf gewisse Vorteile hinzuweisen. Man kann sich durch einige praktische Übungen in diesem System tatsächlich davon überzeugen, daß es möglich ist, die vier Grundrechenarten ziemlich leicht auszuführen, sobald man die Bedeutung der Symbole sicher beherrscht. Die Bruchrechnung mit einer besonderen Bezeichnungsweise ist auch einfach; aber die Griechen waren insofern inkonsequent, als sie kein einheitliches System benutzten. Sie verwendeten ägyptische Stammbrüche, babylonische Sexagesimalbrüche und auch Brüche in einer Bezeichnungsweise, die an die heutige erinnert. Dezimalbrüche wurden nie eingeführt, aber dieser große Fortschritt erscheint auch erst spät in der europäischen Renaissance, nachdem die Rechentechnik sich weit über den Stand hinaus entwickelt hatte, der jemals in der Antike erreicht worden war; sogar danach bis ins achtzehnte und neunzehnte Jahrhundert hinein wurden die Dezimalbrüche in viele Schulbücher nicht aufgenommen.

Man hat gesagt, daß dieses alphabetische System für die Entwicklung der griechischen Algebra nachteilig gewesen sei; denn der Gebrauch von Buchstaben für bestimmte Zahlen verhinderte ihre Verwendung zur Bezeichnung von allgemeinen Zahlen, wie es in der heutigen Algebra geschieht. Eine derartige rein formale Erklärung für das Fehlen einer griechischen Algebra vor Diophant ist abzulehnen, selbst wenn man den großen Wert einer zweckmäßigen Bezeichnung anerkennt. Wenn die klassischen Autoren an der Algebra interessiert gewesen wären, dann hätten sie auch eine geeignete Symbolik geschaffen, womit Diophant tatsächlich den Anfang gemacht hat. Das Problem der griechischen Algebra kann nur geklärt werden, indem man tiefer in die Zusammenhänge zwischen den griechischen Mathematikern und der babylonischen Algebra im Rahmen der gesamten Beziehungen zwischen Griechenland und dem Orient eindringt.

Literatur

Die klassischen griechischen Autoren sind in ausgezeichneten Ausgaben erhältlich, die Hauptwerke auch in englischen, deutschen und französischen Übersetzungen. Die beste Einführung wird durch folgende Bücher vermittelt:

T. L. Heath, *A History of Greek Mathematics* (2 Bände, Cambridge 1912).

T. L. Heath, *A Manual of Greek Mathematics* (Oxford 1931).

T. L. Heath, *The Thirteen Books of Euclid's Elements* (3 Bände, Cambridge 1908; Nachdruck New York 1955).

Siehe auch:

P. ver Eecke, *Oeuvres complètes d'Archimède* (Brüssel 1921, Paris 1961, mit Kommentar von Eutocius).

P. ver Eecke, *Pappus d'Alexandrie. La Collection mathématique* (Paris—Bruges 1933).

P. ver Eecke, *Proclus de Lycie. Les Commentaires sur le Premier Livre des Eléments d'Euclide* (Bruges 1948).

G. Loria, *Le scienze esatte nell'antica Grecia* (2. Aufl., Mailand 1914).
G. J. Allman, *Greek Geometry from Thales to Euclid* (Dublin 1889).
J. Gow, *A Short History of Greek Mathematics* (Cambridge 1884).
E. J. Dijksterhuis, *Archimedes* (Copenhagen 1956).
T. Dantzig, *The bequest of the Greeks* (New York 1955).
W. Blaschke, *Griechische und anschauliche Geometrie* (München 1953).
O. Becker, *Das mathematische Denken der Antike* (Göttingen 1957).
G. Hauser, *Geometrie der Griechen von Thales bis Euklid* (Luzern 1955).
K. Reidemeister, *Die Arithmetik der Griechen*, Hamburger Math. Sem. (Einzelschriften) *26* (1939).
K. Reidemeister, *Das exakte Denken der Griechen* (Hamburg 1959).

Vergleichende griechische, lateinische und englische Texte in:

J. Thomas, *Selections Illustrating the History of Greek Mathematics* (Cambridge, Mass., London 1939).

Weitere Textkritik in:

P. Tannery, *Pour l'histoire de la science hellène* (2. Aufl., Paris 1930).
P. Tannery, *Mémoires scientifiques* (Bände 1—4).
H. Vogt, *Die Entdeckungsgeschichte des Irrationalen nach Plato und anderen Quellen des 4ten Jahrhunderts*, Bibliotheca math. (3) *10*, 97—105 (1909/1910).
E. Sachs, *Die fünf Platonischen Körper* (Berlin 1917).
E. Frank, *Plato und die sogenannten Pythagoreer* (Halle 1923).
S. Luria, *Die Infinitesimaltheorie der antiken Atomisten*, Quellen und Studien *2*, 106—185 (1932).

Eine gute und kritische Übersicht über die vergleichenden Hypothesen bezüglich der griechischen Mathematik in:

E. J. Dijksterhuis, *De elementen van Euclides* (2 Bände, Groningen 1930, holländisch).

Über das Zenonsche Paradoxon (siehe außer bei van der Waerden, a. a. O., S. 50):

F. Cajori, *The History of Zenon's Arguments on Motion*, Amer. Math. Monthly *22* (1915), 8 Artikel (siehe auch Isis *3*).

Über die Beziehung der griechischen zur orientalischen Astronomie:

O. Neugebauer, *The History of Ancient Astronomy. Problems and Methods*, J. Near Eastern Studies *4*, 1—38 (1945).

Siehe außerdem:

M. R. Cohen — J. E. Drabkin, *A Source Book in Greek Science* (New York 1948).

T. L. Heath, *Mathematics in Aristotle* (Oxford 1949).

B. L. van der Waerden, *Ontwakende Wetenschap* (Groningen 1950).

Dieses holländisch geschriebene Buch behandelt die ägyptische, babylonische und griechische Mathematik. Deutsche Ausgabe: *Erwachende Wissenschaft* (Basel und Stuttgart 1956). Diese Mathematik wird auch behandelt in:

E. Kolman, *Geschichte der Mathematik im Altertum* (Moskau 1961 [russisch]).

E. M. Bruins, *Fontes mateseos* (Leiden 1953).

Eine Auswahl griechischer Texte für Gymnasien mit Erklärungen in holländischer Sprache und einer Einleitung über ägyptische und babylonische Mathematik.

P. Lorenzen, *Die Entstehung der exakten Wissenschaften* (Berlin 1960).

Ptolemäus, *Handbuch der Astronomie*, übers. von K. Manitius, 2. Aufl., herausgeg. von O. Neugebauer (2 Teile, Leipzig 1963).

Lexikon der alten Welt, Artikel über Mathematik von K. v. Fritz, H. Gericke, K. Vogel (Stuttgart 1965).

H. Wußing, *Mathematik in der Antike* (2. Aufl., Leipzig 1965).

IV. DER ORIENT NACH DEM NIEDERGANG DER GRIECHISCHEN GESELLSCHAFT

1. Die alte Kultur des Nahen Ostens ist trotz des hellenistischen Einflusses niemals verschwunden. Sowohl orientalische als auch griechische Einflüsse treten in der Wissenschaft von Alexandria deutlich zutage; Konstantinopel und Indien waren ebenfalls wichtige Treffpunkte des Ostens und Westens. Im Jahre 395 gründete Theodosius I. das Byzantinische Reich; die Hauptstadt Konstantinopel war griechisch, aber sie war das Verwaltungszentrum von großen Gebieten, in denen die Griechen nur einen Teil der städtischen Bevölkerung bildeten. Tausend Jahre lang kämpfte dieses Reich gegen die Kräfte aus dem Osten, Norden und Westen, wobei es gleichzeitig als Bewahrer der griechischen Kultur und als Brücke zwischen Ost und West in Erscheinung trat. Mesopotamien wurde schon frühzeitig, im zweiten Jahrhundert u. Z., von den Römern und Griechen unabhängig, zuerst unter den Partherkönigen, später (266) unter der rein persischen Dynastie der Sassaniden. Das Gebiet am Indus hatte einige hundert Jahre lang mehrere griechische Dynastien, die im ersten Jahrhundert u. Z. verschwanden; aber die darauffolgenden einheimischen indischen Königreiche hielten kulturelle Beziehungen mit Persien und dem Westen aufrecht.

Die politische Vorherrschaft der Griechen über den Nahen Osten verschwand fast vollständig seit dem plötzlichen Aufstieg des Islams. Nach 622, dem Jahre der Hegira, eroberten die Araber in einem erstaunlichen Ansturm große Teile des westlichen Asiens (in einem ähnlichen Ansturm, wie später die Eroberung Amerikas durch die Spanier erfolgte) und hatten vor dem Ende des siebenten Jahrhunderts auch Teile des weströmischen Reiches bis nach Sizilien, Nordafrika und Spanien hin besetzt. Überall, wohin sie kamen, versuchten sie, die griechisch-römische Kultur durch die des Islams zu verdrängen. Die Amtssprache wurde Arabisch an Stelle von Griechisch oder Lateinisch; aber die Tatsache, daß für die wissenschaftlichen Dokumente eine neue Sprache verwendet wurde, kann leicht die Wahrheit verdunkeln, daß unter der arabischen Herrschaft eine bemerkenswerte Stetigkeit der Kultur erhalten blieb. Die alten einheimischen Kulturen hatten unter dieser Herrschaft sogar eine bessere Möglichkeit des Fortbestandes als unter der Fremdherrschaft der Griechen. Persien beispielsweise blieb trotz der arabischen Verwaltung weitgehend das alte Land der Sassaniden. Dennoch lebte der Wettstreit zwischen den verschiedenen Traditionen fort, nur jetzt in einer neuen Form. Während der ganzen Zeit der Herrschaft des Islams existierte eine ungebrochene griechische Tradition, die ihren eigenen Charakter gegenüber den verschiedenen einheimischen Kulturen bewahrte.

2. Wir haben gesehen, daß die glänzendsten mathematischen Resultate aus dem Wettstreit und der Mischung orientalischer und griechischer Kultur während der Blütezeit des Römischen Imperiums in Ägypten erzielt wurden. Mit dem Niedergang des Römischen Imperiums verlagerte sich das Zentrum der mathematischen Forschung allmählich nach Indien und später wieder zurück nach Mesopotamien. Die ersten wohlerhaltenen indischen Beiträge zu den exakten Wissenschaften sind die „Siddhāntās“, wovon ein Teil, der „Sūrya“, in einer dem Original (etwa 300 bis 400 u. Z.) gleichenden Form erhalten sein dürfte. Diese Bücher beschäftigen sich hauptsächlich mit Astronomie und operieren mit Epizyklen und Sexagesimalbrüchen. Diese Tatsachen lassen einen Einfluß der griechischen Astronomie vermuten, der vielleicht in der Zeit vor dem „Almagest“ wirksam geworden ist; sie können auch auf einen unmittelbaren Kontakt mit der babylonischen Astronomie hindeuten. Außerdem aber zeigen die „Siddhāntās“

zahlreiche typisch indische Besonderheiten. Die „Sūrya Siddhāntā“ enthält Tafeln von Sinuswerten (jyā) statt von Sehnen.

Die Resultate der „Siddhāntās“ wurden in indischen Mathematikerschulen, die vornehmlich in Ujjain (Zentralindien) und in Mysore (Südindien) beheimatet waren, systematisch erläutert und ausgebaut. Seit dem 5. Jahrhundert unserer Zeitrechnung sind Namen und Bücher von einzelnen indischen Mathematikern erhalten; einige Bücher sind in englischen Übersetzungen greifbar.

Die bekanntesten dieser Mathematiker sind Āryabhata (genannt „der Erste“, etwa 500) und Brahmagupta (etwa 625). Bezüglich der Frage ihrer Bekanntschaft mit griechischen, babylonischen und chinesischen Resultaten ist man in starkem Maße auf Vermutungen angewiesen; zugleich aber zeigen sie eine beachtliche Originalität. Charakteristisch für ihre Arbeiten sind die arithmetisch-algebraischen Teile, die in ihrer Vorliebe für unbestimmte Gleichungen eine gewisse Verwandtschaft mit Diophant und den Chinesen verraten.

Diesen Autoren folgten in den nächsten Jahrhunderten weitere, die auf denselben Gebieten arbeiteten; ihr Werk war teilweise astronomisch, teilweise arithmetisch-algebraisch bestimmt und streifte auch Meßkunde und Trigonometrie. Āryabhata I. besaß den Wert 3,1416 für π. Einen Lieblingsgegenstand bildete die Auffindung von rationalen Dreiecken und Vierecken, worin Mahāvirā aus der Schule von Mysore (etwa 850) besonders erfolgreich war. Um 1150 finden wir in Ujjain, wo Brahmagupta gewirkt hatte, einen anderen ausgezeichneten Mathematiker, Bhāskara. Die erste allgemeine Lösung von unbestimmten Gleichungen ersten Grades $ax + by = c$ (a, b, c ganze Zahlen) findet sich bei Brahmagupta. Es ist daher strenggenommen unrichtig, unbestimmte lineare Gleichungen als Diophantische Gleichungen zu bezeichnen. Während Diophant noch gebrochene Lösungen zuließ, waren die Inder und die Chinesen nur an ganzzahligen Lösungen interessiert. Sie gingen auch darin über Diophant hinaus, daß sie negative Wurzeln von Gleichungen zuließen, obwohl dies bei den Indern eine ältere, von der babylonischen Astronomie angeregte Praxis gewesen sein dürfte. Zum Beispiel löste Bhāskara

$x^2 - 45x = 250$ durch $x = 50$ und $x = -5$; bezüglich der Gültigkeit der negativen Wurzel huldigte er einem gewissen Skeptizismus. Sein „Lilāvati" war mehrere Jahrhunderte hindurch ein Standardwerk über Arithmetik und Meßkunst im Osten; Kaiser Akbar hatte es ins Persische übersetzt (1587). 1832 erschien eine Ausgabe in Kalkutta.[1]) Im alten Indien gab es sicher noch mehr mathematische Schätze: So wissen wir z. B. seit kurzem, daß die Gregory-Leibnizsche Reihe für $\frac{\pi}{4}$ bereits bei Nilakantha (um 1500) zu finden ist.[2])

3. Die bekannteste Leistung der indischen Mathematik ist unser heutiges dezimales Stellenwertsystem. Das Dezimalsystem ist sehr alt, und dasselbe gilt für das Stellenwertsystem; aber ihre Kombination scheint in Indien entstanden zu sein, wo im Laufe der Zeit ältere Nicht-Stellenwertsysteme dadurch allmählich verdrängt wurden. Das erste bekannt gewordene Auftreten datiert aus dem Jahre 595 u. Z., wo sich auf einer Tafel die Jahreszahl 346 in dezimaler Stellenwertschreibweise findet. Die Inder besaßen lange vor dieser schriftlichen Urkunde ein System, um große Zahlen mit Hilfe von Worten auszudrücken, die nach einem Stellenwertverfahren angeordnet wurden. Es gibt Texte aus früher Zeit, in denen das Wort „Sūnya", das Null bedeutet, ganz ausdrücklich verwendet wird.[3]) Das sogenannte Bakshāli-Manuskript, das aus siebzig Streifen aus Birkenrinde besteht,

[1]) Brahmagupta sagt an einer Stelle seines Buches, daß einige seiner Probleme „einfach zum Vergnügen" gestellt werden. Dies bestätigt, daß die Mathematik des Orients sich schon lange aus ihrer bloßen Nützlichkeitsrolle befreit hatte. Hundertundfünfzig Jahre später schrieb Alcuin im Westen seine „Aufgaben zur Verstandesschärfung für Jünglinge", worin er eine ähnliche, nicht allein auf Nützlichkeit gerichtete Absicht bekundet. Mathematik in Form von Denkaufgaben hat oft wesentlich zum Fortschritt der Wissenschaft beigetragen, indem sie neue Gebiete eröffnete. Einige solche Aufgaben harren noch der Übernahme in den Hauptbereich der Mathematik.

[2]) C. T. Rajagopal — T. V. Vedamurthi Aiyar, Scripta math. *17*, 65—74 (1951). Vgl. dazu J. E. Hofmann, Math.-phys. Semesterberichte *3*, 194—206 (1953).

[3]) Dies kann mit der Verwendung des Begriffs des „Leeren" (kenos) in der „Physica" IV 8.215[b] von Aristoteles verglichen werden. Siehe C. B. Boyer, *Zero: the symbol, the concept, the number.* Nat. Math. Mag. *18*, 323—330 (1944).

ist unbekannten Ursprungs und unbekannter Datierung (die Schätzungen reichen vom dritten bis zum zwölften Jahrhundert u. Z.). Es enthält traditionelles indisches Material über unbestimmte und quadratische Gleichungen sowie über Approximationen und verwendet einen Punkt, um die Null auszudrücken. Der älteste schriftliche Beleg mit einem Zeichen für die Null stammt aus dem neunten Jahrhundert. Das ist alles viel späteren Datums als das Auftreten eines Zeichens für die Null in babylonischen Texten. Das Zeichen 0 für die Null kann auf griechischem Einfluß beruhen („ouden“ ist das griechische Wort für nichts); während der babylonische Punkt nur zwischen Ziffern geschrieben wird, erscheint die indische Null auch am Ende, und dadurch werden 0, 1, 2, . . ., 9 zu gleichwertigen Ziffern.[1])

Das dezimale Stellenwertsystem drang längs der Karawanenstraßen nach und nach in viele Teile des Nahen Ostens vor und nahm seinen Platz neben anderen Systemen ein. Das Vordringen nach Persien, vielleicht auch nach Ägypten, kann sehr wohl während der Periode der Sassaniden (224—641) erfolgt sein, als ein enger Kontakt zwischen Persien, Ägypten und Indien bestand. Während dieser Zeit kann die Erinnerung an das alte babylonische Stellenwertsystem in Mesopotamien noch lebendig gewesen sein. Die älteste deutliche Bezugnahme auf das indische Stellenwertsystem außerhalb Indiens findet sich in einem 662 von Severus Sēbōkht, einem syrischen Bischof, geschriebenen Werk. Mit Al-Fāzarīs Übersetzung der „Siddhāntās“ ins Arabische (etwa 773) begann die Bekanntschaft der islamischen wissenschaftlichen Welt mit dem sogenannten indischen System. Dieses System wurde allmählich in der arabischen Welt und darüber hinaus in wachsendem Umfange verwendet, obwohl das griechische Zahlensystem ebenso wie auch andere ältere Systeme gleichfalls weiterhin in Gebrauch blieben. Gesellschaftliche Faktoren können auch eine Rolle gespielt haben — die orientalische Tradition, die die dezimale Stellenwertmethode gegenüber der Methode der Griechen bevorzugte. Die Symbole, die für die Schreibung der Stellenwertziffern

---

[1]) Vgl. H. Freudenthal, *5000 jaren internationale wetenschap* (Groningen 1946).

verwendet wurden, zeigen große Unterschiede, aber es gibt zwei Haupttypen: die von den östlichen Arabern gebrauchten indischen Symbole und die sogenannten „ġobâr“- (oder ghubār-) Zahlen, die von den westlichen Arabern in Spanien benutzt wurden. Die ersteren Symbole werden in der arabischen Welt noch heute verwendet, aber unser heutiges System scheint aus dem „gobār“-System abgeleitet zu sein. Es gibt eine (bereits erwähnte) Theorie von Woepcke, wonach die „gobār“-Zahlen in Spanien in Gebrauch waren, als die Araber dort eindrangen, und nach der sie durch die Neupythagoreer aus Alexandria schon frühzeitig (450 u. Z.) nach dem Westen gelangt sein sollen.[1])

4. Mesopotamien, das unter den griechischen und römischen Herrschern ein Vorposten des römischen Imperiums geworden war, gewann seine zentrale Lage bezüglich der Handelsstraßen unter den Sassaniden zurück, die als einheimische persische Könige in der Tradition von Cyrus und Xerxes in Persien regierten. Über diese Periode der persischen Geschichte, insbesondere über die Wissenschaft, ist wenig bekannt, aber die sagenhaft überlieferte Geschichte—wie sie sich in Tausendundeinenacht, Omar Khayyam, Firdawsī findet — bekräftigt die dürftigen historischen Urkunden darin, daß die Periode der Sassaniden ein Zeitalter kultureller Prachtentfaltung war. Zwischen Konstantinopel, Alexandria, Indien und China gelegen, war das Persien der Sassaniden ein Land, in dem sich viele Kulturen trafen. Babylon war verschwunden, aber es wurde durch Seleukia-Ktesiphon abgelöst, das wiederum nach der arabischen Eroberung im Jahre 641 seinen Platz an Bagdad abtrat. Diese Eroberung ließ vieles im alten Persien unangetastet, obwohl Pehlevisch durch Arabisch als Amtssprache abgelöst wurde. Sogar der Islam wurde nur in abgewandelter Form

---

[1]) Vgl. S. Gandz, *The Origin of the Ghubār Numerals*, Isis *16*, 393—424 (1931). Es gibt auch eine Theorie von N. Bubnow, die annimmt, daß die ġobâr-Formen aus den alten römisch-griechischen Symbolen abgeleitet worden sind, die auf dem Abakus verwendet wurden. Siehe auch die Fußnote in F. Cajori, *History of Mathematics* (New York 1938), S. 90, ebenso Smith-Karpinski (auf S. 84 angegeben), S. 71.

(Shi-ism) angenommen; Christen, Juden und Anhänger Zarathustras trugen weiterhin zum kulturellen Leben des Kalifats von Bagdad bei.

Die Mathematik der Periode des Islams zeigt dieselbe Mischung verschiedener Einflüsse, wie sie uns schon in Alexandria und Indien[1]) entgegengetreten ist. Die Abbāsiden-Kalifen, besonders Al-Mansur (754—775), Hārun-al-Raschīd (786—809) und Al-Ma'mūn (813—833), förderten Astronomie und Mathematik. Al Ma'mūn richtete sogar in Bagdad ein „Haus der Weisheit" mit einer Bücherei und einem Observatorium ein. Die islamischen Arbeiten in den exakten Wissenschaften, die mit Al-Fāzaris Übersetzung der „Siddhāntās" begannen, erreichten ihren ersten Höhepunkt mit dem aus Khiva gebürtigen Muhammad ibn Musā al-Khwārizmī, dessen Schaffensperiode um 825 herum lag. Muhammad schrieb viele Bücher über Mathematik und Astronomie. Seine Arithmetik erläuterte das indische System der Zahlenschreibweise. Die arabische Originalschrift ist verloren, aber eine lateinische Übersetzung aus dem zwölften Jahrhundert ist vorhanden. Dieses Buch war eines der Hilfsmittel, durch welche Westeuropa mit dem dezimalen Stellenwertsystem bekannt wurde. Der Titel der Übersetzung „Algorithmi de numero Indorum" fügte unserer mathematischen Sprache den Ausdruck „Algorithmus", eine Latinisierung des Namens des Autors, hinzu. Etwas Ähnliches geschah mit Muhammads Algebra, die den Titel „Hisab al-jabr wal-muqābala" (wörtlich „Wissenschaft der Reduktion und des gegenseitigen Aufhebens") hatte, was wahrscheinlich „Wissenschaft von den Gleichungen" bedeutete. Diese Algebra, von welcher der arabische Text erhalten ist, wurde im Westen gleichfalls durch lateinische Übersetzungen bekannt, und das Wort „al-jabr"

[1]) Alle Darlegungen zur „arabischen" Mathematik müssen langweilige Wiederholungen von Informationen aus zweiter oder dritter Hand bleiben, solange nur wenige Werke wie Al-Khwārizmī und Khayyam in Übersetzungen vorliegen. Gegenwärtig hat sich die Situation durch die Arbeiten von P. Luckey, A. P. Juschkewitsch, B. A. Rosenfeld u. a. verbessert. Vgl. dazu A. P. Juschkewitsch und B. A. Rosenfeld, *Die Mathematik der Länder des Ostens im Mittelalter*, in *Beiträge zur Geschichte der Naturwissenschaft*, herausgeg. von G. Harig, Berlin 1960.

wurde synonym mit der ganzen Wissenschaft der „Algebra" verwendet, die in der Tat bis zur Mitte des neunzehnten Jahrhunderts nichts anderes war als die Wissenschaft von den Gleichungen.

Diese „Algebra" enthält eine Diskussion linearer und quadratischer Gleichungen, aber ohne irgendeinen algebraischen Formalismus. Nicht einmal ein „rhetorischer" Algorithmus wie bei Diophant war vorhanden. Unter diesen Gleichungen finden sich die drei Typen:

$$x^2 + 10x = 39, \qquad x^2 + 21 = 10x, \qquad 3x + 4 = x^2,$$

die gesondert behandelt werden mußten, solange nur positive Koeffizienten zugelassen waren. Diese drei Typen kehren in späteren Texten häufig wieder — „so läuft die Gleichung $x^2 + 10x = 39$ mehrere Jahrhunderte hindurch wie ein goldener Faden durch die Algebrabücher", schreibt Professor L. C. Karpinski. Viele Überlegungen sind geometrischer Natur. Muhammads astronomische und trigonometrische Tafeln (mit Sinus- und Tangenswerten) gehören auch zu den arabischen Werken, die später ins Lateinische übersetzt wurden. Seine Geometrie ist ein einfaches Verzeichnis von Messungsregeln; sie hat eine gewisse Bedeutung, weil sie unmittelbar auf einen jüdischen Text aus dem Jahre 150 u. Z. zurückgeführt werden kann. Sie zeigt einen deutlichen Mangel an Achtung vor der Euklidischen Tradition. Die Astronomie von Al-Khwārizmī war ein Auszug aus den „Siddhāntās" und kann daher auf dem Umweg über den Sanskrittext einen gewissen griechischen Einfluß aufweisen. Die Werke von Al-Khwārizmī als Ganzes scheinen mehr orientalischen als griechischen Einfluß[1]) zu zeigen, und dies dürfte auf die wohlerwogene Absicht des Autors zurückzuführen sein.

Al-Khwārizmīs Gesamtwerk spielt eine wichtige Rolle in der Geschichte der Mathematik, denn es ist eine der Hauptquellen, durch die die indischen Zahlzeichen und die arabische Algebra nach Westeuropa kamen. Die Algebra offenbarte bis zur Mitte des neunzehnten Jahrhunderts ihren orientalischen Ursprung durch

---

[1]) S. Gandz, *The Sources of Al-Khwārizmī's Algebra*, Osiris *1*, 263—277 (1936). Auch: Osiris *5*, 319—391 (1930) [über Erbschaftsprobleme].

den Mangel an axiomatischer Fundierung und unterschied sich in dieser Hinsicht deutlich von der Euklidischen Geometrie. Die heutige Schulalgebra und -geometrie haben diese Merkmale ihres verschiedenen Ursprungs noch immer bewahrt.

5. Die griechische Tradition wurde durch eine Schule von arabischen Gelehrten weitergepflegt, die die griechischen Klassiker gewissenhaft ins Arabische übersetzten — Apollonius, Archimedes, Euklid, Ptolemäus u. a. Die allgemein üblich gewordene Verwendung des Namens „Almagest“ für die „Große Sammlung“ von Ptolemäus zeigt den Einfluß der arabischen Übersetzungen auf den Westen. Durch diese Abschriften und Übersetzungen blieb so mancher griechische Klassiker erhalten, der sonst verlorengegangen wäre. Dabei machte sich eine natürliche Tendenz geltend, die rechnerische und praktische Seite der griechischen Mathematik auf Kosten ihrer theoretischen Seite zu betonen. Die arabische Astronomie war besonders an der Trigonometrie interessiert — das Wort „Sinus“ ist eine lateinische Übersetzung der arabischen Schreibweise des Sanskritwortes jyā. Die Angaben des sin entsprechen der halben Sehne des doppelten Bogens (Ptolemäus verwendete die doppelte Sehne) und wurden als Strecken, nicht als Zahlen aufgefaßt. Ein großer Teil der Trigonometrie findet sich in den Werken von Al-Battānī (Albategnius, vor 858—929), einem der großen arabischen Astronomen, der sowohl eine Tafel von Cotangenswerten für jeden Grad („umbra extensa“) besaß als auch den Cosinussatz des sphärischen Dreiecks kannte.

Dieses Werk des Al-Battānī zeigt, daß die Araber nicht nur abschrieben, sondern durch ihre Beherrschung sowohl der griechischen als auch der orientalischen Methoden neue Resultate hinzufügten. Abūl-l-Wafa’ (940—997/98) leitete den Sinussatz der sphärischen Trigonometrie ab, berechnete Sinustabellen für Intervalle von 15′, deren Werte auf acht Dezimalstellen genau waren, führte die sec und cosec entsprechenden Strecken ein und führte vielerlei geometrische Konstruktionen aus, wobei er den Zirkel mit einer festen Öffnung verwendete. Er setzte auch das griechische Studium kubischer und biquadratischer Gleichungen fort. Al-Karhī (Anfang des elften Jahrhunderts), der eine Algebra für Fortgeschrittene schrieb, wobei er sich an Diophant orientierte, besaß interessante Ergebnisse über irrationale Zahlen, wie z. B. die Formeln $\sqrt{8} + \sqrt{18} = \sqrt{50}$, $\sqrt[3]{54} - \sqrt[3]{2} = \sqrt[3]{16}$. Er zeigte eine entschiedene Vorliebe für die Griechen; seine „Vernachlässigung der indischen Mathematik war so ausgeprägt, daß sie systematischen Charakter besessen haben muß".[1])

6. Wir brauchen die vielen politischen und ethnologischen Veränderungen in der Welt des Islams nicht zu verfolgen. Sie verursachten Zeiten des Aufschwungs und des Niedergangs in der Pflege von Astronomie und Mathematik, manche Zentren verschwanden, andere blühten eine gewisse Zeit hindurch; aber der allgemeine Charakter des islamischen Typs der Wissenschaft blieb dem Wesen nach unverändert. Hier sollen nur einige Höhepunkte erwähnt werden.

Um 1000 u. Z. erschienen in Nordpersien neue Herrscher, die Saljuq- (Selchuk-) Türken, deren Reich um das Bewässerungszentrum von Mero herum aufblühte. Hier lebte Omar Khayyam (etwa 1038/48 bis 1123/24), der im Westen als Autor des „Rubaiyat" (in der Übersetzung von Fitzgerald, 1859) bekannt wurde; er war Astronom und Philosoph:

„Ah, but my Computation, People say,
Have squared the Year to human Compass, eh?
If so, by striking from the Calendar
Unborn tomorrow, and dead Yesterday" (LIX).

Hier scheint Omar auf seine Reform des alten persischen Kalenders anzuspielen, die einen Fehler von einem Tag im Verlauf von 5000 Jahren (1540 oder 3770 Jahren nach abweichenden Interpretationen) ergab, während unser gegenwärtiger Gregorianischer Kalender einen Fehler von einem Tag innerhalb von 3330 Jahren aufweist. Seine Reform wurde 1079 eingeführt, aber später durch den muslimischen Mondkalender ersetzt. Omar schrieb eine „Algebra", die einen beträchtlichen Fortschritt bedeutete, denn sie enthielt eine systematische Untersuchung der kubischen Glei-

[1]) G. Sarton, *Introduction to the History of Science* I, S. 719.

chungen. Indem er eine gelegentlich von den Griechen benutzte Methode anwendete, bestimmte er die Wurzeln dieser Gleichungen durch den Schnitt zweier Kegelschnitte. Er bestimmte keine zahlenmäßigen Lösungen und unterschied — ebenfalls im Stil der Griechen — zwischen „geometrischen" und „arithmetischen" Lösungen, wobei letztere nur dann als existent angesehen wurden, wenn die Wurzeln positive rationale Zahlen ergaben. Dieses Verfahren war also gänzlich verschieden von dem der Bologneser Mathematiker des sechzehnten Jahrhunderts, die rein algebraische Methoden verwendeten. In einem anderen Buch, das sich mit den Schwierigkeiten bei Euklid befaßte, ersetzte Omar das Parallelenaxiom durch eine Anzahl anderer Annahmen. Hier fand er die Figuren, die heute mit der „Hypothese des stumpfen, spitzen und rechten Winkels" zusammenhängen, wie sie in der nichteuklidischen Geometrie verwendet werden. Er ersetzte auch die Euklidische Theorie der Proportionen durch eine zahlenmäßige Theorie, in der er auf eine numerische Näherung für Irrationalitäten und auf den allgemeinen Begriff der reellen Zahl geführt wurde.

Nach der im Jahre 1256 erfolgten Plünderung Bagdads durch die Mongolen entstand in der Nähe ein neues Zentrum der Gelehrsamkeit im Observatorium von Maragha, das von dem mongolischen Herrscher Hulagu für Nasir al-din (Nasir-eddin, 1201—1274) erbaut wurde. Hier entstand wieder ein Institut, in dem die gesamte Wissenschaft des Orients zusammengetragen und mit der Griechenlands verglichen werden konnte. Nasir trennte die Trigonometrie als eine selbständige Wissenschaft von der Astronomie ab; seine Versuche, das Euklidische Parallelenaxiom zu „beweisen", wobei er Gedankengänge von Omar Khayyam folgte, zeigen, daß er die theoretische Methode der Griechen schätzte. Nasirs Einfluß war später im Europa der Renaissance weithin spürbar; noch 1651 und 1663 benutzte John Wallis Nasirs Werk über das Euklidische Postulat.

Nasir setzte Omars Tradition auch in seiner Theorie der Proportionen und der neuen numerischen Annäherung irrationaler Zahlen fort.

Ein anderer persischer Mathematiker, Al-Kaschi (erster Teil des fünfzehnten Jahrhunderts), zeigte eine große Gewandtheit in der Durchführung von Rechnungen, die mit derjenigen vergleichbar ist, die später von den Europäern am Ende des sechzehnten Jahrhunderts erreicht wurde. Er löste kubische Gleichungen durch Iteration und trigonometrische Verfahren und kannte die jetzt als Hornersches Schema bezeichnete Methode zur Lösung allgemeiner algebraischer Gleichungen höheren Grades, die das Ausziehen von Wurzeln höherer Ordnung aus gewöhnlichen Zahlen verallgemeinert (wahrscheinlich unter chinesischem Einfluß). In seinem Werk findet sich die binomische Formel für beliebige positive ganzzahlige Exponenten. Neben Sexagesimalbrüchen verwendet er Dezimalbrüche mit Komma (z. B. 25,07 mal 14,3 ist 358,501) und kennt π auf 16 gültige Dezimalen.

Eine bedeutende Persönlichkeit in Ägypten war Ibn Al-Haitham (Alhazen, etwa 965—1039), der größte muslimische Physiker, dessen „Optik" einen großen Einfluß auf den Westen ausübte. Er löste das „Problem des Alhazen", in welchem gefordert wird, von zwei Punkten in der Ebene eines Kreises aus Geraden zu ziehen, die sich in einem Punkt des Kreisumfangs treffen und mit der Normalen in diesem Punkt gleiche Winkel bilden. Dieses Problem führt auf eine biquadratische Gleichung und wurde in griechischer Art durch den Schnitt einer Hyperbel mit einem Kreis gelöst. Alhazen verwendete auch die Exhaustionsmethode, um die Volumina von Körpern zu berechnen, die durch Rotation einer Parabel um irgendeinen Durchmesser oder einer Ordinate entstehen. Hundert Jahre vor Alhazen lebte in Ägypten der Algebraiker Abu Kāmil, der das Werk von Al-Khwārizmī fortsetzte und erweiterte. Er beeinflußte nicht nur Al-Karhī, sondern auch Leonardo von Pisa.

Ein anderes Zentrum der Gelehrsamkeit existierte in Spanien. Einer der bedeutendsten Astronomen in Cordoba war Al-Zarqāli (Arzachel, etwa 1029 bis etwa 1087), der beste Beobachter seiner Zeit und Herausgeber der sogenannten Toledoer Planetentafeln. Die trigonometrischen Tafeln dieses Werks, das ins Lateinische übersetzt wurde, übten einen gewissen Einfluß auf die Entwicklung der Trigonometrie in der Renaissance aus.

Obwohl fast die ganze chinesische und ein großer Teil der islamischen Mathematik in der algorithmisch-algebraischen Tradition des Orients geschaffen wurde, stellte sie einen wesentlichen Fortschritt gegenüber den antiken Methoden dar. Westeuropa gewann erst gegen Ende des sechzehnten Jahrhunderts die gleiche Höhe.

Informationen über die Mathematik der Japaner beginnen vom zwölften Jahrhundert an zugänglich zu werden. Vieles ging auf chinesischen Einfluß zurück. Neue Formen werden im siebzehnten Jahrhundert entwickelt, zum Teil auf Grund des Kontakts mit Europa. Von dieser Periode ab begannen neue und höhere Formen der Mathematik im Westen zu blühen.[1])

Zur chinesischen Mathematik bleibt festzustellen, daß sie nicht als eine isolierte Erscheinung etwa wie die Mathematik der Mayas betrachtet werden kann. Es gab stets, wenigstens seit der Han-Dynastie (die etwa zur gleichen Zeit wie das Römische Imperium bestand), bedeutende kommerzielle und kulturelle Beziehungen zu anderen Teilen Asiens und sogar zu Europa. Indische und später arabische Wissenschaft beeinflußten die Wissenschaft Chinas, die ihrerseits auf andere Länder zurückwirkte. Wir denken z. B. an das dezimale Positionssystem und die negativen Zahlen, die sehr wohl ihren Weg von China nach Indien gefunden haben können. Der indische Einfluß auf China mag durch das Eindringen des Buddhismus nach China bedingt sein (1. Jahrhundert u. Z.). Dagegen macht sich ein griechischer Einfluß trotz einiger paralleler Entwicklungen wenig oder gar nicht bemerkbar.

Deshalb sind wahrscheinlich die Untersuchungen über das Verhältnis von Kreisumfang zu Durchmesser des Kreises, die für die Zeit nach der Han-Periode typisch sind, unabhängig von Archimedes durchgeführt worden. Liu Hui, der Verfasser eines über-

[1]) Westliche Mathematik und Astronomie wurde in China von Pater Matteo Ricci eingeführt, der von 1583 bis zu seinem Tode 1610 in Peking blieb. Siehe H. Bosmans, *L'œuvre scientifique de Mathieu Ricci S. J.*, Revue des Questions Scient. (Jan. 1921), 16 Seiten.

lieferten Kommentars zu den „Neun Kapiteln“ (263 u. Z.), fand mit Hilfe von einbeschriebenen und umbeschriebenen regulären Polygonen, daß $3{,}1401 < \pi < 3{,}1427$ ist, und zwei Jahrhunderte später gaben Tsu Chhung-Chih (430—501) und sein Sohn nicht nur einen Wert von π mit sieben Dezimalen, sondern auch die Werte $\pi = \frac{22}{7}$ und $\pi = \frac{355}{113}$ an.[1])

Unter der Thang-Dynastie (618—907) wurde eine Sammlung der wichtigsten mathematischen Texte zu Staatsprüfungen von Beamten benutzt. In dieser Periode wurde der Buchdruck erfunden, aber die ersten gedruckten mathematischen Werke, von denen wir Kenntnis haben, datieren von 1084 und später. Im Jahre 1115 erschien eine gedruckte Ausgabe der „Neun Kapitel“.

Schon in einem von Wang Hsiao Thung um 625 verfaßten Buch finden wir eine kompliziertere kubische Gleichung als die Gleichung $x^3 = a$ aus den „Neun Kapiteln“. Aber die altchinesische Mathematik hatte ihre Blüteperiode erst während der Sung-Dynastie (960—1279) und der ersten Zeit der Mongolenherrschaft des Jüan (des „Großen Chan“ aus Marco Polos Reisebericht). Von den führenden Mathematikern erwähnen wir Chhin Chiu-Shao, der die zur damaligen Zeit schon alte Theorie der unbestimmten Gleichungen entwickelte (sein Buch datiert von 1247). Eins seiner Beispiele kann folgendermaßen geschrieben werden:

$$x \equiv 32 \pmod{83} \equiv 70 \pmod{110} \equiv 30 \pmod{135}.$$

Chhin beschäftigte sich auch mit der numerischen Lösung von Gleichungen höheren Grades, z. B.

$$-x^4 + 763200x^2 - 40642560000 = 0.$$

Solche Gleichungen löste er durch Verallgemeinerung der Methode der sukzessiven Approximation, die schon in den „Neun Kapiteln“

---

[1]) Der letzte Wert von π kann aus den Werten von Ptolemäus und Archimedes gewonnen werden: $\frac{355}{113} = \frac{377 - 22}{120 - 7}$. Dieser Wert, der einen Näherungsbruch der Kettenbruchentwicklung von π darstellt, wird manchmal „Wert des Metius“ genannt, nach dem Bürgermeister von Alkmaar, Adriaen Anthonisz (1584; wie Stevin Kriegsingenieur), dessen Söhne sich den Namen Metius zulegten.

zur Berechnung von Quadrat- und Kubikwurzeln verwendet wurde. In dieser Methode erkennen wir das in unseren Lehrbüchern nach W. G. Horner benannte Verfahren wieder, der es im Jahre 1819 veröffentlichte, anscheinend ohne zu wissen, daß er auf eine für eintausend Jahre chinesischer Mathematik typische Methode gestoßen ist.

Ein anderer Mathematiker der Sung-Periode ist Yang Hui. Er arbeitete mit Dezimalbrüchen und schrieb diese in einer Form, die uns an unsere heutige Schreibweise erinnert (sein Buch datiert von 1261). Eins seiner Probleme führt auf die Gleichung

$$24{,}68 \times 36{,}56 = 902{,}3008 .$$

Yang Hui macht uns auch mit der ältesten überlieferten Darstellung des Pascalschen Dreiecks bekannt, die wir in einem im Jahre 1303 von Chu Chiu-Shao geschriebenen Buch wiederfinden. Chu, der für den bedeutendsten dieser Mathematiker gehalten wird, gibt in seinen Büchern die vollendetste Darstellung der chinesischen arithmetisch-algebraischen Berechnungsmethode. Er überträgt sogar die „Matrix"-Lösung eines Systems linearer algebraischer Gleichungen auf Gleichungen höheren Grades mit mehreren Unbekannten und verwendet dazu Methoden, die an Sylvester erinnern.

In der Zeit nach der Sung-Dynastie blieb die mathematische Aktivität zwar bestehen, gelangte aber nicht mehr zu neuer Blüte. Allgemein können wir sagen, daß die chinesischen Mathematiker in ihrer Fähigkeit in bezug auf komplizierte arithmetische und algebraische Überlegungen mit den indischen Gelehrten und denen des arabischen Sprachkreises nicht nur vergleichbar sind, sondern diesen manches vorwegnehmen. Zum Beispiel finden sich die Methode von Horner und die Dezimalbrüche erst später in den Büchern von Al-Kaschi aus Samarkand (um 1420; vgl. auch S. 80).[1])

---

[1]) Siehe A. P. Juschkewitsch, *Über die Errungenschaften der chinesischen Gelehrten auf dem Gebiet der Mathematik* (russisch), Istor.-Mat. Issled. *8*, 539—572 (1955), und das bereits auf S. 30 zitierte Buch von J. Needham, insbesondere Band III (1959).

Literatur

Siehe auch Seiten 29/30.

H. Suter, *Die Mathematiker und Astronomen der Araber und ihre Werke* (Leipzig 1900, Nachträge 1902).

Siehe H. P. J. Renaud, Isis *18*, 166–183 (1932).

D. S. Kasir, *The Algebra of Omar Khayyam* (New York 1931), S. 126.

B. Datta, *The Science of the Sulba, a Study in Early Hindu Geometry* (Calcutta 1932).

D. E. Smith — L. C. Karpinski, *The Hindu-Arabic Numerals* (Boston 1911).

L. C. Karpinski, *Robert of Chester's Latin Translation of the Algebra of Al-Khwārizmī* (New York 1915).

T. Hayashi, *A Brief History of the Japanese Mathematics*, Nieuw Archief voor Wiskunde (2) *6*, 296–361 (1904/1905).

D. E. Smith, *Unsettled Questions Concerning the Mathematics of China*, Scient. Monthly *33*, 244–250 (1931).

H. T. Colebrooke, *Algebra, with Arithmetic and Mensuration from the Sanskrit of Brahmagupta and Bhāscara* (London 1817; revised by H. C. Banerji, 2nd ed., Calcutta 1927).

F. Rosen, *The Algebra of Mohammed ben Musa* (London 1831).

Siehe S. Gandz, Quellen und Studien 2A (1932), S. 61–85.

W. E. Clark, *The Āryabhatya of Āryabhata* (Chicago 1930).

A. P. Juschkewitsch, *Geschichte der Mathematik im Mittelalter* (Leipzig 1964).

A. P. Juschkewitsch — B. A. Rosenfeld, *Kommentar zu den mathematischen Abhandlungen von D. G. Kaschi* (russisch), Istor.-Mat. Issled. 7, 380–449 (1954), bzw. Dshemschid Gijasseddin al-Kaschi (photographische Reproduktion des arabischen Textes mit dem erwähnten Kommentar [russisch]), Moskau 1956.

Dieselben, *Die Mathematik des Nahen und Mittleren Ostens im Mittelalter* (russisch), Sowj. Wostokowedenie *3*, 101–108 (1958); *6*, 66–76 (1958).

Dieselben, *Die Mathematik der Länder des Ostens im Mittelalter* [deutsch], Beiträge zur Naturwissenschaft (Berlin 1960), S. 62–160.

Vgl. P. Luckey, Abh. Deutsche Akad. Wiss. Berlin, Klasse für Math. 1950, Nr. 6, 95 S. (1953).

P. Luckey, *Die Ausziehung der n-ten Wurzel und der binomische Lehrsatz in der islamischen Mathematik,* Math Ann. *120*, 217–274 (1947–1949).

D. J. Struik, *On ancient Chinese mathematics*, The Mathematics Teacher *56*, 424–432 (1963).

Al-Birūnī, *Die trigonometrischen Lehren*, herausgeg. von J. Ruska und H. Wieleitner (Hannover 1927).

Mohammed ibn Musa Alchwarizmi's Algorismus. Das früheste Lehrbuch zum Rechnen mit indischen Ziffern, herausgeg. von K. Vogel (Aalen 1963).

B. A. Rosenfeld — A. P. Juschkewitsch, *Die Verhandlung von Nasīr al-Dīn at Tūsi über die Parallelentheorie* (russisch), Istor. Mat. Issled. *13*, 475–532 (1960).

V. DIE ANFÄNGE IN WESTEUROPA

1. Der fortgeschrittenste Teil des Römischen Imperiums sowohl in ökonomischer als auch in kultureller Hinsicht ist stets der Osten gewesen. Der westliche Teil hat sich niemals auf eine Bewässerungswirtschaft gestützt; seine Landwirtschaft wurde extensiv betrieben, wodurch das Studium der Astronomie keine Anregung erfuhr. Tatsächlich kam der Westen auf seine Art mit einem Minimum an Astronomie, etwas praktischer Arithmetik und einiger Meßkunde für Handel und Feldmessung sehr gut zurecht; aber der Anstoß, diese Wissenschaften weiterzuentwickeln, kam aus dem Osten. Als sich Osten und Westen politisch voneinander getrennt hatten, hörte dieser fördernde Einfluß fast ganz auf. Die statische Kultur des westlichen Römischen Imperiums dauerte mit wenigen Unterbrechungen oder Veränderungen viele Jahrhunderte hindurch an; die durch das Mittelmeer bedingte Einheit der antiken Kultur blieb ebenfalls unverändert und wurde nicht einmal durch die Eroberungen der Barbaren besonders stark in Mitleidenschaft gezogen. In allen germanischen Königreichen, vielleicht mit Ausnahme desjenigen von Britannien, blieben die wirtschaftlichen Bedingungen, die gesellschaftlichen Einrichtungen und das geistige Leben im Grunde die gleichen, wie sie im niedergehenden Römischen Imperium gewesen waren. Die Basis des Wirtschaftslebens war die Landwirtschaft, in der die Sklaven nach und nach durch freie Bauern und Pächter ersetzt wurden; außerdem gab es blühende Städte und einen Großhandel mit einer Geldwirtschaft. Die zentrale Autorität der griechisch-römischen Welt nach dem Fall des westlichen Imperiums im Jahre 476 teilte

sich der Kaiser in Konstantinopel mit den Päpsten in Rom. Die katholische Kirche des Westens setzte, so gut sie konnte, durch ihre Institutionen und die Sprache innerhalb der germanischen Königreiche die kulturelle Tradition des Römischen Imperiums fort. Klöster und gebildete Laien erhielten etwas von der griechisch-römischen Kultur lebendig.

Einer dieser Laien, der Diplomat und Philosoph Anicius Manilius Severinus Boetius, schrieb mathematische Bücher, die in der westlichen Welt mehr als tausend Jahre hindurch als maßgeblich angesehen wurden. Sie widerspiegeln die kulturellen Bedingungen, denn sie sind arm an wissenschaftlichem Gehalt, und ihre lange andauernde Wertschätzung dürfte durch die Vorstellung beeinflußt worden sein, daß der Autor im Jahre 524 als Märtyrer des katholischen Glaubens gestorben war. Seine „Institutio arithmetica", eine oberflächliche Übersetzung des Nicomachus, bewahrte tatsächlich etwas pythagoreische Zahlentheorie auf, die als Teil des alten „Triviums" (Grammatik, Rhetorik, Dialektik) und „Quadriviums" (Arithmetik, Geometrie, Astronomie und Musik) (untere bzw. obere Stufe der freien Künste) in den Rahmen der mittelalterlichen Unterweisung aufgenommen wurde.

Es ist schwierig, die genaue Zeit anzugeben, in der im Westen die Wirtschaftsform des alten Römischen Imperiums aufhörte, um der neuen Feudalordnung Platz zu machen. Einiges Licht wird auf diese Frage durch die freilich nicht allgemein anerkannte Hypothese von H. Pirenne[1]) geworfen, nach welcher das Ende der alten westlichen Welt mit der Expansion des Islams zusammenfiel. Die Araber beraubten das Byzantinische Reich aller seiner Provinzen am Ost- und Südufer des Mittelmeers und machten das östliche Mittelmeer zu einem muslimischen Binnenmeer. Sie erschwerten die Handelsbeziehungen zwischen dem Nahen Osten und dem christlichen Westen mehrere Jahrhunderte hindurch außerordentlich. Der geistige Verkehr zwischen der arabischen Welt und dem nördlichen Teil des früheren Römischen Imperiums wurde, obwohl er niemals völlig versiegte, jahrhundertelang behindert.

---

[1]) H. Pirenne, *Mahomet et Charlemagne* (Paris 1937).

Dann verschwand in der Folgezeit im fränkischen Gallien und anderen früheren Teilen des Römischen Imperiums die großräumige Wirtschaft; Dekadenz breitete sich in den Städten aus; die Zolleinnahmen sanken zur Bedeutungslosigkeit herab. Die Geldwirtschaft wurde durch Tauschhandel und örtliche Märkte abgelöst. Westeuropa wurde in den Zustand der Halbbarbarei zurückgeworfen. Die Landaristokratie gewann durch den Niedergang des Handels an Bedeutung; die Landbesitzer in Nordfranken wurden unter der Führung der Karolinger die herrschende Gewalt im Lande der Franken. Das wirtschaftliche und kulturelle Zentrum verlagerte sich nach Norden, nach Nordfrankreich und Britannien. Die Trennung des Ostens vom Westen beschränkte die tatsächliche Autorität des Papstes in einem solchen Umfange, daß sich das Papsttum mit den Karolingern verbündete, ein Vorgang, der durch die Krönung Karls des Großen zum Kaiser des Heiligen Römischen Reiches im Jahre 800 seinen symbolischen Ausdruck fand. Die westliche Welt wurde feudal und kirchlich, ihre Orientierung nach Norden gerichtet und germanisch.

2. Während der ersten Jahrhunderte des westlichen Feudalismus findet man selbst in den Klöstern nur eine geringe Wertschätzung der Mathematik. In der wieder primitiv gewordenen Ackerbaugesellschaft dieser Zeit waren die mathematisches Denken anregenden Faktoren, sogar für unmittelbar praktischen Bedarf, so gut wie nicht vorhanden; und die klösterliche Mathematik umfaßte nicht mehr als etwas kirchliche Arithmetik, die hauptsächlich zur Berechnung des Datums des Osterfestes (des sogenannten „Computus") gebraucht wurde. Boetius war die höchste Quelle der Autorität. Eine gewisse Bedeutung unter diesen kirchlichen Mathematikern besaß der aus Britannien stammende Alcuin, der am Hofe Karls des Großen lebte, dessen lateinisch geschriebenes Werk „Aufgaben zur Verstandesschärfung" (s. S. 72) eine Sammlung enthielt, die die Verfasser von Lehrbüchern mehrere Jahrhunderte lang beeinflußte. Viele dieser Aufgaben gehen auf den alten Orient zurück. Zum Beispiel:

„Ein Hund verfolgt ein Kaninchen, das anfänglich einen Vorsprung von 150 Fuß hat. Er springt jedesmal 9 Fuß weit, während das Kaninchen

nur Sprünge von 7 Fuß macht. Nach wieviel Sprüngen hat der Hund das Kaninchen eingeholt?"
„Ein Wolf, eine Ziege und eine Ladung Kohl müssen in einem Boot über einen Fluß gebracht werden, das außer dem Fährmann nur einen der anderen Passagiere tragen kann. Wie muß er verfahren, um sie alle hinüberzubringen, ohne daß die Ziege den Kohl oder der Wolf die Ziege frißt?"

Ein anderer kirchlicher Mathematiker war Gerbert, ein französischer Mönch, der 999 unter dem Namen Sylvester II. Papst wurde. Er schrieb einige Abhandlungen, die unter dem Einfluß von Boetius standen; aber seine Hauptbedeutung als Mathematiker beruht auf der Tatsache, daß er einer der ersten westlichen Gelehrten war, die nach Spanien gingen und dort die Mathematik der arabischen Welt studierten.

3. Es bestehen wesentliche Unterschiede in der Entwicklung des westlichen, des frühen griechischen und des orientalischen Feudalismus. Der extensive Charakter der westlichen Landwirtschaft machte ein großangelegtes System von bürokratischen Verwaltungsbeamten überflüssig, so daß es nicht als Grundlage für einen möglichen Despotismus im orientalischen Sinne dienen konnte. Im Westen bestand keine Möglichkeit, große Massen von Sklaven zusammenzubringen. Als in Westeuropa die Dörfer zu Städten anwuchsen, entwickelten sich diese Städte zu selbständigen Verwaltungseinheiten, deren Bürger nicht in der Lage waren, ein auf der Sklaverei beruhendes Leben der Muße zu führen. Dies ist einer der Hauptgründe dafür, daß sich die Entwicklung des griechischen Stadtstaates und der westlichen Stadt, die in den Anfangsstadien viele gemeinsame Züge besaßen, in den späteren Perioden stark unterschieden. Die mittelalterliche Stadtbevölkerung konnte sich zur Verbesserung ihres Lebensstandards nur auf ihre eigene Erfindungsgabe verlassen. Aus einem schweren Kampf gegen die feudalen Großgrundbesitzer — und zudem mit vielem Hader im Innern — ging sie im zwölften, dreizehnten und vierzehnten Jahrhundert siegreich hervor. Dieser Triumph beruhte nicht nur auf dem schnellen Anwachsen des Handels und der Geldwirtschaft, sondern auch auf einer allmählichen Verbesserung der Technik.

Die feudalen Fürsten unterstützten oft die Städte in ihrem Kampf gegen die kleineren Grundbesitzer, um ihre Herrschaft mit der Zeit auch auf die Städte auszudehnen. Das führte schließlich zur Herausbildung der ersten Nationalstaaten in Europa.

Die Städte begannen, Handelsbeziehungen mit dem Orient aufzunehmen, der noch immer das Zentrum der Kultur war. Manchmal wurden diese Beziehungen auf friedlichem Wege hergestellt, manchmal aber auch durch Gewaltanwendung wie in den zahlreichen Kreuzzügen. Zuerst waren es die italienischen Städte, die solche Handelsbeziehungen aufnahmen, ihnen folgten die Städte Frankreichs und Mitteleuropas. Gelehrte folgten dem Kaufmann und dem Soldaten, gingen ihm manchmal auch voran. Spanien und Sizilien waren die nächstgelegenen Berührungspunkte zwischen Osten und Westen, dort wurden die westlichen Kaufleute und Gelehrten mit der Kultur des Islams bekannt. Als im Jahre 1085 die Christen Toledo von den Mauren zurückeroberten, strömten westliche Forscher in diese Stadt, um die Wissenschaft der Araber kennenzulernen. Sie bedienten sich oft jüdischer Dolmetscher zur Gesprächsführung und für Übersetzungen, und so findet man im Spanien des zwölften Jahrhunderts Plato von Tivoli, Gherardo von Cremona, Adelard von Bath und Robert von Chester bei der Übersetzung mathematischer Manuskripte aus dem Arabischen ins Lateinische. So wurde Europa durch die Araber mit den griechischen Klassikern bekannt; und inzwischen war Westeuropa weit genug entwickelt, um diese Kenntnis richtig einzuschätzen.

4. Wie bereits erwähnt wurde, entstanden die ersten mächtigen Handelsstädte in Italien, wo während des zwölften und dreizehnten Jahrhunderts Genua, Pisa, Venedig, Mailand und Florenz einen blühenden Handel zwischen der arabischen Welt und dem Norden betrieben. Italienische Kaufleute besuchten den Orient und studierten seine Kultur; Marco Polos Reisen zeigen die Unerschrockenheit dieser Abenteurer. Gleich den fast zweitausend Jahre früher lebenden ionischen Kaufleuten versuchten sie, Wissenschaft und Kunst der älteren Kultur nicht nur deshalb zu studieren, um sie zu reproduzieren, sondern auch dazu, um sie in ihrer

merkantilen Zivilisation nutzbar zu machen, die schon im zwölften und dreizehnten Jahrhundert das Wachstum des Bankwesens und die Anfänge einer kapitalistischen Form der Industrie hervorbrachte. Der erste westliche Kaufmann, dessen mathematische Studien eine gewisse Reife zeigen, war Leonardo von Pisa.

Leonardo, auch Fibonacci („Sohn des Bonaccio") genannt, reiste als Kaufmann in den Orient. Nach seiner Rückkehr schrieb er das „Liber Abaci" (1202), das arithmetische und algebraische Unterweisungen enthält, die er auf seinen Reisen gesammelt hatte. In der „Practica Geometriae" (1220) beschrieb Leonardo in ähnlicher Weise alles, was er in Geometrie und Trigonometrie in Erfahrung gebracht hatte. Er dürfte zudem auch ein selbständiger Forscher gewesen sein, denn seine Bücher enthalten viele Beispiele, die keine genauen Vorlagen in der arabischen Literatur zu haben scheinen.[1]) Er zitiert jedoch besonders Al-Khwārizmī, z. B. in der Diskussion der Gleichung $x^2+10x=39$. Das Problem, das zur Folge der „Fibonaccischen Zahlen" 0, 1, 1, 2, 3, 5, 8, 13, 21, ... führt, von denen jede die Summe der beiden vorangehenden ist, scheint neu zu sein, ebenso wie sein bemerkenswert durchdachter Beweis, daß die Wurzeln der Gleichung $x^3+2x^2+10x=20$ nicht mit Hilfe von Euklidischen Irrationalitäten der Form $\sqrt{a+\sqrt{b}}$ ausgedrückt (und daher nicht unter alleiniger Verwendung von Zirkel und Lineal konstruiert) werden können. Leonardo führte den Beweis, indem er jeden der fünfzehn Fälle bei Euklid nachprüfte, und berechnete danach die positive Wurzel dieser Gleichung näherungsweise auf sechs Sexagesimalstellen.

Die Folge der Fibonaccischen Zahlen entstand aus folgender Aufgabe:

Wieviel Kaninchenpaare können in einem Jahr von einem einzigen Paar erzeugt werden, wenn a) jedes Paar in jedem Monat ein neues Paar erzeugt, das vom zweiten Monat an selbst wieder neue Paare erzeugt, b) keine Todesfälle vorkommen?

---

[1]) L. C. Karpinski, Amer. Math. Monthly *21*, 37—48 (1914), der das Pariser Manuskript von Abu Kāmils Algebra durchforschte, gibt an, daß Leonardo eine ganze Reihe von Problemen von Abu Kāmil übernommen hat.

Das „Liber Abaci" ist eines der Hilfsmittel, durch die die indisch-arabische Zahlenschreibweise nach Westeuropa eingeführt wurde. Ihre gelegentliche Anwendung reicht Jahrhunderte vor Leonardo zurück, wenn sie von Kaufleuten, Diplomaten, Gelehrten, Pilgern und Soldaten, die aus Spanien oder dem Vorderen Orient kamen, mitgebracht wurde. Das älteste europäische Manuskript, das diese Zahlen enthält, ist der „Codex Vigilanus", der 976 in Spanien geschrieben wurde. Trotzdem erfolgte die Einführung der zehn Symbole nach Westeuropa nur langsam; das älteste französische Manuskript, worin sie vorkommen, stammt aus dem Jahre 1275. Die griechische Zahlenschreibweise blieb längs der Adria viele Jahrhunderte hindurch in Gebrauch. Rechnungen wurden oft auf dem alten Abakus ausgeführt, einem Brett mit Rechenplättchen oder Steinchen (oft auch einfach aus im Sand gezogenen Linien bestehend), das im Prinzip den Rechenbrettern ähnlich ist, die noch heute in der Sowjetunion, in China und Japan sowie von Kindern benutzt werden. Römische Zahlzeichen wurden dazu verwendet, um das Ergebnis einer Rechnung auf dem Abakus festzuhalten. Das ganze Mittelalter hindurch und sogar noch später findet man römische Zahlzeichen in den Hauptbüchern der Kaufleute, woraus ersichtlich ist, daß in den Büros der Abakus verwendet wurde. Die Einführung der indisch-arabischen Ziffern stieß in der Öffentlichkeit auf Widerstand, weil die Anwendung dieser Symbole die Kaufmannsbücher schwierig lesbar werden ließ. In den Statuten der „Arte del Cambio" aus dem Jahre 1299 wurde den Bankiers von Florenz verboten, arabische Zahlen zu verwenden, und sie wurden verpflichtet, schräge römische Zahlen zu benutzen. Irgendwann im Laufe des vierzehnten Jahrhunderts begannen italienische Kaufleute, arabische Ziffern in ihren Kontobüchern zu verwenden.[1])

---

[1]) In den Kontobüchern der Medici (aus dem Jahre 1406 stammend) in der Sammlung Selfridge, die in der Harvard Graduate School of Business Administration (Harvard Handels-Hochschule) aufbewahrt wird, erscheinen indisch-arabische Ziffern häufig im berichtenden oder beschreibenden Text. Von 1439 an ersetzen sie die römischen Ziffern in der Geld- oder Effektivspalte in den Eingangsbüchern, Journalen, Kladden usw. durch arabische,

5. Mit der Ausdehnung des Handels breitete sich das Interesse an Mathematik langsam in den Städten des Nordens aus. Zunächst war es hauptsächlich ein praktisches Interesse, und mehrere Jahrhunderte hindurch wurden Arithmetik und Algebra außerhalb der Universitäten von handwerksmäßigen Rechenmeistern gelehrt, die gewöhnlich die Klassiker nicht kannten und die auch Buchführung und Navigation lehrten. Lange Zeit hindurch bewahrte diese Art Mathematik deutliche Spuren ihres arabischen Ursprungs, was durch Worte wie „Algebra" und „Algorithmus" bezeugt wird.

Die theoretische Mathematik war während des Mittelalters nicht völlig untergegangen; sie wurde aber nicht bei den Praktikern, sondern bei den scholastischen Philosophen kultiviert. Hier führte das Studium von Plato und Aristoteles im Verein mit Grübeleien über die Natur der Gottheit zu spitzfindigen Spekulationen über die Natur der Bewegung, des Kontinuums und der Unendlichkeit. Origenes war Aristoteles darin gefolgt, daß er die Existenz des aktual Unendlichen leugnete, aber Augustin hatte in seinem Werk „De civitate Dei" die vollständige Folge der ganzen Zahlen als eine aktuale Unendlichkeit angesehen. Seine Worte waren so wohlabgewogen, daß Georg Cantor bemerkt hat, das Transfinite könne nicht energischer gewünscht und nicht vollkommener begrifflich bestimmt und verteidigt werden, als es Augustin getan hatte.[1]) Die scholastischen Schriftsteller des Mittelalters, insbesondere Thomas von Aquino, übernahmen Aristoteles' Satz „infinitum actu non datur"[2]), betrachteten vielmehr jedes Kon-

---

aber erst 1482 wurden die römischen Zahlen in der Geldkolonne der Geschäftshauptbücher aller Medici-Kaufleute (bis auf eine Ausnahme) abgeschafft. Ab 1494 werden nur indisch-arabische Ziffern in allen Kontobüchern der Medici verwendet. [Aus einem Brief von Dr. Florence Edler de Roover. Siehe auch F. Edler, *Glossary of Medieval Terms of Business* (Cambridge, Mass. 1934), S. 389.]

[1]) G. Cantor, *Brief an Eulenberg* (*1886*), Ges. Abhandlungen (Berlin 1932), S. 400—402. Die von Cantor zitierte Stelle, Kapitel XVIII von Buch XII der „Stadt Gottes", ist überschrieben: „Gegen diejenigen, die behaupten, daß unendliche Dinge über Gottes Wissen hinausgehen."

[2]) Es gibt keine aktuale Unendlichkeit.

tinuum als potentiell unbegrenzt teilbar. Folglich gab es für sie keine kleinste Strecke, da jeder ihrer Teile wieder die Eigenschaften einer Strecke besitzt. Somit konnte ein Punkt nicht Teil einer Strecke sein, da er unteilbar ist: „ex indivisibilibus non potest compari aliquod continuum“[1]). Ein Punkt konnte durch Bewegung eine Strecke erzeugen. Solche Spekulationen beeinflußten die Erfinder der Infinitesimalrechnung im siebzehnten Jahrhundert und die Philosophen des Unendlichen im neunzehnten; Cavalieri, Tacquet, Bolzano und Cantor kannten die scholastischen Autoren und stellten Erwägungen über die Sinndeutung ihrer Ideen an.

Diese Männer der Kirche erzielten gelegentlich auch Resultate von unmittelbarerem mathematischem Interesse. Thomas Bradwardine, der Erzbischof von Canterbury wurde, untersuchte Sternpolygone, nachdem er Boetius studiert hatte. Der bedeutendste unter diesen mittelalterlichen kirchlichen Mathematikern war Nicolaus Oresme, Bischof von Lisieux in der Normandie, der sich unter anderem mit gebrochenen Potenzen befaßte. Wegen $4^3 = 64 = 8^2$ schrieb er 8 als $\boxed{1^p \frac{1}{2}}\,4$ oder $\boxed{\frac{p\cdot 1}{1\cdot 2}}\,4$, was $4^{1\frac{1}{2}}$ bedeutete. Er schrieb auch eine Abhandlung mit dem Titel „De latitudinibus formarum“ (etwa 1360), worin er eine abhängige Variable (latitudo) gegen eine unabhängige (longitudo) auftrug, die als veränderlich betrachtet wurde. Hierin zeigte sich ein gewisser noch verschwommener Übergang von Koordinaten auf der Erd- oder Himmelskugel, die schon in der Antike bekannt waren, zur modernen Koordinatengeometrie. Diese Abhandlung wurde zwischen 1482 und 1515 mehrere Male gedruckt und kann die Mathematiker der Renaissance, einschließlich Descartes, beeinflußt haben.

6. Die Hauptlinie des mathematischen Fortschritts verlief durch die unter dem direkten Einfluß von Handel, Navigation, Astronomie und Feldmessung wachsenden Städte des Merkantilismus. Die Stadtbevölkerung war an Zählen, Arithmetik und Berechnungen interessiert. Sombart hat dieses Interesse des Bürgers des fünfzehnten und sechzehnten Jahrhunderts als seine

[1]) Ein Kontinuum kann nicht aus Indivisiblen bestehen.

„Rechenhaftigkeit“ bezeichnet.[1]) Führer in der Liebe zur praktischen Mathematik waren die Rechenmeister, denen nur sehr selten ein Mann mit Universitätsbildung zur Seite stand, der sie durch sein Studium der Astronomie befähigte, die Bedeutung von verbesserten Rechenverfahren zu verstehen. Mittelpunkt des neuen Lebens waren die italienischen Städte und die mitteleuropäischen Städte Nürnberg, Wien und Prag. Der Fall von Konstantinopel im Jahre 1453, der das Byzantinische Reich beendete, führte viele griechische Gelehrte in die Städte des Westens. Das Interesse an den griechischen Originaltexten wuchs, und es wurde leichter, dieses Interesse zu befriedigen. Universitätsprofessoren fanden sich mit gebildeten Laien im Studium dieser Werke zusammen, ehrgeizige Rechenmeister lauschten es ihnen ab und versuchten, das neue Wissen auf ihre Art zu verstehen.

Typisch für diese Periode war Johannes Müller aus Königsberg in Franken oder Regiomontanus, die führende mathematische Persönlichkeit des fünfzehnten Jahrhunderts. Die Tätigkeit dieses bemerkenswerten Rechners, Instrumentenmachers, Druckers und Wissenschaftlers veranschaulicht die Fortschritte, welche die europäische Mathematik in den zwei Jahrhunderten nach Leonardo erzielt hatte. Er war eifrig bemüht, die verfügbaren klassischen mathematischen Manuskripte zu übersetzen und zu veröffentlichen. Sein Lehrer, der Wiener Astronom Georg Peurbach — Verfasser astronomischer und trigonometrischer Tafeln —, hatte schon eine Übersetzung der Astronomie des Ptolemäus aus dem Griechischen begonnen. Regiomontanus führte diese Übersetzung fort und übersetzte auch Apollonius, Heron und den schwierigsten von allen, Archimedes. Sein eigenes Hauptwerk war „De triangulis omnimodis libri quinque“ (1464, aber erst 1533 gedruckt), eine vollständige Einführung in die Trigonometrie, die sich von unseren heutigen Darstellungen hauptsächlich darin unterscheidet, daß unsere bequemen Bezeichnungen noch nicht existieren. Sie enthält den

[1]) W. Sombart, *Der Bourgeois* (München—Leipzig 1913), S. 164. Der Ausdruck „Rechenhaftigkeit“ soll auf eine Bereitschaft zum Rechnen, auf den Glauben an die Nützlichkeit der Beschäftigung mit Arithmetik hinweisen.

Sinussatz für sphärische Dreiecke. Alle Sätze mußten noch in Worten ausgedrückt werden. Von nun an wurde die Trigonometrie eine von der Astronomie unabhängige Wissenschaft. Nasīr Al-dīn hatte etwas Ähnliches schon im dreizehnten Jahrhundert getan, aber der Bedeutungsunterschied besteht darin, daß sein Werk zum weiteren Fortschritt niemals viel beigetragen hat, während das Buch von Regiomontanus die weitere Entwicklung der Trigonometrie und ihrer Anwendung auf Astronomie und Algebra zutiefst beeinflußt hat. Regiomontanus wandte auch viel Mühe auf die Berechnung von trigonometrischen Tafeln. Er besitzt Tafeln für das Verhältnis des Sinus zum Radius.

Die Sinusangaben wurden als Strecken aufgefaßt, die als Halbsehnen von Winkeln in einem Kreise definiert waren. Ihre Werte hingen deshalb von der Länge des Radius ab. Ein großer Radius ermöglichte große Genauigkeit in den Sinuswerten ohne Verwendung von Sexagesimal- (oder Dezimal-) Brüchen. Der systematische Gebrauch des Radius 1 und damit der Auffassung des Sinus, Tangens usw. als Verhältniswerte (Zahlen) geht auf Euler (1748) zurück.

7. Bis dahin war noch kein wesentlicher Schritt über den alten Wissensstand der Griechen und Araber hinaus getan worden. Die Klassiker blieben das Nonplusultra der Wissenschaft. Es bedeutete daher eine ungeheure und freudige Überraschung, als italienische Mathematiker am Anfang des sechzehnten Jahrhunderts tatsächlich zeigten, daß es möglich war, eine neue mathematische Theorie zu entwickeln, die bei den Alten und den Arabern nicht vorhanden war. Diese Theorie, die zur allgemeinen algebraischen Lösung der kubischen Gleichung führte, wurde von Scipio del Ferro und seinen Schülern an der Universität von Bologna entdeckt.

Die italienischen Städte waren auch nach der Zeit von Leonardo Pflegestätten der Mathematik geblieben. Im fünfzehnten Jahrhundert waren ihre Rechenmeister wohlerfahren in arithmetischen Rechnungen einschließlich Irrationalzahlen (ohne irgendwelche geometrischen Skrupel zu haben), und ihre Maler waren gute Geometer. In seinem Buch „Lives of the Painters" betont Vasari das besondere Interesse, das viele Künstler des fünfzehnten Jahrhunderts an der räumlichen Geometrie zeigten. Eine ihrer Leistungen war die Entwicklung der Perspektive durch Männer wie Alberti und Pier della Francesca; letzterer schrieb auch ein Buch über reguläre Körper. Die Rechenmeister fanden ihren Interpreten in dem Franziskanermönch Luca Pacioli, dessen „Summa de Arithmetica“ 1494 gedruckt wurde — übrigens eines der ersten überhaupt gedruckten mathematischen Bücher.[1]) Es ist italienisch geschrieben — in keinem sehr angenehmen Italienisch — und enthält alles, was damals in Arithmetik, Algebra und Trigonometrie bekannt war. Von jetzt an ist der Gebrauch der indisch-arabischen Ziffern fest eingebürgert, und die arithmetische Bezeichnungsweise unterschied sich nicht viel von der unsrigen. Paciolo beendete sein Buch mit der Bemerkung, daß die Lösung der Gleichungen $x^3 + mx = n$, $x^3 + n = mx$ beim derzeitigen Stand der Wissenschaft genauso unmöglich sei wie die Quadratur des Kreises.

An dieser Stelle setzte die Arbeit der Mathematiker an der Universität von Bologna ein. Diese Universität war um die Wende des fünfzehnten Jahrhunderts eine der größten und berühmtesten in Europa. Allein ihre astronomische Fakultät hatte zeitweise sechzehn Lektoren. Aus allen Teilen Europas strömten die Studenten herbei, um die Vorlesungen zu hören — und zu den öffentlichen Disputationen, die ebenfalls die Aufmerksamkeit großer, sportlich eingestellter Hörermassen auf sich lenkten. Unter diesen Studenten befanden sich zeitweise Pacioli, Albrecht Dürer und Kopernikus. Charakteristisch für dieses neue Zeitalter war der Wunsch, nicht nur das klassische Erbe aufzunehmen, sondern zugleich Neues zu schaffen und über die von den Klassikern abgesteckten Grenzen hinaus vorzudringen. Die Erfindung der Buchdruckerkunst und die Entdeckung Amerikas waren Beispiele für derartige Möglichkeiten. War es möglich, in der Mathematik Neues zu finden? Griechen und Orientalen hatten ihren Scharfsinn

---

[1]) Die ersten gedruckten mathematischen Bücher waren eine kaufmännische Arithmetik (Treviso 1478) und eine lateinische Ausgabe der Elemente von Euklid (Ratdolt, Venedig 1482).

an der Lösung der kubischen Gleichung versucht, aber sie hatten nur einige Spezialfälle numerisch lösen können. Die Mathematiker in Bologna versuchten nun, die allgemeine Lösung zu finden.

Diese kubischen Gleichungen konnten sämtlich auf drei Typen reduziert werden:

$$x^3 + px = q, \qquad x^3 = px + q, \qquad x^3 + q = px,$$

wobei p und q positive Zahlen waren. Sie wurden besonders eingehend von Professor Scipio del Ferro untersucht, der 1526 starb. Man darf sich dabei auf die Autorität von E. Bortolotti berufen, daß del Ferro tatsächlich alle Typen gelöst hat. Er veröffentlichte seine Lösungen nie und erzählte nur wenigen Freunden etwas davon. Trotzdem wurde die Tatsache der Entdeckung bekannt, und nach Scipios Tod entdeckte ein venezianischer Rechenmeister mit dem Spitznamen Tartaglia („der Stotterer") die Lösungsmethode von neuem (1535). Er gab seine Resultate in einer öffentlichen Veranstaltung bekannt, hielt aber die Methode, mit der er sie erzielt hatte, geheim. Schließlich offenbarte er seine Ideen einem gelehrten Arzt aus Mailand, Hieronimo Cardano, der ihm schwören mußte, sie geheimzuhalten. Als aber Cardano 1545 sein vielgelesenes, aber kurzes Buch über Algebra, die „Ars magna", veröffentlichte, entdeckte Tartaglia zu seinem größten Mißfallen, daß die Methode in dem Buch vollständig dargelegt wurde, zwar mit gebührender Anerkennung für den Entdecker, aber doch auch zugleich gestohlen. Daraus entstand ein erbitterter Streit, in dessen Verlauf beide Seiten nicht mit Beschimpfungen zurückhielten, worin Cardano von einem jüngeren, feingebildeten Schüler, Ludovico Ferrari, verteidigt wurde. Dieser Streitfall brachte einige interessante Dokumente hervor, darunter die „Quaesiti" von Tartaglia (1546) und die „Cartelli" von Ferrari (1547/1548), aus denen die ganze Geschichte dieser eindrucksvollen Entdeckung öffentlich bekannt wurde.

Die Lösung wird heute als Cardanische Formel bezeichnet, die im Falle $x^3 + px = q$ folgende Form hat:

$$x = \sqrt[3]{\sqrt{\frac{p^3}{27} + \frac{q^2}{4}} + \frac{q}{2}} - \sqrt[3]{\sqrt{\frac{p^3}{27} + \frac{q^2}{4}} - \frac{q}{2}}.$$

Wie man sieht, führte diese Lösung Größen der Form $\sqrt[3]{a + \sqrt{b}}$ ein, die von den Euklidischen $\sqrt{a + \sqrt{b}}$ verschieden waren.

Cardanos „Ars Magna“ enthielt auch eine andere glänzende Entdeckung: Die Methode von Ferrari, um die Lösung einer allgemeinen biquadratischen Gleichung auf die einer kubischen zurückzuführen. Ferraris Gleichung lautete

$$x^4 + 6x^2 + 36 = 60x, \text{ die er auf } y^3 + 15y^2 + 36y = 450$$

zurückführte. Cardano betrachtete auch negative Zahlen, die er „fiktiv“ nannte, aber er wußte nichts anzufangen mit dem sogenannten „casus irreducibilis“ der kubischen Gleichung, in dem drei reelle Lösungen vorhanden sind, die als Summe oder Differenz von solchen Zahlen erscheinen, die wir heute komplex nennen.

Diese Schwierigkeit wurde von dem letzten der großen Bologneser Mathematiker des sechzehnten Jahrhunderts, Raffael Bombelli, behoben, dessen „Algebra“ 1572 erschien. In diesem Buch — und in einer ungefähr 1550 geschriebenen Geometrie, die im Manuskript erhalten ist — führte er eine konsequente Theorie der rein imaginären Zahlen ein. Er schrieb $3i$ als $\sqrt{0-9}$ (wörtlich so: $R[0m\,.\,9]$, R für radix, m für meno). Dies ermöglichte Bombelli, den irreduziblen Fall zu behandeln, indem er beispielsweise zeigte, daß

$$\sqrt[3]{52 + \sqrt{0 - 2209}} = 4 + \sqrt{0 - 1}$$

gilt. Bombellis Buch wurde viel gelesen; Leibniz benutzte es zum Studium der kubischen Gleichungen, und Euler zitiert Bombelli in seiner eigenen „Algebra“ im Kapitel über biquadratische Gleichungen. Von da an verloren die komplexen Zahlen etwas von ihrem übernatürlichen Charakter, obwohl sich ihre uneingeschränkte Anerkennung als Zahlen erst im neunzehnten Jahrhundert durchsetzte.

Es ist eine merkwürdige Tatsache, daß die erste Einführung der komplexen Zahlen in der Theorie der kubischen Gleichungen geschah, und zwar gerade in dem Falle, wo es klar ist, daß reelle Lösungen existieren (wenn auch in unerkennbarer Form), und nicht in der Theorie der quadratischen Gleichungen, wo sie in unseren heutigen Lehrbüchern eingeführt werden.

8. Algebra und rechnerische Arithmetik blieben viele Jahrzehnte hindurch der bevorzugte Gegenstand mathematischer Beschäftigung. Die Anregung dazu erwuchs jetzt nicht mehr lediglich aus der „Rechenhaftigkeit" der Kaufmannsbourgeoisie, sondern auch aus den Anforderungen, die von den Führern der neuen Nationalstaaten an Vermessungswesen und Navigation gestellt wurden. Man brauchte Ingenieure zur Errichtung öffentlicher Bauten und für militärische Zwecke. Die Astronomie blieb, wie schon in allen früheren Perioden, eine wichtige Domäne für mathematische Studien. Es war das Zeitalter der großen astronomischen Theorien von Kopernikus, Tycho Brahe und Kepler. Eine neue Auffassung vom Universum bildete sich heraus.

Philosophisches Denken widerspiegelte die Strömungen im wissenschaftlichen Denken; Plato mit seiner Hochachtung vor quantitativem mathematischem Denken gewann die Oberhand über Aristoteles. Der Einfluß Platos wird besonders in Keplers Werk sichtbar. Trigonometrische und astronomische Tafeln mit ständig steigender Genauigkeit erschienen besonders in Deutschland. Die Tafeln von G. J. Rhäticus, die 1596 von seinem Schüler Valentin Otho vollendet wurden, enthalten die Werte aller sechs trigonometrischen Funktionen von zehn zu zehn Sekunden auf zehn Dezimalen. Die Tafeln von Pitiscus (1613) gingen bis auf fünfzehn Dezimalen. Die Technik der Auflösung von Gleichungen und das Verständnis der Natur ihrer Wurzeln machten ebenfalls Fortschritte. Die im Jahre 1593 von dem belgischen Mathematiker Adriaen van Roomen ausgehende öffentliche Herausforderung, folgende Gleichung 45. Grades zu lösen:

$$x^{45} - 45x^{43} + 945x^{41} - 12300x^{39} + \cdots - 3795x^3 + 45x = A$$

war für diese Zeit charakteristisch. Van Roomen schlug Spezialfälle vor, beispielsweise $A = \sqrt{2 + \sqrt{2 + \sqrt{2 + \sqrt{2}}}}$, was $x = \sqrt{2 - \sqrt{2 + \sqrt{2 + \sqrt{2 + \sqrt{3}}}}}$ ergibt; diese Fälle wurden durch die Betrachtung regulärer Polygone nahegelegt.

François Viète (Vieta), ein dem Hof Heinrichs IV. verbundener Rechtsanwalt, löste van Roomens Problem durch die Bemerkung, daß die linke Seite mit der Entwicklung von sin Φ nach Ausdrücken in sin $\frac{\Phi}{45}$ äquivalent ist. Die Lösung konnte daher mit Hilfe von Tafeln gefunden werden. Viète fand 23 Lösungen der Form $\sin\left(\frac{\Phi}{45} - n \cdot 8^\circ\right)$, wobei er negative Wurzeln ausschied. Viète führte auch die Cardanische Lösung der kubischen Gleichung in eine trigonometrische Form über, wobei der irreduzible Fall seinen Schrecken verlor, da sich die Einführung komplexer Zahlen hierbei als unnötig erwies. Diese Lösungen findet man heute in den (Schul-) Lehrbüchern der höheren Algebra.

Viètes Hauptleistungen lagen in der Vervollkommnung der Theorie der Gleichungen (z. B. „In artem analyticam isagoge", 1591), worin er als einer der ersten Zahlen mit Hilfe von Buchstaben darstellte. Der Gebrauch von Zahlenkoeffizienten, sogar in der „rhetorischen" Algebra der Diophantischen Schule, hatte die allgemeine Diskussion algebraischer Probleme verhindert. Das Werk der Algebraiker des sechzehnten Jahrhunderts (der „Cossisten", nach dem italienischen Wort „cosa" für die Unbekannte) wurde in einer ziemlich komplizierten Bezeichnung dargestellt. Aber in Viètes „logistica speciosa" erschien zum mindesten ein allgemeiner Symbolismus, in welchem Buchstaben verwendet wurden, um Zahlenkoeffizienten auszudrücken, die Zeichen + und − in unserer heutigen Bedeutung auftraten und „A quadratum" für A^2 geschrieben wurde. Diese Algebra unterschied sich noch dadurch von der unsrigen, daß Viète am griechischen Homogenitätsprinzip festhielt, wonach das Produkt von zwei Strecken notwendigerweise als Fläche aufgefaßt wurde; es konnten also nur Strecken zu Strecken, Flächen zu Flächen und Rauminhalte zu Rauminhalten addiert werden. Es herrschte sogar ein gewisser Zweifel, ob Gleichungen von höherem Grade als drei tatsächlich eine Bedeutung haben könnten, da sie sich nur in vier Dimensionen veranschaulichen ließen, was eine damals kaum zu verstehende Begriffsbildung erforderte.

Dies war die Periode, in der die Rechentechnik neue Höhepunkte erreichte. Viète vervollkommnete Archimedes und fand π

auf neun Dezimalen; kurz darauf wurde π von Ludolph van Ceulen, einem Fechtmeister aus Delft, auf fünfunddreißig Dezimalen berechnet, wobei er einbeschriebene und umbeschriebene Polygone von immer größer werdenden Eckenzahlen benutzte. Viète drückte π auch als unendliches Produkt aus (1593), in unserer Bezeichnung so:

$$\frac{2}{\pi} = \cos\frac{\pi}{4} \cdot \cos\frac{\pi}{8} \cdot \cos\frac{\pi}{16} \cdot \cos\frac{\pi}{32} \cdots.$$

Die Verbesserung der Technik war das Ergebnis der Verbesserung der Bezeichnungsweise. Die neuen Resultate zeigen deutlich, daß es falsch ist, wenn man sagt, daß Männer wie Viète „bloß" die Bezeichnung verbessert haben. Eine solche Feststellung mißachtet die tiefgreifende Beziehung zwischen Inhalt und Form. Neue Resultate sind oftmals nur auf Grund einer neuen Schreibweise möglich geworden. Die Einführung der indisch-arabischen Ziffern gibt dafür ein Beispiel, die Leibnizschen Bezeichnungen in der Infinitesimalrechnung ein anderes. Eine gut angepaßte Bezeichnung spiegelt die Wirklichkeit besser wider als eine schlechte und scheint deshalb mit einem gewissen Eigenleben begabt zu sein, das seinerseits neue Resultate hervorbringt. Auf Viètes Verbesserung der Bezeichnung folgte eine Generation später die Descartessche Anwendung der Algebra auf die Geometrie.

9. Ingenieure und Arithmetiker wurden am meisten in den neuen Handelsstaaten gebraucht, besonders in Frankreich, England und den Niederlanden. Die Astronomie stand in ganz Europa in Blüte. Obwohl die italienischen Städte nach der Entdeckung des Seeweges nach Indien nicht mehr an den Haupthandelsstraßen nach dem Orient lagen, blieben sie auch weiterhin bedeutende Zentren. Man findet so unter den großen Mathematikern und Rechnern zu Beginn des siebzehnten Jahrhunderts Simon Stevin, einen Ingenieur, Johannes Kepler, einen Astronomen, sowie Adriaen Vlacq und Ezechiel de Decker, zwei Feldmesser.

Stevin, ein Buchhalter aus Bruges, wurde Ingenieur in der Armee des Prinzen Moritz von Oranien, der die Art schätzte, wie Stevin praktischen Sinn mit theoretischer Einsicht und Originalität verband. In „La disme" (1585) führte er als Teil eines Projekts, das gesamte System der Messungen auf dezimaler Basis zu vereinheitlichen, als erster in Europa systematisch die Dezimalbrüche ein (vgl. S. 80). Das war einer der großen Fortschritte, der durch die allgemeine Einführung der indisch-arabischen Zahlenschreibweise möglich geworden war.

Der andere große rechnerische Fortschritt war die Erfindung der Logarithmen. Mehrere Mathematiker des sechzehnten Jahrhunderts hatten mit der Möglichkeit gespielt, arithmetische und geometrische Reihen zu verknüpfen, hauptsächlich zu dem Zweck, das Arbeiten mit den komplizierten trigonometrischen Tafeln zu erleichtern. Ein bedeutender Beitrag zu diesem Ziel wurde von einem schottischen Gutsbesitzer, John Neper (oder Napier), geleistet, der im Jahre 1614 sein Werk „Mirifici logarithmorum canonis descriptio" veröffentlichte. Seine Hauptidee bestand darin, zwei so miteinander verknüpfte Zahlenfolgen zu konstruieren, daß immer, wenn die eine in arithmetischer Progression wächst, die andere in geometrischer Progression abnimmt. Dann besteht zwischen dem Produkt von zwei Zahlen der zweiten Folge und der Summe der beiden entsprechenden Zahlen der ersten Folge eine einfache Beziehung, und die Multiplikation konnte auf die Addition zurückgeführt werden. Durch dieses System konnte Neper die rechnerische Arbeit mit den Sinuswerten beträchtlich erleichtern. Nepers erster Versuch war noch ziemlich unbeholfen, da seine beiden Folgen, in moderner Schreibweise ausgedrückt, sich wie folgt entsprechen:

$$y = a \cdot e^{-x/a} \quad (\text{oder } x = \text{Nep.}\log y),$$

wobei $a = 10^7$ ist.[1]) Ist dann $x = x_1 + x_2$, so erhält man nicht $y = y_1 y_2$, sondern $y = y_1 y_2/a$. Dieses System befriedigte Neper selbst nicht, wie er seinem Bewunderer Henry Briggs, Professor am Gresham College in London, mitteilte. Sie entschieden sich gemeinsam für die Funktion $y = 10^x$, für welche $x = x_1 + x_2$ wirklich $y = y_1 y_2$ ergibt. Briggs führte nach Nepers Tod diese Anregung aus und veröffentlichte im Jahre 1624 seine „Arithmetica logarithmica", die die „Briggsschen" Logarithmen der gan-

[1]) Daher ist $\text{Nep.}\log y = 10^7 (\ln 10^7 - \ln y) = 161180957 - 10^7 \ln y$ und $\text{Nep.}\log 1 = 161180957$; $\ln x$ bedeutet unseren natürlichen Logarithmus.

zen Zahlen von 1 bis 20000 und von 90000 bis 100000 auf 14 Stellen enthielten. Die Lücke zwischen 20000 und 90000 wurde von Ezechiel de Decker, einem holländischen Feldmesser, geschlossen, der mit Unterstützung von Vlacq im Jahre 1627 in Gouda eine vollständige Logarithmentafel veröffentlichte. Die neue Erfindung wurde sofort von Mathematikern und Astronomen und besonders von Kepler begrüßt, der eine lange und schmerzliche Erfahrung mit komplizierten Rechnungen hinter sich hatte.

Unsere hier gegebene Erklärung der Logarithmen mit Hilfe von Exponentialfunktionen ist historisch etwas irreführend, da der Begriff der Exponentialfunktion erst aus dem letzten Teil des siebzehnten Jahrhunderts stammt. Neper kannte den Begriff einer Basis nicht. Natürliche Logarithmen auf der Grundlage der Funktion $y = e^x$ erschienen fast gleichzeitig mit den Briggsschen Logarithmen, aber ihre fundamentale Bedeutung wurde nicht eher erkannt, als bis die Infinitesimalrechnung besser verstanden worden war.[1])

Literatur

Über die Ausbreitung der indisch-arabischen Ziffern in Europa:

D. E. Smith — L. C. Karpinski, *The Hindu-Arabic Numerals* (Boston—London 1911).

Zur theoretischen Mathematik im Mittelalter siehe

C. B. Boyer, *The History of the Calculus* (New York 1959).

N. Oresme, *Quaestiones super geometriam Euclidis* (Leiden 1961, mit englischer Übersetzung).

Die italienische Mathematik des sechzehnten und siebzehnten Jahrhunderts wird in einer Reihe von Arbeiten besprochen:

E. Bortolotti, geschrieben zwischen 1922—1928, z. B. Periodico di mathematica *5*, 147—184 (1925); *6*, 217—230 (1926); *8*, 19—59 (1928); Scientia 1923, S. 385—394, und

[1]) E. Wright veröffentlichte 1618 einige natürliche Logarithmen, J. Speidel 1619, aber danach wurden bis 1770 keine Tafeln dieser Logarithmen mehr veröffentlicht. Siehe F. Cajori, *History of the Exponential and Logarithmic Concepts*, Amer. Math. Monthly *20* (1913).

E. Bortolotti, *I contributi del Tartaglia, del Cardano, del Ferrari, e della scuola matematica bolognese alla teoria algebrica della equazione cubiche*, Imola (1926), 54 S.

H. Cardano, *My Life*, transl. by J. Stoner (New York 1930).

Informationen über die Mathematiker des sechzehnten und siebzehnten Jahrhunderts und ihre Werke finden sich in den Arbeiten von H. Bosmans S. J., von denen die meisten in den Annales de la Société Scientifique Bruxelles, 1905—1927, zu finden sind. Vollständiges Verzeichnis in A. Rome, Isis *12*, 88 (1929). Außerdem:

P. Treutlein, *Das Rechnen im 16. Jahrhundert*, Abh. zur Geschichte der Math. *1*, 1—100 (1877).

M. Steck, *Dürers Gestaltlehre der Mathematik und der bildenden Künste* (Halle 1948).

H. S. Carslaw, *The Discovery of Logarithms by Napier*, Math. Gaz., 76—84, 115—119 (1915/16).

E. Zinner, *Leben und Wirken des Johannes Müller von Königsberg, genannt Regiomontanus* (München 1938).

J. D. Bond, *The Development of Trigonometric Methods down to the close of the Fifteenth Century*, Isis *4*, 295—323 (1921/22).

F. A. Yeldham, *The Story of Reckoning in the Middle Ages* (London 1926).

E. J. Dijksterhuis, *Simon Stevin* (s'Gravenhage 1943).

Simon Stevin, *Sel. Works* (3 vols, 1955—1961).

Nikolaus von Cues, *Math. Schriften*, übersetzt und herausgegeben von J. und J. E. Hofmann (Hamburg 1952).

L. Thorndike, *The sphere of Sacrobosco* (Chicago 1949).

M. Clagett, *The science of mechanics in the Middle Ages* (Madison, Wis.—London 1959).

E. G. R. Taylor, *The mathematical practitioners of Tudor and Stuart England* (Cambridge 1954).

J. Lohne, *Thomas Harriott* (1560—1621), Centaurus *6*, 113—121 (1959). Siehe auch ib *8*, 69—84 (1963); *10*, 248—257 (1964).

VI. DAS SIEBZEHNTE JAHRHUNDERT

1. Die schnelle Entwicklung der Mathematik während der Renaissance beruhte nicht nur auf der „Rechenhaftigkeit" der Kaufmannsklasse, sondern auch auf der ausgiebigen Verwendung und weiteren Vervollkommnung von Maschinen. Maschinen kannte man schon im Orient und in der klassischen Antike; sie hatten das Genie von Archimedes inspiriert. Jedoch war durch die Existenz der Sklaverei und das Fehlen eines wirtschaftlich vorwärtsdrängenden städtischen Lebens der Gebrauch von Maschinen in diesen älteren Gesellschaftsformationen praktisch unterbunden worden. Das kann man den Werken von Heron entnehmen, in denen Maschinen beschrieben werden, aber lediglich zur Unterhaltung oder zu Täuschungszwecken.

Im späteren Mittelalter wurden Maschinen in kleinen Fabriken, bei öffentlichen Bauten und in Bergwerken verwendet. Dabei handelte es sich um Unternehmungen, die von städtischen Kaufleuten oder von Fürsten auf der Suche nach leichtem Gewinn eingerichtet und häufig gegen den Widerstand der städtischen Gilden betrieben wurden. Kriegswesen und Navigation regten ebenfalls zur Vervollkommnung von Werkzeugen und zu ihrem fortschreitenden Ersatz durch Maschinen an.

Bereits im vierzehnten Jahrhundert existierte in Lucca und in Venedig eine wohlausgerüstete Silberindustrie. Sie beruhte auf Arbeitsteilung und der Ausnutzung der Wasserkraft. Im fünfzehnten Jahrhundert entwickelte sich das Bergwesen in Mitteleuropa zu einer völlig kapitalistischen Industrie, die technisch auf dem Gebrauch von Pumpen und Aufzugsmechanismen beruhte, wodurch das Vordringen in immer tiefere Schichten ermöglicht wurde. Die Erfindung der Feuerwaffen und des Buchdrucks, die Errichtung von Windmühlen und Kanälen und der Bau von Schiffen, die den Ozean überqueren konnten, erforderten technische Fertigkeiten und erzeugten ein technisches Bewußtsein. Die Vervollkommnung der Uhren, die für Astronomie und Navigation von großem Nutzen waren und oft auf öffentlichen Plätzen aufgestellt wurden, lenkte die allgemeine Aufmerksamkeit auf bewundernswerte Erzeugnisse der Mechanikerkunst; ihr regelmäßiger Gang und die durch sie eröffnete Möglichkeit einer genauen Messung des Zeitablaufs machten auf die philosophische Haltung dieser Zeit einen tiefen Eindruck. Während der Renaissance und sogar noch in späteren Jahrhunderten wurde die Uhr als ein Modell des Universums angesehen. Das bildete einen wichtigen Bestandteil in der Entwicklung des mechanistischen Weltbildes.

Die Maschinen führten zur theoretischen Mechanik und zum wissenschaftlichen Studium der Bewegung und der Veränderung überhaupt. Schon in der Antike waren Lehrbücher über Statik verfaßt worden, und das neue Studium der theoretischen Mechanik stützte sich natürlich auf die Statik der klassischen Autoren. Bücher über Maschinen waren schon lange vor der Erfindung der Buchdruckerkunst erschienen, zuerst empirische Beschreibungen (Kyeser, Anfang des fünfzehnten Jahrhunderts), später mehr theoretische Darstellungen, wie beispielsweise das Buch von Leon Battista Alberti über Architektur (etwa 1450) und die Schriften Leonardo da Vincis (etwa 1500). Leonardos Manuskripte enthalten die Anfänge eines ausgesprochen mechanistischen Weltbildes. In seiner „Nuova scienzia“ (1537) diskutierte Tartaglia die Konstruktion von Uhren und die Flugbahn von Projektilen, hatte aber noch nicht die parabolische Bahn gefunden, die erst von Galilei entdeckt wurde. Die Veröffentlichung lateinischer Ausgaben von Heron und Archimedes regte diese Art von Untersuchungen an, besonders F. Commandinos Archimedes-Ausgabe, die 1558 erschien und den Mathematikern die antike Integrationsmethode zugänglich machte. Commandino selbst wendete diese

Methode auf die Berechnung von Schwerpunkten an (1565), wenngleich mit geringerer Strenge als sein Meister.

Diese Schwerpunktberechnungen blieben ein Lieblingsthema der Archimedes-Nachfahren, die ihr Studium der Statik benutzten, um sich ein gewisses praktisches Wissen über die Anfangsgründe von dem zu verschaffen, was wir heute Infinitesimalrechnung nennen. Unter diesen Nachfahren ragen Simon Stevin hervor, der 1586 sowohl über Schwerpunkte als auch über Hydraulik schrieb, sodann Luca Valerio, der 1604 über Schwerpunkte und 1606 über die Quadratur der Parabel schrieb, und schließlich Paul Guldin, in dessen „Centrobaryca" (1641) die sogenannte Guldinsche Regel über Rotationskörper enthalten ist, die sich aber schon bei Pappus findet. Unmittelbar nach den ersten Wegbereitern entstanden die großen Arbeiten von Kepler, Cavalieri und Torricelli, in denen Methoden entwickelt wurden, die schließlich zur Erfindung der Differential- und Integralrechnung führten.

2. Typisch für diese Autoren war ihre Bereitschaft, die archimedische Strenge zugunsten von solchen Gedankengängen aufzugeben, die häufig auf unstrengen, manchmal „atomaren" Voraussetzungen beruhten — wahrscheinlich, ohne zu wissen, daß Archimedes selbst (in seinem Brief an Eratosthenes) derartige Methoden auf Grund ihres heuristischen Wertes angewendet hatte. Dies beruhte teilweise auf der Unduldsamkeit gegenüber der Scholastik bei einigen von ihnen, traf aber nicht für alle diese Autoren zu, denn mehrere waren in der Scholastik wohlerfahrene katholische Priester. Der Hauptgrund war der Wunsch, schnell zu Ergebnissen zu kommen, wozu die griechische Methode unbrauchbar war.

Die mit den Namen Kopernikus, Tycho Brahe und Kepler verbundene Revolution in der Astronomie eröffnete gänzlich neue Einsichten in die Stellung des Menschen im Universum und in die Fähigkeit des Menschen, die astronomischen Erscheinungen mit Hilfe der Vernunft zu erklären. Die Möglichkeit, die irdische Mechanik durch eine Himmelsmechanik zu ergänzen, bestärkte die Kühnheit der Männer der Wissenschaft. In den Werken von

Johannes Kepler wird der anregende Einfluß der neuen Astronomie, die sowohl umfangreiche Rechenarbeiten als auch infinitesimale Betrachtungen erforderte, besonders deutlich sichtbar. Kepler machte sich sogar an Volumenberechnungen für den eigenen Bedarf und berechnete in seiner „Nova stereometria doliorum vinariorum" („Neue Volumenberechnung von Weinfässern", 1615) den Rauminhalt von Körpern, die durch Rotation von Abschnitten von Kegelschnitten um eine in ihrer Ebene gelegene Achse entstehen. Er brach mit der archimedischen Strenge; für ihn war die Kreisfläche aus unendlich vielen Dreiecken mit einer gemeinsamen Ecke im Kreismittelpunkt zusammengesetzt und die Kugel aus unendlich vielen spitzen Pyramiden. Kepler sagte, daß die Beweise von Archimedes absolut streng seien, „absolutae et omnibus numeris perfectae"[1], aber er überlasse sie den Leuten, die durchaus exakten Beweisen frönen wollten. Jeder folgende Autor nahm sich nun die Freiheit, seine eigene Art der Strenge festzulegen oder auch ganz darauf zu verzichten.

Galileo Galilei verdanken wir die neue Mechanik frei fallender Körper, die Anfänge der Elastizitätstheorie und eine geistvolle Verteidigung des Kopernikanischen Systems. Vor allem aber verdanken wir Galilei, in höherem Maße als irgendeinem anderen Forscher dieser Periode, den Geist der modernen Wissenschaft, die auf der harmonischen Wechselwirkung zwischen Experiment und Theorie beruht, wobei die mathematische Behandlung betont wird (obgleich das Experiment bei Galilei eine geringere Rolle spielt, als man manchmal glaubt). In den „Discorsi" (1638) entwickelte Galilei das mathematische Studium der Bewegung sowie die Beziehung zwischen Weg, Geschwindigkeit und Beschleunigung. Er veröffentlichte keine systematische Darlegung seiner Ideen zur Infinitesimalrechnung, sondern überließ dies seinen Schülern Torricelli und Cavalieri. Tatsächlich waren Galileis Ideen zu dieser Frage der reinen Mathematik ganz originell, wie es nach seiner Bemerkung erscheint, daß „weder die Anzahl der Quadratzahlen kleiner ist als die Gesamtheit aller natürlichen

---

[1] „absolut und in jeder Beziehung vollkommen".

Zahlen noch letztere größer als die erste". Diese Verteidigung des aktual Unendlichen (die in den „Discorsi" von Salviati geführt wird) war bewußt gegen die aristotelische und scholastische Lehre (in den „Discorsi" von Simplicio vertreten) gerichtet. Die „Discorsi" enthalten auch die parabolische Bahn eines geworfenen Körpers, dazu Tabellen über Höhe und Wurfweite als Funktionen des Erhebungswinkels und der gegebenen Anfangsgeschwindigkeit. Salviati macht auch die Bemerkung, daß die Kettenlinie wie eine Parabel aussieht, gibt aber keine genaue Beschreibung der Kurve.

Inzwischen war die Zeit für eine erste systematische Darstellung der bis dahin erzielten Resultate in dem Gebiet, das wir heute Infinitesimalrechnung nennen, herangereift. Diese Darstellung erschien in der „Geometria indivisibilibus continuorum nova quadam ratione promota" (1635) von Bonaventura Cavalieri, der Professor an der Universität von Bologna war. Hierin entwickelte Cavalieri eine einfache Form der Infinitesimalrechnung, die sich auf den scholastischen Begriff der „Indivisiblen"[1]) stützte, wonach durch die Bewegung eines Punktes eine Gerade und durch die Bewegung einer Geraden eine Ebene entsteht. Cavalieri benötigte deshalb keine infinitesimalen Größen oder „Atome". Eines seiner Resultate wird in dem „Cavalierischen Prinzip" zusammengefaßt, das die Volumengleichheit von zwei Körpern gleicher Höhe ausspricht, wenn in gleichen Höhen geführte ebene Schnitte bei beiden stets dieselben Flächeninhalte ergeben. Damit konnte er die zur Integration von Polynomen äquivalente Rechnung durchführen. Zunächst addierte er Strecken, um eine Fläche zu erhalten, als aber Torricelli nachwies, daß man bei diesem Verfahren beweisen kann, daß jedes Dreieck durch eine Höhe in zwei flächengleiche Teile zerfällt, ersetzte er „Strecken" durch „Fäden", d. h. er verwandelte die Strecken in Flächen von sehr kleiner Breite.

---

[1]) F. Cajori, *Indivisibles and „Ghosts of departed quantities"* in *the History of Mathematics,* Scientia 1925, S. 301—306. E. Hoppe, *Zur Geschichte der Infinitesimalrechnung bei Leibniz und Newton,* Jahresb. Deutsch. Math. Verein. *37,* 148—187 (1928). Über gewisse Feststellungen bei Hoppe siehe C. B. Boyer, a. a. O., S. 192, 206, 209.

3. Diese schrittweise Entwicklung der Infinitesimalrechnung wurde durch die Veröffentlichung der Descartesschen „Géométrie“ (1637) erheblich vorangetrieben, da sie die gesamte klassische Geometrie den Methoden der Algebraiker unterwarf. Das Buch war ursprünglich als Anhang des „Discours de la Méthode“ veröffentlicht worden, der Abhandlung über die Vernunft, worin der Verfasser sein rationalistisches Herangehen an das Studium der Natur erklärte. René Descartes war ein aus der Touraine stammender Franzose, der das Leben eines Edelmannes führte, eine Zeitlang in der Armee von Moritz von Oranien diente, viele Jahre in den Niederlanden lebte und in Stockholm starb, wohin er von der Königin von Schweden eingeladen worden war. Gleich vielen anderen großen Denkern des siebzehnten Jahrhunderts suchte Descartes nach einem allgemeinen Denkverfahren, das es ermöglichen sollte, Entdeckungen zu erleichtern und die Wahrheit in den Wissenschaften zu erkennen. Da die einzige bekannte Naturwissenschaft mit einem einigermaßen zusammenhängenden systematischen Aufbau die Mechanik war und da die Mathematik den Schlüssel zum Verständnis der Mechanik bildete, wurde die Mathematik zum wichtigsten Hilfsmittel für das Verständnis des Universums. Darüber hinaus war die Mathematik selbst mit ihren überzeugenden Aussagen ein glänzendes Beispiel dafür, daß die Wahrheit in der Wissenschaft gefunden werden konnte. Die mechanistische Philosophie dieser Periode kam somit, allerdings aus einem anderen Grunde, zu einer Ansicht, die der der Platoniker ähnlich war. Sowohl die Platoniker, die an die Harmonie des Universums, als auch die Cartesianer, die an eine allgemeine auf Vernunft gegründete Methode glaubten, erblickten in der Mathematik die Königin der Wissenschaften.

Descartes veröffentlichte seine „Géométrie“ als eine Anwendung seiner allgemeinen Methode der Vereinheitlichung, in diesem Falle der Vereinigung von Algebra und Geometrie. Das Verdienst dieses Werkes besteht nach dem allgemein angenommenen Standpunkt hauptsächlich in der Schaffung der sogenannten analytischen Geometrie. Es ist wahr, daß sich dieser Teil der Mathematik unter dem Einfluß des Werkes von Descartes in der Folgezeit entwickelte, aber die „Géométrie" selbst kann kaum als das erste Lehrbuch über dieses Gebiet angesehen werden. Sie enthält keine „kartesischen" Achsen, es werden keine Gleichungen für die Gerade und für Kegelschnitte abgeleitet, obwohl von einer besonderen Gleichung zweiten Grades festgestellt wird, daß sie einen Kegelschnitt darstellt. Überdies besteht ein großer Teil des Buches aus einer Theorie algebraischer Gleichungen, worin die „Descartessche Zeichenregel" zur Bestimmung der Anzahl der positiven und negativen Wurzeln enthalten ist.

Wir müssen uns daran erinnern, daß schon Apollonius Hilfsmittel zur Beschreibung von Kegelschnitten besaß, die wir — nach Leibniz — heute Koordinaten nennen, obwohl sie keine numerischen Werte hatten. Breite und Länge in der „Geographie" von Ptolemäus waren zahlenmäßige Koordinaten. Pappus hatte in seiner „Sammlung" einen „Schatz der Analysis" („Analyomenos"), in dem man nur die Bezeichnung zu modernisieren braucht, um eine folgerichtige Anwendung der Algebra auf die Geometrie zu erhalten. Sogar die Andeutung einer graphischen Darstellung tritt gelegentlich **schon vor Descartes auf (Oresme).** Descartes' Verdienste liegen vor allem in der konsequenten Anwendung der zu Beginn des siebzehnten Jahrhunderts weit entwickelten Algebra auf die Geometrie der Alten und die dadurch ermöglichte enorme Erweiterung ihrer Anwendbarkeit. Ein weiteres Verdienst von Descartes besteht in der endgültigen Aufhebung der einschränkenden Homogenitätsforderung seiner Vorgänger, die sogar noch Viètes „logistica speciosa" beeinträchtigte, so daß nunmehr x^2, x^3, $x y$ als Strecken betrachtet wurden. Eine algebraische Gleichung wurde zu einer Beziehung zwischen Zahlen: ein neuer Fortschritt der mathematischen Abstraktion, der für die allgemeine Behandlung algebraischer Kurven notwendig war, den man allerdings auch als die endgültige Übernahme der algorithmisch-algebraischen Tradition des Orients durch den Westen ansehen kann.

Vieles in Descartes' Bezeichnungen ist schon modern; man findet in seinem Buch Ausdrücke wie $\frac{1}{2}a+\sqrt{\frac{1}{4}aa+bb}$, die von unserer heutigen Bezeichnung nur darin abweichen, daß Descartes noch aa statt a^2 schreibt (was man sogar noch bei Gauß finden kann), obwohl er sonst a^3 für aaa, a^4 für $aaaa$ usw. setzte. Es ist nicht schwer, in seinem Buch den großen Fortschritt zu erkennen, nur darf man nicht unsere moderne analytische Geometrie darin suchen.

Etwas näher an diese analytische Geometrie kam Pierre Fermat, ein Jurist in Toulouse, heran, der eine kurze Abhandlung über Geometrie wahrscheinlich noch vor dem Erscheinen des Buches von Descartes schrieb, die aber erst 1679 (posthum) gedruckt wurde. In diesem Werk „Isagoge" findet man die Gleichungen $y = mx$, $xy = k^2$, $x^2 + y^2 = a^2$, $x^2 \pm a^2 y^2 = b^2$, die Geraden und Kegelschnitten bezüglich eines (im allgemeinen rechtwinkligen) Achsensystems zugeordnet werden. Da die Arbeit aber in den Bezeichnungen von Viète geschrieben war, macht sie einen altertümlicheren Eindruck als die „Géométrie" von Descartes. Zu der Zeit, als Fermats „Isagoge" gedruckt wurde, gab es bereits andere Veröffentlichungen, in denen die Algebra auf die Resultate von Apollonius angewendet wurde, insbesondere den „Tractatus de sectionibus conicis" (1655) von John Wallis und einen Teil der „Elementa curvarum linearum" (1659) von Jan de Witt, Ratspensionär von Holland. Beide Werke waren unter dem unmittelbaren Einfluß von Descartes entstanden. Aber der Fortschritt kam nur sehr langsam voran; selbst l'Hospitals „Traité analytique des sections coniques" (1707) enthielt nichts weiter als eine Übersetzung des Apollonius in die Sprache der Algebra. Alle Autoren zögerten, negative Werte für die Koordinaten zuzulassen. Der erste, der ohne Hemmungen mit algebraischen Gleichungen arbeitete, war Newton in seiner Studie über kubische Kurven (1703); die erste analytische Geometrie der Kegelschnitte, die sich völlig von Apollonius frei gemacht hatte, erschien erst mit Eulers „Introductio" (1748).

4. Das Erscheinen des Buches von Cavalieri regte zahlreiche Mathematiker in verschiedenen Ländern zum Studium von Problemen an, die sich aus infinitesimalen Betrachtungen ergeben.

Man begann, die Grundprobleme in mehr abstrakter Form anzugreifen, und erzielte auf diese Weise einen Gewinn an Allgemeinheit. Das Tangentenproblem, das darin besteht, Methoden zur Bestimmung der Tangente an eine gegebene Kurve in einem gegebenen Punkt zu erforschen, spielte allmählich eine immer stärker hervortretende Rolle neben den alten Problemen der Volumen- und Schwerpunktsbestimmungen. Bei diesen Forschungen zeichneten sich deutlich zwei Richtungen ab, eine geometrische und eine algebraische. Die Nachfolger von Cavalieri, besonders Torricelli und Isaac Barrow, der Lehrer von Newton, wendeten die griechische Methode der geometrischen Schlußweisen an, ohne sich allzuviel um ihre Strenge zu kümmern. Auch Christian Huygens zeigte eine entschiedene Vorliebe für die griechische Geometrie. Andere aber, besonders Fermat, Descartes und John Wallis, vertraten die entgegengesetzte Richtung und wendeten die neue Algebra auf dieselben Fragestellungen an. Praktisch alle Autoren in dieser Zeit von 1630 bis 1660 beschränkten sich auf die Fragen, die bei algebraischen Kurven auftreten, insbesondere bei solchen mit der Gleichungsform $a^m y^n = b^n x^m$. Sie alle fanden Formeln, und zwar jeder auf seine eigene Art, die mit $\int_0^a x^m \, dx = \frac{a^{m+1}}{m+1}$ äquivalent sind, zunächst für positive ganzzahlige m, später für negative und gebrochene Exponenten. Gelegentlich tauchte auch eine nichtalgebraische Kurve auf, wie etwa die von Descartes und Blaise Pascal untersuchte Zykloide (Rollkurve); Pascals „Traité général de la roulette“ (1658), die einen Teil eines unter dem Namen A. Dettonville veröffentlichten Büchleins bildete, übte einen großen Einfluß auf den jungen Leibniz aus.[1])

In dieser Periode begannen mehrere charakteristische Züge der Infinitesimalrechnung aufzutauchen. Fermat entdeckte 1638 eine Methode zur Bestimmung von Maxima und Minima, indem er

---

[1]) H. Bosmans, *Sur l'oeuvre mathématique de Blaise Pascal,* Revue des Questions Scientifiques (1929), 63 S.; J. Guitton, *Pascal et Leibniz* (Paris 1951).

kleine Änderungen der Veränderlichen in einer einfachen algebraischen Gleichung vornahm und die Änderung Null setzte; dies wurde 1658 von Johannes Hudde, später Bürgermeister von Amsterdam, auf allgemeinere algebraische Kurven übertragen. Es wurden Bestimmungen von Tangenten, Volumina und Schwerpunkten vorgenommen, aber die Beziehung zwischen Integration und Differentiation als ihrer Natur nach inverse Operationen wurde nicht richtig begriffen, bis sie von Barrow 1670 auseinandergesetzt wurde (aber in schwieriger geometrischer Form). Pascal verwendete gelegentlich Entwicklungen nach kleinen Größen, worin er die Ausdrücke höherer Ordnung vernachlässigte und so die umstrittene Annahme Newtons vorwegnahm, daß die Formel $(x + dx)(y + dy) - xy = x\,dy + y\,dx$ gilt. Er rechtfertigte sein Vorgehen mehr durch Berufung auf Intuition („esprit de finesse") als auf Logik („esprit de géométrie"), wobei er hier die Kritik von Bischof Berkeley an Newton[1]) vorwegnahm.

Scholastisches Denken kam bei diesem Forschen nach neuen Methoden nicht nur durch Cavalieri hinein, sondern auch durch das Werk des belgischen Jesuiten Grégoire de Saint Vincent und seiner Schüler und Mitarbeiter Paul Guldin und André Tacquet. Diese Männer wurden sowohl durch den Geist ihres Zeitalters als auch durch die mittelalterlichen scholastischen Schriften über die Natur des Kontinuums und die Ausdehnung der Formen angeregt. In ihren Schriften erscheint der Ausdruck „Exhaustion" für die Methode des Archimedes zum erstenmal. Tacquets Buch „Über Zylinder und Ringe" (1651) hat Pascal beeinflußt.

Diese mitreißende Aktivität der Mathematiker in einer Zeit, als es noch keine wissenschaftlichen Zeitschriften gab, führte zu Diskussionszirkeln und zu ständiger Korrespondenz. Einige Persönlichkeiten erwarben sich dadurch Verdienste, daß sie als Zentren des wissenschaftlichen Gedankenaustausches dienten. Der bekannteste dieser Männer ist der Minoriten-Pater Marin Mersenne, dessen Name als Mathematiker in den Mersenneschen Primzahlen weiterlebt. Mit ihm standen Descartes, Fermat,

[1]) B. Pascal, *Oeuvres* (Paris 1908—1914), XII, S. 9, XIII, S. 141—155.

Desargues, Pascal und viele andere Wissenschaftler in Briefwechsel.[1]) Aus den Diskussionsgruppen von Gelehrten erwuchsen Akademien. Sie entstanden in gewisser Hinsicht als Opposition zu den Universitäten, die sich — mit einigen Ausnahmen, wie etwa der Universität Leiden — in der Zeit der Scholastik entwickelt und noch die mittelalterliche Gepflogenheit beibehalten hatten, Wissen in erstarrter Form weiterzugeben. Die neuen Akademien verkörperten im Gegensatz dazu den neuen Geist der Forschung. Sie waren die typischen Vertreter „dieses von der Fülle des neuen Wissens trunkenen Zeitalters, das eifrig bemüht war, allen überalterten Aberglauben auszurotten, mit den Traditionen der Vergangenheit zu brechen und sich den übertriebensten Hoffnungen auf die Zukunft hinzugeben. Hier lernte der einzelne Wissenschaftler, sich zu bescheiden und stolz darauf zu sein, einen winzigen Beitrag zur Summe des Wissens hinzugefügt zu haben; hier bildete sich, kurz gesagt, der moderne Wissenschaftler heraus."[2])

Die erste Akademie wurde in Neapel gegründet (1560); ihr folgte die „Accademia dei Lincei" in Rom (1603). Die Royal Society besteht seit 1662, die Französische Akademie seit 1666. Wallis war eines der Gründungsmitglieder der Royal Society, Huygens der Französischen Akademie.

5. Unter den in dieser Periode der Vorläufer geschriebenen Büchern ist nächst dem von Cavalieri die „Arithmetica infinitorum" (1655) von Wallis eines der bedeutendsten. Der Autor war von 1643 bis zu seinem Tode 1703 Savilian-Professor der Geometrie in Oxford. Schon der Titel seines Buches zeigt, daß Wallis über Cavalieri mit seiner „Geometria indivisibilium" hinausgehen wollte; er wollte die neue „arithmetica" (Algebra)

---

[1]) „Informer Mersenne d'une découverte, c'était la publier par l'Europe entière", schreibt H. Bosmans (a. a. O., S. 43), d. h. „Mersenne über eine Entdeckung zu informieren, war gleichbedeutend damit, sie in ganz Europa bekanntzumachen".

[2]) M. Ornstein, *The Role of Scientific Societies in the Seventeenth Century* (Chicago 1913).

ausgestalten, nicht die alte Geometria. Bei diesem Vorhaben baute Wallis als erster Mathematiker die Algebra zu einer wirklichen Analysis aus. Seine Methoden der Behandlung von unendlichen Prozessen waren oftmals recht grob, aber er erzielte neue Ergebnisse; er führte unendliche Reihen und unendliche Produkte ein und handhabte völlig unbekümmert imaginäre Zahlen sowie negative und gebrochene Exponenten. Er schrieb ∞ für $\frac{1}{0}$ (und behauptete, daß $-1 > \infty$ sei). Eines seiner typischen Resultate ist die Entwicklung $\frac{\pi}{2} = \frac{2 \cdot 2 \cdot 4 \cdot 4 \cdot 6 \cdot 6 \cdot 8 \cdot 8 \cdots}{1 \cdot 3 \cdot 3 \cdot 5 \cdot 5 \cdot 7 \cdot 7 \cdot 9 \cdots}$ sowie zu Beta-Integralen äquivalente Ausdrücke. Für die Größe, die wir durch $\frac{4}{\pi}$ ausdrücken, schrieb er ein kleines Quadrat.

Wallis war nur einer aus einer ganzen Reihe von hervorragenden Männern dieser Periode, die die Mathematik um eine Entdeckung nach der anderen bereicherten. Die treibende Kraft für diese Blüte der schöpferischen Wissenschaft, die ihresgleichen seit den großen Tagen Griechenlands nicht hatte, war nur zum Teil die Leichtigkeit, mit der die neue Technik gehandhabt werden konnte. Viele große Denker wollten mehr erzielen: eine „allgemeine Methode", die manchmal in eingeschränktem Sinne als eine Methode der Mathematik, manchmal aber auch allgemeiner als eine Methode zum Verständnis der Natur und zur Schaffung neuer Erfindungen verstanden wurde. Dies ist der Grund dafür, daß in dieser Periode alle hervorragenden Philosophen Mathematiker und alle hervorragenden Mathematiker Philosophen waren. Die Suche nach neuen Erfindungen führte manchmal unmittelbar zu mathematischen Entdeckungen. Ein berühmtes Beispiel dafür ist das „Horologium oscillatorium" (1673) von Christian Huygens, wobei die Suche nach besseren Uhren (um das sehr alte Problem der Bestimmung der geographischen Länge auf See zu lösen) nicht nur zu den Pendeluhren führte, sondern auch zum Studium von Evoluten und Evolventen ebener Kurven. Huygens war ein unabhängiger, vermögender Holländer, der viele Jahre in Paris lebte. Er war als Physiker ebenso hochbedeutend wie als Astronom, er stellte die Wellentheorie des Lichtes auf und erklärte die Tatsache, daß der Saturn von einem Ring umgeben ist. Sein Buch über Pendeluhren übte auf die Newtonsche Gravitationstheorie einen Einfluß aus; es stellt zusammen mit Wallis' „Arithmetica" die am weitesten entwickelte Form der Infinitesimalrechnung in der Zeit vor Newton und Leibniz dar. Die Briefe von Wallis und Huygens sind voll von neuen Entdeckungen, von Rektifikationen, Enveloppen und Quadraturen. Huygens studierte die Traktrix, die logarithmische Kurve, die Kettenlinie und wies die Zykloide als tautochrone Kurve nach. Trotz dieses Reichtums an Resultaten, von denen viele erst gefunden wurden, nachdem Leibniz seinen Kalkül veröffentlicht hatte, gehört Huygens eindeutig in die Periode der Vorläufer. Er bekannte gegenüber Leibniz, daß er nicht imstande war, sich mit der Leibnizschen Methode vertraut zu machen. Ebenso fand sich Wallis niemals in den Bezeichnungen von Newton zurecht. Huygens war einer der wenigen großen Mathematiker des siebzehnten Jahrhunderts, die sich ernstlich um Strenge mühten; seine Methoden waren stets in der alten archimedischen Tradition durchgebildet.

6. Die Forschungsarbeit der Mathematiker dieser Periode erstreckte sich auf viele Gebiete, sowohl alte als auch neue. Sie bereicherten klassische Fragestellungen um neuentdeckte Ergebnisse, ließen alte Gebiete in neuem Licht erscheinen und schufen sogar völlig neue Gegenstände mathematischer Forschung. Ein Beispiel der ersten Art war Fermats Studium des Diophant, ein Beispiel der zweiten Art dagegen die neue Interpretation der Geometrie durch Desargues. Die mathematische Theorie der Wahrscheinlichkeit war eine gänzlich neue Schöpfung. Diophant wurde den Kennern des Lateins 1621 zugänglich.[1]) In Fermats Exemplar dieser Übersetzung befinden sich seine berühmten Randbemerkungen, die sein Sohn veröffentlichte. Darunter ist der „Große Fermatsche Satz" enthalten (wonach die Gleichung $x^n + y^n = z^n$ für positive ganze Zahlen x, y, z, n und $n > 2$

[1]) Lateinische Übersetzungen wurden erstmals zugänglich: Euklid 1482, Ptolemäus 1515, Archimedes 1558, Apollonius I–IV 1566, V–VIII 1661, Pappus 1589, Diophant 1621.

niemals gelten kann), der den deutschen Mathematiker Kummer 1847 zur Aufstellung der Theorie der idealen Zahlen führte. Ein für alle n gültiger Beweis ist noch nicht geführt worden, obwohl der Satz für eine große Anzahl von n-Werten gilt.[1])

Fermat schrieb an den Rand neben Diophant II 8: „Eine Quadratzahl ist in die Summe zweier anderer Quadratzahlen zu zerlegen" folgende Worte: „Es ist jedoch nicht möglich, einen Kubus in zwei Kuben oder ein Biquadrat in zwei Biquadrate und allgemein eine Potenz, höher als die zweite, in zwei Potenzen mit ebendemselben Exponenten zu zerlegen: Ich habe hierfür einen wahrhaft wunderbaren Beweis entdeckt, doch ist dieser Rand hier zu schmal, um ihn zu fassen." Wenn Fermat einen so wunderbaren Beweis hatte, dann ist es drei Jahrhunderten intensiver Forschung jedenfalls nicht gelungen, ihn wiederzufinden. Es ist wohl richtiger anzunehmen, daß sich sogar der große Fermat zuweilen irrte.

Eine andere Randbemerkung von Fermat besagt, daß eine Primzahl der Form $4n + 1$ auf eine und nur eine Art als Summe von zwei Quadraten ausgedrückt werden kann. Dieser Satz wurde später von Euler bewiesen. Der andere „Satz von Fermat", der aussagt, daß $a^{p-1} - 1$ durch p teilbar ist, wobei p eine Primzahl und a zu p teilerfremd ist, erscheint in einem Brief aus dem Jahre 1640; dieser Satz kann mit elementaren Hilfsmitteln bewiesen werden. Fermat war auch der erste, der behauptete, daß die Gleichung $x^2 - Ay^2 = 1$ (A ganze Zahl, keine Quadratzahl) unendlich viele ganzzahlige Lösungen hat.

Fermat und Pascal waren die Begründer der mathematischen Wahrscheinlichkeitsrechnung. Die allmähliche Herausbildung des Interesses an Problemen, die mit Wahrscheinlichkeitsfragen zusammenhängen, ist in erster Linie der Entwicklung des Versicherungswesens zuzuschreiben, aber die besonderen Fragen, die große Mathematiker dazu anregten, über diese Dinge nachzudenken, wurden von Edelleuten aufgeworfen, die dem Würfel- oder Kartenspiel huldigten. Mit den Worten von Poisson: „Ein aus Glücksspielen stammendes Problem, das einem strengen Jansenisten von

---

[1]) Siehe H. S. Vandiver, Amer. Math. Monthly *53*, 555–578 (1946). Auch: P. Bachmann, *Der Fermatsche Satz* (Berlin 1919).

einem Weltmann unterbreitet wurde, ist der Ursprung der Wahrscheinlichkeitsrechnung gewesen." Dieser „Weltmann" war der Chevalier de Méré (ein Edelmann von hoher Bildung), der an Pascal mit einer das sogenannte „problème des points" betreffenden Frage herantrat. Pascal führte über dieses Problem und verwandte Fragestellungen einen Briefwechsel mit Fermat, und beide stellten einige Grundlagen der Wahrscheinlichkeitsrechnung auf (1654). Als Huygens nach Paris kam, erfuhr er von diesem Briefwechsel und versuchte, die Fragen selbst zu beantworten; das Ergebnis war das Werk „De ratiociniis in ludo aleae" (1657), die erste Abhandlung über Wahrscheinlichkeit. Die nächsten Schritte wurden von de Witt und Halley getan, die Tabellen für Rentenzahlungen aufstellten (1671, 1693).

Blaise Pascal war der Sohn von Etienne Pascal, einem der mit Mersenne korrespondierenden Gelehrten; die „Pascalsche Schnecke" wird nach Etienne benannt. Blaise entwickelte sich unter der Obhut seines Vaters sehr schnell und entdeckte bereits im Alter von sechzehn Jahren den „Pascalschen Satz" über das einem Kegelschnitt einbeschriebene Sechseck. Er wurde 1641 auf einer einzigen Seite veröffentlicht und ließ den Einfluß von Desargues erkennen. Ein paar Jahre später erfand Pascal eine Rechenmaschine. Mit fünfundzwanzig Jahren faßte er den Entschluß, in das Kloster von Port Royal einzutreten und das asketische Leben eines Jansenisten zu führen, widmete sich aber auch weiterhin der Wissenschaft und Literatur. Seine Abhandlung über das von den Binomialkoeffizienten gebildete „arithmetische Dreieck", das in der Wahrscheinlichkeitsrechnung nützliche Anwendungen findet, erschien posthum im Jahre 1664. Wir haben schon sein Werk über Integration und seine Gedanken über das Infinitesimale, die einen Einfluß auf Leibniz ausübten, erwähnt. Pascal hat auch zum erstenmal dem Prinzip der vollständigen Induktion eine befriedigende Form gegeben.[1])

Gérard Desargues war ein Architekt aus Lyon und Verfasser eines Buches über Perspektive (1636). Seine Schrift mit dem

[1]) H. Freudenthal, Archives intern. Hist. des Sciences *22*, 17—37 (1953).

merkwürdigen Titel „Brouillon projet d'une atteinte aux événements des rencontres d'un cone avec un plan"[1]) (1639) enthält in merkwürdiger botanischer Sprache einige der Hauptbegriffe der synthetischen Geometrie, wie z. B. unendlich ferne Punkte, Involutionen und Polarentheorie. Sein „Satz des Desargues" über perspektiv gelegene Dreiecke wurde im Jahre 1648 veröffentlicht. Diese Ideen entfalteten ihre volle Fruchtbarkeit erst im neunzehnten Jahrhundert.

7. Eine allgemeine Methode der Differentiation und Integration, die in voller Erkenntnis der Tatsache, daß jeder dieser beiden Prozesse das Inverse des anderen bedeutet, abgeleitet wurde, konnte nur von Männern entdeckt werden, die sowohl die geometrische Methode der Griechen und von Cavalieri als auch die algebraische Methode von Descartes und Wallis beherrschten. Solche Männer konnten erst nach 1660 in Erscheinung treten, und sie traten tatsächlich in Gestalt von Newton und Leibniz auf. Viel ist schon über die Priorität der Entdeckung geschrieben worden, aber es ist heute klargestellt, daß beide Forscher ihre Ergebnisse unabhängig voneinander gefunden haben. Newton besaß die Differential- und Integralrechnung zuerst (Newton 1665/66, Leibniz 1673/76), aber Leibniz veröffentlichte sie zuerst (Leibniz 1684/86, Newton 1704/36). Die Leibnizsche Darstellungweise war wesentlich eleganter als die von Newton.

Isaac Newton war der Sohn eines Hofbesitzers in Lincolnshire in England. Er studierte in Cambridge bei Isaac Barrow, der die Lucasische Professur im Jahre 1669 seinem Schüler übertrug. Newton blieb bis 1696 in Cambridge, als er die Stellung eines Aufsehers und später des Präsidenten der Münze annahm. Seine überragende Autorität geht in erster Linie auf seine „Philosophiae naturalis principia mathematica" (1687) zurück, ein einzigartiges Werk, das der Mechanik eine axiomatische Grundlage gibt und das Gravitationsgesetz enthält — das Gesetz, nach dem ein Apfel zur Erde fällt und das den Mond auf seiner Bahn um

[1]) Erster Entwurf der Skizze eines Versuchs, die Ereignisse beim Zusammentreffen eines Kegels mit einer Ebene zu erfassen.

die Erde hält. Er zeigte durch strenge mathematische Beweisführung, wie die empirisch aufgestellten Keplerschen Gesetze der Planetenbewegung durch das Gravitationsgesetz der reziproken Quadrate erklärt werden konnten, und lieferte eine dynamische Erklärung vieler Tatsachen der Bewegung schwerer Körper und der Gezeiten. Er löste das Zweikörperproblem für Kugeln und legte den Grundstein zu einer Theorie der Mondbewegung. Durch die Lösung des Problems der Massenanziehung von Kugeln schuf er auch die Grundlage der Potentialtheorie. Seine axiomatische Darstellung erforderte die Annahme des absoluten Raumes und der absoluten Zeit.

Die geometrische Form der Beweise ließ kaum erkennen, daß der Autor im vollen Besitz der Differential- und Integralrechnung war, die er „Theorie der Fluxionen" nannte. Newton entdeckte seine allgemeine Methode in den Jahren 1665/66, als er in seinem Geburtsort auf dem Lande weilte, um sich vor der Pest zu schützen, die Cambridge heimsuchte. Aus dieser Zeit stammen auch seine grundlegenden Ideen über die allgemeine Gravitation sowie über die Zusammensetzung des Lichts. „In der Geschichte der Wissenschaft sind keine anderen Beispiele großer Leistungen bekannt, die mit denen von Newton während jener beiden goldenen Jahre verglichen werden könnten", bemerkt Professor More[1]).

Newtons Entdeckung der „Fluxionen" hing sehr eng mit seinem Studium der unendlichen Reihen in Wallis' „Arithmetica" zusammen. So kam er darauf, den binomischen Satz auf gebrochene und negative Exponenten zu verallgemeinern, und wurde zur Entdeckung der binomischen Reihe geführt. Dies wiederum half ihm sehr bei der Ausarbeitung seiner Theorie der Fluxionen für „alle" Funktionen, sowohl algebraische als auch transzendente. Eine „Fluxion", die durch einen über den Buchstaben gesetzten Punkt ausgedrückt wurde („punktierte Buchstaben"), war ein endlicher Wert, eine Geschwindigkeit; die Buchstaben ohne den Punkt stellten „Fluenten" dar.

---

[1]) L. T. More, *Isaac Newton, A Biography* (New York—London 1934), S. 41.

Nachstehend ein Beispiel dafür, in welcher Weise Newton seine Methode erklärte („Methode der Fluxionen", 1736): Die Variablen für Fluenten werden mit $v, x, y, z, \ldots$ bezeichnet, „und die Geschwindigkeiten, mit denen jede Fluente durch ihre Bewegung vergrößert wird (die ich Fluxionen oder einfach Geschwindigkeiten nennen will), werde ich durch dieselben (punktierten) Buchstaben bezeichnen, also $\dot{v}, \dot{x}, \dot{y}, \dot{z}$". Die infinitesimalen Größen werden bei Newton „Momente der Fluxionen" genannt und durch $\dot{v}o, \dot{x}o, \dot{y}o, \dot{z}o$ bezeichnet, wobei o „eine unendlich kleine Größe" ist. Newton fährt dann fort:

„So sei eine beliebige Gleichung $x^3 - ax^2 + axy - y^3 = 0$ gegeben. Man setze darin $x+\dot{x}o$ für x, $y+\dot{y}o$ für y und erhält dann

$$x^3 + 3x^2\dot{x}o + 3x\dot{x}o\dot{x}o + \dot{x}^3o^3 - ax^2 - 2ax\dot{x}o - a\dot{x}o\dot{x}o + axy + ay\dot{x}o + a\dot{x}o\dot{y}o + ax\dot{y}o - y^3 - 3y^2\dot{y}o - 3y\dot{y}o\dot{y}o - \dot{y}^3o^3 = 0.$$

Nun gilt nach Voraussetzung $x^3 - ax^2 + axy - y^3 = 0$, so daß sich nach Streichung dieser Größen und Division des verbleibenden Ausdrucks durch o ergibt:

$$3x^2\dot{x} - 2ax\dot{x} + ay\dot{x} + ax\dot{y} - 3y^2\dot{y} + 3x\dot{x}\dot{x}o - a\dot{x}\dot{x}o + a\dot{x}\dot{y}o - 3y\dot{y}\dot{y}o + \dot{x}^3oo - \dot{y}^3oo = 0.$$

Da aber o als unendlich klein vorausgesetzt wird, so daß es Momente von Größen darstellen kann, ergeben die damit multiplizierten Ausdrücke im Vergleich zu den übrigen nichts. Ich lasse sie deshalb weg, und es bleibt übrig:

$$3x^2\dot{x} - 2ax\dot{x} + ay\dot{x} + ax\dot{y} - 3y^2\dot{y} = 0."$$

Dieses Beispiel zeigt, daß Newton unter seinen Ableitungen in erster Linie Geschwindigkeiten verstand, es zeigt aber auch, daß in seiner Ausdrucksweise eine gewisse Unbestimmtheit lag. Bedeuten die Symbole „o" Nullen? Sind es infinitesimale Größen? Oder sind es endliche Größen? Newton hat versucht, seinen Standpunkt durch die Theorie der „ersten und letzten Verhältnisse" zu erklären, die er in den „Principia" einführte und die den Limesbegriff enthielt, aber in einer solchen Form, daß er nur sehr schwer zu verwenden war.

„Jene letzten Verhältnisse, die sich aus verschwindenden Größen ergeben, sind in Wahrheit nicht die Verhältnisse von letzten Größen, sondern Grenzwerte, gegen welche die Verhältnisse von unbegrenzt abnehmenden Größen stets konvergieren und denen sie sich mehr nähern als bis auf eine beliebig vorgegebene Differenz, die sie aber nie überschreiten noch wirklich erreichen, bis die Größen unendlich klein geworden sind" (Principia I, Sect. I, letzte Anmerkung).

„Größen und das Verhältnis von Größen, die in beliebiger endlicher Zeit unaufhörlich der Gleichheit zustreben und sich vor Ablauf dieser Zeit näherkommen als bis auf eine beliebig vorgegebene Differenz, werden zuletzt gleich" (Principia I, Sect. I, Lemma I).

Das war durchaus nicht klar, und die Schwierigkeiten, die mit dem Verständnis der Newtonschen Theorie der Fluxionen verknüpft waren, führten zu vielen Verwirrungen und zu scharfer Kritik durch Bischof Berkeley im Jahre 1734. Die Mißverständnisse wurden erst beseitigt, als der moderne Grenzwertbegriff einwandfrei entwickelt worden war.

Newton schrieb auch über Kegelschnitte und ebene kubische Kurven. In dem Werk „Enumeratio linearum tertii ordinis"(1704) gab er eine Klassifikation der ebenen kubischen Kurven in 72 Arten, wobei er sich auf seinen Satz stützte, daß jede derartige Kurve aus einer „divergenten Parabel" $y^2 = ax^3 + bx^2 + cx + d$ durch Zentralprojektion einer Ebene auf eine andere Ebene erhalten werden kann. Das war das erste bedeutsame neue Ergebnis, das durch Anwendung der Algebra auf die Geometrie erzielt wurde, da alle vorangehenden Arbeiten lediglich die Übersetzung des Apollonius in die Ausdrucksweise der Algebra darstellten. Eine andere Leistung von Newton war seine Methode zur genäherten Bestimmung der Wurzeln von Zahlengleichungen, die er an dem Beispiel $x^3 - 2x - 5 = 0$ auseinandersetzte, wobei sich $x = 2{,}09455147$ ergibt.

Die Schwierigkeit, den Einfluß Newtons auf seine Zeitgenossen richtig einzuschätzen, beruht auf der Tatsache, daß er ständig zögerte, seine Entdeckungen zu veröffentlichen. Er prüfte das Gesetz der allgemeinen Massenanziehung zuerst in den Jahren 1665/66, machte es aber nicht eher bekannt, als bis er das Manuskript des größten Teils der „Principia" an den Drucker gab

(1686). Seine „Arithmetica universalis", die seine von 1673—1683 gehaltenen Algebravorlesungen enthielt, wurde 1707 veröffentlicht. Sein Werk über Reihen, das aus dem Jahre 1669 stammt, wurde 1676 in einem Brief an Oldenburg angekündigt und erschien 1711 im Druck. Seine Quadratur der Kurven aus dem Jahre 1693 wurde erst 1704 veröffentlicht; hier wurde die Theorie der Fluxionen zum erstenmal der Fachwelt vorgelegt. Seine „Methode der Fluxionen" selbst erschien erst nach seinem Tode im Jahre 1736.

8. Gottfried Wilhelm Leibniz wurde in Leipzig geboren und verbrachte den größten Teil seines Lebens am Hofe von Hannover im Dienst der Herzöge, von denen einer unter dem Namen Georg I. König von England wurde. Leibniz war in seiner Denkweise stärker katholisch eingestellt als die anderen großen Denker seines Jahrhunderts; neben Philosophie befaßte er sich mit Geschichte, Theologie, Sprachwissenschaften, Biologie, Geologie, Mathematik, Diplomatie und mit der Kunst, Erfindungen zu machen. Er war einer der ersten nach Pascal, der eine Rechenmaschine erfand; er faßte den Gedanken an Dampfmaschinen, studierte chinesische Philosophie und versuchte, die Einheit Deutschlands zu fördern. Dieses Suchen nach einer universellen Methode, mit der man Wissen erlangen, Erfindungen machen und das Wesen der Einheit des Universums verstehen konnte, war die Haupttriebfeder seines Lebens. Die „Scientia generalis", die er aufzubauen versuchte, besaß viele Seiten, und einige von ihnen führten Leibniz zu mathematischen Entdeckungen. Sein Forschen nach einer „characteristica generalis" führte zu Permutationen, Kombinationen und zur symbolischen Logik; sein Suchen nach einer „lingua universalis", in der alle Fehler des Denkens in Gestalt von Rechenfehlern erscheinen sollten, führte nicht nur zur symbolischen Logik, sondern auch zu vielen Neuerungen in mathematischen Bezeichnungen. Leibniz war einer der größten Erfinder mathematischer Symbole. Wenige Menschen haben die Einheit von Form und Inhalt so gut verstanden. Seine Erfindung des „Kalküls" muß auf diesem philosophischen Hintergrund verstanden werden; sie war das Ergebnis seines Forschens nach

einer „lingua universalis“ der Veränderung und insbesondere der Bewegung.

Leibniz fand seinen Kalkül zwischen 1673 und 1676 in Paris unter dem persönlichen Einfluß von Huygens und durch das Studium von Descartes und Pascal. Er wurde dazu durch die Nachricht angeregt, daß Newton im Besitz einer solchen Methode sein sollte. Während Newtons Vorgehen in erster Linie kinematisch orientiert war, war das von Leibniz geometrischer Natur; er dachte in der Sprache des „charakteristischen Dreiecks“ (dx, dy, ds), das schon in mehreren anderen Schriften aufgetaucht war, besonders bei Pascal und in Barrows „Geometrical Lectures“ von 1670.[1]) Die erste Veröffentlichung der Leibnizschen Form der Differential- und Integralrechnung geschah 1684 in einem sechs Seiten langen Artikel in den „Acta Eruditorum“, einer mathematischen Zeitschrift, die 1682 gegründet worden war. Die Arbeit hatte den charakteristischen Titel „Nova methodus pro maximis et minimis, itemque tangentibus, quae nec fractas nec irrationales quantitatas moratur, et singulare pro illi calculi genus“[2]). Es war eine trockene und dunkle Darlegung, aber sie enthielt unsere Symbole dx, dy und die Differentiationsregeln einschließlich $d(uv) = udv + vdu$ und des Differentials für den Quotienten sowie die Bedingung $dy = 0$ für Extremwerte und $d^2y = 0$ für Wendepunkte. Dieser Arbeit folgte 1686 eine weitere mit den Regeln der Integralrechnung, die das Symbol $\int$ enthielt (sie war in Form einer Buchbesprechung geschrieben). Sie drückte die Gleichung der Zykloide wie folgt aus:

$$y = \sqrt{2x - x^2} + \int \frac{dx}{\sqrt{2x - x^2}}.$$

[1]) Der Ausdruck „triangulum characteristicum“ scheint zuerst von Leibniz gebraucht worden zu sein, der ihn bei der Lektüre von Pascals *Traité des sinus du quart de cercle* fand, der einen Teil seiner Dettonville-Briefe (1658) bildete. Er war schon in Snellius' *Tiphys Batavus* (1624), S. 22–25, aufgetreten.

[2]) „Eine neue Methode für Maxima und Minima sowie für Tangenten, die durch gebrochene und irrationale Werte nicht beeinträchtigt wird, und eine merkwürdige Art des Kalküls dafür.“

Eine ungewöhnlich fruchtbare Periode mathematischer Schaffenskraft wurde durch die Veröffentlichungen dieser Arbeiten eingeleitet. Nach 1687 war Leibniz eng mit den Brüdern Bernoulli verbunden, die seine Methoden begierig aufnahmen. Noch vor 1700 hatten diese Männer das meiste von dem gefunden, was heute den Studenten in der Differential- und Integralrechung geboten wird, dazu aber wichtige Teile höherer Gebiete einschließlich der Lösung einiger Probleme aus der Variationsrechnung. 1696 erschien das erste Lehrbuch über Differential- und Integralrechnung, die „Analyse des infiniment petits" des Marquis de l'Hospital, eines Schülers von Johann Bernoulli, ein Werk, das sich auf die Bernoullischen Vorlesungen über den Differentialkalkül stützt. Dieses Buch enthält die sogenannte „l'Hospitalsche Regel" zur Bestimmung des Grenzwertes eines Quotienten, bei dem Zähler und Nenner beide gegen Null gehen.

Unsere Bezeichnungen in der Differential- und Integralrechnung gehen auf Leibniz zurück, sogar die Namen „calculus differentialis" und „calculus integralis"[1]). Unter seinem Einfluß wird das Zeichen = für die Gleichheit und der Malpunkt für die Multiplikation verwendet. Auch die Ausdrücke „Funktion" und „Koordinaten" gehen auf Leibniz zurück, ebenso wie der bildhafte Ausdruck „Oskulieren". Die Reihen

$$\frac{\pi}{4} = \frac{1}{1} - \frac{1}{3} + \frac{1}{5} - \frac{1}{7} + - \cdots,$$

$$\operatorname{arctan} x = x - \frac{x^3}{3} + \frac{x^5}{5} - + \cdots$$

werden nach Leibniz benannt, obwohl ihm nicht die Priorität ihrer Entdeckung gebührt. (Sie scheinen auf James Gregory, einen vielversprechenden schottischen Mathematiker, zurückzugehen, der auch versuchte, die Unmöglichkeit der Quadratur des Kreises mit Zirkel und Lineal zu beweisen.)

---

[1]) Leibniz schlug zuerst den Namen „calculus summatorius" vor, aber 1696 einigten sich Leibniz und Johann Bernoulli auf den Namen „calculus integralis". Die moderne Analysis ist zum früheren Fachausdruck von Leibniz zurückgekehrt. Siehe außerdem: F. Cajori, *Leibniz, the Master Builder of Mathematical Notations*, Isis 7, 412—429 (1925).

Die Leibnizsche Erklärung der Grundlagen des neuen Kalküls litt unter derselben Unbestimmtheit wie die Newtonsche. Manchmal waren seine dx, dy endliche Größen, manchmal aber Größen, die kleiner als jede angebbare Zahl und doch nicht Null waren. Mangels strenger Definition gab er Analogien an und verwies auf die Beziehung zwischen dem Radius der Erde und der Entfernung der Fixsterne. Er bediente sich unterschiedlicher Verfahren bei der Behandlung von Fragen, die das Unendliche betreffen; in einem seiner Briefe (an Foucher, 1693) nahm er die Existenz des aktualen Unendlichen an, um die Schwierigkeiten von Zeno zu überwinden, und lobte Grégoire de Saint Vincent, der die Stelle berechnet hatte, wo Achilles die Schildkröte trifft. Und ebenso, wie Newtons Unbestimmtheit die Kritik von Berkeley hervorrief, so verursachte die Leibnizsche Unbestimmtheit den Widerspruch von Bernard Nieuwentijt, der Bürgermeister von Purmerend in der Nähe von Amsterdam war (1694). Sowohl die Kritik von Berkeley als auch die von Nieuwentijt hatte ihre Berechtigung, aber sie waren völlig negativ. Sie vermochten nicht, eine strenge Begründung für den Kalkül zu liefern, jedoch gaben sie die Anregung zu weiterer schöpferischer Arbeit, besonders die Spitzfindigkeiten von Berkeley.

Literatur

Die gesammelten Werke von Kepler, Descartes, Pascal, Huygens, Galilei, Torricelli und Fermat sind in modernen Ausgaben erhältlich, die von Leibniz in einer etwas älteren (unvollständigen) und die von Newton in einer sogar noch älteren (gleichfalls unvollständigen) Ausgabe, letztere auch in einer neueren Ausgabe in russischer Sprache. Die „Royal Society" hat jetzt die Ausgabe der Newtonschen Briefe übernommen; drei Bände sind bereits erschienen:

Correspondence of Isaac Newton, ed. H. W. Turnbull (Cambridge 1959—61).

Zur Entdeckung der Differential- und Integralrechnung siehe:

C. B. Boyer, *The History of the Calculus* (New York 1959), besonders Kap. IV und V. Dieses Buch enthält eine große Bibliographie.

Über den historischen und technischen Hintergrund:

H. Grossman, *Die gesellschaftlichen Grundlagen der mechanistischen Philosophie und die Manufaktur*, Z. Sozialforschung *4*, 161–231 (1935).

R. K. Merton, *Science, Technology and Society in the Seventeenth Century*, Osiris *4* (1938).

Über die führenden Mathematiker:

J. F. Scott, *The Mathematical Works of John Wallis D.D., F.R.S.* (London 1938).

A. Prag, *John Wallis. Zur Ideengeschichte der Mathematik im 17. Jahrhundert*. Quellen und Studien B[1], S. 381–412 (1930).

Siehe auch T. P. Num, Math. Gaz. *5* (1910/1911).

I. Barrow, *Geometrical lectures*, übersetzt und herausgegeben von J. M. Child (Chicago 1916).

A. E. Bell, *Christiaan Huygens and the Development of Science in the Seventeenth Century* (London 1948).

L. T. More, *Isaac Newton. A Biography* (New York–London 1934).

Siehe auch

S. I. Wawilow, *Isaac Newton* (Übersetzung aus dem Russischen; Berlin 1951).

I. Newton, *Principia*. Englisch herausgegeben von F. Cajori (Universität von Kalifornien 1934). Auch eine deutsche Ausgabe existiert.

Sammlungen von Arbeiten über Newton sind veröffentlicht worden von der History of Science Soc. (Baltimore 1928), von der Math. Assoc. (London 1927) und von der Roy. Soc. (Cambridge 1947). Es existiert eine russische Gesamtausgabe der Werke Newtons.

Siehe auch H. W. Turnbull, *The Mathematical Discoveries of Newton* (Glasgow 1945).

J. M. Child, *The Early Mathematical Manuscripts of Leibniz*, übersetzt aus den lateinischen Texten (Chicago 1920).

J. E. Hofmann, *Die Entwicklungsgeschichte der Leibnizschen Mathematik* (München 1949). Andere Studien von J. E. Hofmann über Mathematiker des 17. Jahrhunderts sind den umfangreichen bibliographischen Angaben seiner auf S. XI erwähnten *Geschichte der Mathematik* zu entnehmen.

G. Milhaud, *Descartes savant* (Paris 1921).

R. Taton, *L'œuvre mathématique de G. Desargues* (Paris 1951).

[H. W. Turnbull (Hrsgb.)] *James Gregory tercentenary memorial volume* (London 1939). Siehe auch M. Dehn — E. D. Hellinger, Amer. Math. Monthly *50* (1943), S. 149—163.

K. Haas, *Die mathematischen Arbeiten von Johann Hudde*, Centaurus *4*, 235—284 (1956).

E. A. Fellman, *Die mathematischen Werke von Honoratius Fabri*, Physis *1*, 1—54 (1959).

D. T. Whiteside, *Patterns of mathematical thought in the later seventeenth century*, Archive for history of exact sciences *1*, 179—388 (1961).

H. Bosmans (s. S. 105) veröffentlichte Arbeiten über:

Tacquet [Isis *9*, 66—83 (1927—1928)], Stevin [Mathesis *37*, 1923; Ann. Soc. Sci. Bruxelles *37*, 171—199 (1913); Biographie nationale de Belgique], della Faille [Mathesis *41*, 5—11 (1927)], de Saint Vincent [Mathesis *38*, 250—256 (1924)].

O. Toeplitz, *Die Entwicklung der Infinitesimalrechnung I* (Berlin 1949).

Über Stevin außerdem:

G. Sarton, *Simon Stevin of Bruges*, Isis *21*, 241—303 (1934).

E. J. Dijksterhuis, *Simon Stevin* ('s Gravenhage 1943).

Siehe weiterhin:

Paul Tannery, *Notions historiques*, in J. Tannery, *Notions de mathématiques* (Paris 1903), S. 324—348.

V. O. Fleckenstein, *Der Prioritätsstreit zwischen Leibniz und Newton* (Basel—Stuttgart 1956).

L. Auger, *Un savant méconnu, Giles Personne de Roberval* 1602–1675 (Paris 1962).

J. E. Hofmann, *Aus der Frühzeit der Infinitesimalmethoden*, Arch. Hist. Exact Sci. *2*, 270–343 (1964–1965).

J. E. Hofmann, *Frans van Schooten der Jüngere* (Wiesbaden 1962).

C. J. Scriba, *The inverse method of tangents. A dialogue between Leibniz and Newton* (1675–1677), Arch. Hist. Exact Sci. *2*, 113–157 (1964–1965).

T. E. Mulcrone, *A catalog of Jesuit mathematicians*, Bull. Amer. Ass. of Jesuit Scientists, Eastern States Division, *41*, 83–90 (1964).

VII. DAS ACHTZEHNTE JAHRHUNDERT

1. Im achtzehnten Jahrhundert konzentrierte sich die mathematische Produktivität auf die Differential- und Integralrechnung und ihre Anwendung auf die Mechanik. Die bedeutendsten Namen können in der Art eines Stammbaumes angeordnet werden, um ihre geistige Verwandtschaft anzudeuten.

Leibniz (1646–1716);
die Gebrüder Bernoulli: Jakob (1654–1705), Johann (1667 bis 1748);
Euler (1707–1783);
Lagrange (1736–1813);
Laplace (1749–1827).

In enger Beziehung zu dem Werk dieser Männer stand die Tätigkeit einer Gruppe französischer Mathematiker, zu der insbesondere Clairaut, d'Alembert und Maupertuis gehörten, die ihrerseits mit den Philosophen der Aufklärung verbunden waren. Ihnen sind noch die Schweizer Mathematiker Lambert und Daniel Bernoulli hinzuzurechnen. Die wissenschaftliche Tätigkeit konzentrierte sich gewöhnlich im Umkreis von Akademien, unter denen die von Paris, Berlin und Petersburg hervorragten. Der Universitätsunterricht spielte demgegenüber eine geringe oder gar keine Rolle. In dieser Zeit wurden einige der führenden Länder Europas von Despoten regiert, die man in beschönigender Manier aufgeklärt genannt hat, von Friedrich II., Katharina der Großen; auch Ludwig XV. und Ludwig XVI. können dazu gerechnet werden. Einen Teil ihres Anspruchs auf Ruhm leiteten diese Despoten aus ihrer Freude daran her, Gelehrte in ihrer Umgebung zu wissen. Diese Freude war eine Art von geistigem Snobismus, der dadurch etwas gemildert wurde, daß sie einiges von der wichtigen Rolle begriffen, welche die Naturwissenschaft und die angewandte Mathematik bei der Verbesserung der Produktion und der Erhöhung der Schlagkraft der Armee spielen konnten. Man hat beispielsweise gesagt, daß die Vortrefflichkeit der französischen Flotte auf der Tatsache beruhte, daß die Meister des Schiffsbaus beim Bau von Fregatten und Linienschiffen teilweise mathematische Hilfsmittel heranzogen. Eulers Arbeiten sind voll von Anwendungen auf Fragen, die für Heer und Flotte von Bedeutung sind. Die Astronomie spielte weiterhin unter königlicher und kaiserlicher Schirmherrschaft eine hervorragende Rolle bei Anregungen zu mathematischer Forschungsarbeit.

2. Basel in der Schweiz, seit 1263 freie Reichsstadt, war bereits seit langem ein Mittelpunkt der Gelehrsamkeit. Schon zur Zeit des Erasmus war die Basler Universität ein bedeutendes Zentrum. Wie in den Städten Hollands blühten auch in Basel Kunst und Wissenschaft unter der Herrschaft von Kaufmannspatriziern. Zu diesen Basler Patriziern gehörte die Kaufmannsfamilie der Bernoullis, die im siebzehnten Jahrhundert aus Antwerpen nach Basel übergesiedelt war, nachdem ihre Heimatstadt von den Spaniern erobert worden war. Seit der zweiten Hälfte des siebzehnten Jahrhunderts bis in unsere Zeit hat diese Familie in jeder Generation Wissenschaftler hervorgebracht. Es ist tatsächlich schwierig, in der ganzen Geschichte der Wissenschaft eine Familie von vergleichbarer Höchstleistung zu finden.

Diese Höchstleistung beginnt mit zwei Mathematikern, Jakob und Johann Bernoulli. Jakob hatte Theologie, Johann Medizin studiert; als aber die Arbeiten von Leibniz in den „Acta eruditorum“ erschienen, faßten beide den Entschluß, Mathematiker zu werden. Sie wurden die ersten bedeutenden Schüler von Leibniz. Im Jahre 1687 übernahm Jakob den Lehrstuhl für Mathematik an der Universität Basel, wo er bis zu seinem Tode (1705) lehrte. 1697 wurde Johann Professor in Groningen; nach dem Tode seines

Bruders wurde er dessen Nachfolger auf dem Lehrstuhl in Basel, wo er dreiundvierzig Jahre, bis zu seinem Tode, blieb.

Jakob begann den Briefwechsel mit Leibniz im Jahre 1687. In beständigem Gedankenaustausch mit Leibniz und untereinander – oftmals in heftiger Rivalität miteinander – entdeckten die beiden Brüder nach und nach die in der kühnen Pioniertat von Leibniz enthaltenen Schätze. Die Reihe ihrer Ergebnisse ist lang und enthält nicht nur vieles von dem, was man heute in unseren elementaren Lehrbüchern der Differential- und Integralrechnung findet, sondern auch die Integration von vielen gewöhnlichen Differentialgleichungen. Unter den Leistungen von Jakob sind zu nennen: die Verwendung von Polarkoordinaten, das Studium der Kettenlinie, die schon von Huygens und anderen diskutiert worden war, die Lemniskate (1694) und die logarithmische Spirale. 1690 fand er die sogenannte Isochrone, die von Leibniz 1687 als diejenige Kurve eingeführt worden war, längs der ein Körper mit gleichmäßiger Geschwindigkeit fällt; sie ergab sich als semikubische Parabel. Jakob diskutierte auch isoperimetrische Figuren (1701), die auf ein Problem der Variationsrechnung führten. Die logarithmische Spirale, die die Eigenschaft besitzt, sich bei verschiedenen Transformationen zu reproduzieren (ihre Evolute ist wieder eine logarithmische Spirale, so daß beide Fußpunktkurve und Kaustik bezüglich des Pols sind), bereitete Jakob eine derartige Freude, daß er anordnete, diese Kurve mit der Inschrift „eadem mutata resurgo“[1]) solle auf seinem Grabstein eingemeißelt werden.

Jakob Bernoulli war auch einer der ersten Bearbeiter der Theorie der Wahrscheinlichkeit, worüber er die „Ars conjectandi“ schrieb, die 1713 posthum veröffentlicht wurde. Im ersten Teil dieses Buches ist die Huygenssche Abhandlung über die Glücksspiele neu abgedruckt; die anderen Teile behandeln Permutationen und Kombinationen und erreichen ihren Höhepunkt im „Bernoullischen Theorem“ über binomiale Verteilungen. Die „Bernoullischen Zahlen“ erscheinen in diesem Buch bei einer Diskussion des Pascalschen Dreiecks.

[1]) „Ich bleibe dieselbe, auch wenn ich verändert werde.“ Die Spirale auf dem Grabstein sieht jedoch wie eine Archimedische Spirale aus.

3. Das Werk von Johann Bernoulli war mit dem seines älteren Bruders eng verbunden, und es ist nicht immer leicht, die Ergebnisse dieser beiden Männer auseinanderzuhalten. Johann wird auf Grund seiner Arbeit zum Problem der Brachystochrone häufig als Entdecker der Variationsrechnung angesehen. Das ist die (ebene) Kurve der kürzesten Fallzeit für einen Massenpunkt, der sich unter dem Einfluß des Schwerefeldes bewegt, und die von Leibniz und den Bernoullis 1697 und in den folgenden Jahren studiert wurde. In dieser Zeit fanden sie die Gleichung der Geodätischen auf einer Fläche.[1]) Die Lösung des Problems der Brachystochrone ist die Zykloide. Diese Kurve liefert auch die Lösung des Problems der Tautochrone, d. h. derjenigen Kurve, längs der ein Massenpunkt im Gravitationsfeld den tiefsten Punkt nach einer von seinem Startpunkt unabhängigen Zeit erreicht. Huygens hatte diese Eigenschaft der Zykloide entdeckt und sie bei der Konstruktion von tautochronen Pendeluhren verwendet (1673), bei denen die Schwingungsdauer unabhängig von der Amplitude ist.

Unter den anderen Bernoullis, die die Entwicklung der Mathematik beeinflußt haben, befinden sich zwei Söhne von Johann, Nikolaus und vor allem Daniel.[2]) Nikolaus wurde nach Petersburg berufen, das erst wenige Jahre vorher von dem Zaren Peter dem Großen gegründet worden war; er starb nach kurzer Zeit. Das

[1]) Newton hatte schon in einer Anmerkung der „Principia“ (II, Satz 35) die Form eines Rotationskörpers diskutiert, der bei der Bewegung in einer Flüssigkeit den geringsten Widerstand erfährt. Er veröffentlichte aber keinen Beweis seiner Behauptungen.

[2])

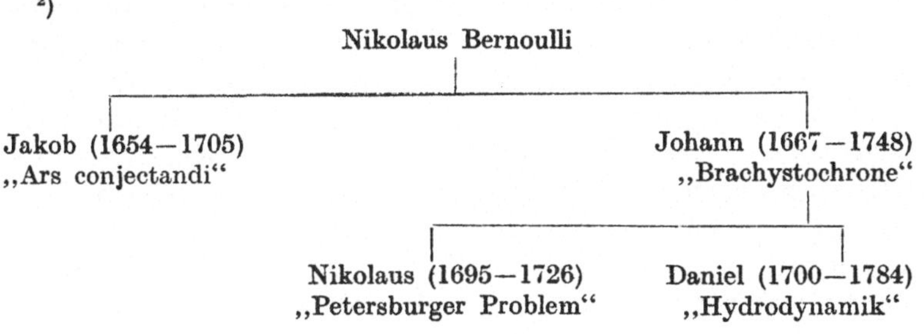

Problem aus der Theorie der Wahrscheinlichkeit, das er während seines Aufenthaltes in dieser Stadt stellte, ist als Petersburger „Problem“ (oder, dramatischer gesagt, „Paradoxon“) bekannt. Dieser Sohn von Johann starb in jungen Jahren, aber der andere, Daniel, erreichte ein hohes Alter. Bis 1777 war er Professor an der Universität Basel. Daniels reiche wissenschaftliche Tätigkeit war in der Hauptsache der Astronomie, Physik und Hydrodynamik gewidmet. Seine „Hydrodynamica“ erschien 1738, und einer der darin aufgestellten Sätze über den hydraulischen Druck trägt seinen Namen. Im gleichen Jahr stellte er die kinetische Gastheorie auf; mit d'Alembert und Euler entwickelte er die Theorie der schwingenden Saite. Während sein Vater und sein Onkel die Theorie der gewöhnlichen Differentialgleichungen entwickelten, leistete Daniel auf dem Gebiet der partiellen Differentialgleichungen Pionierarbeit.

4. Aus Basel stammte auch der produktivste Mathematiker des achtzehnten Jahrhunderts — wenn nicht aller Zeiten —, Leonhard Euler. Sein Vater studierte Mathematik bei Jakob Bernoulli und Leonhard bei Johann. Als Johanns Sohn Nikolaus 1725 nach Petersburg reiste, folgte ihm der junge Euler und blieb bis 1741 an der dortigen Akademie. Von 1741 bis 1766 arbeitete Euler an der Berliner Akademie, die unter der besonderen Schirmherrschaft Friedrichs II. stand; von 1766 bis 1783 war er wieder in Petersburg, nunmehr unter der Ägide der Kaiserin Katharina. Er heiratete zweimal und hatte dreizehn Kinder. Das Leben dieses Akademikers des achtzehnten Jahrhunderts war fast ausschließlich den verschiedenen Gebieten der reinen und der angewandten Mathematik gewidmet. Obwohl er 1735 das eine und 1766 das zweite Auge verlor, konnte nichts seine enorme Produktivität unterbrechen. Der erblindete Euler, der über ein phänomenales Gedächtnis verfügte, fuhr fort, seine Entdeckungen zu diktieren. Während seines Lebens erschienen 530 Bücher und Arbeiten; bei seinem Tode hinterließ er viele Manuskripte, die während der nächsten siebenundvierzig Jahre von der Petersburger Akademie veröffentlicht wurden. (Damit erhöhte sich die Anzahl seiner Werke auf 771,

aber durch Nachforschungen von Gustav Eneström wurde die Liste auf 886 ergänzt.)

Euler lieferte in allen Gebieten der Mathematik, die zu seiner Zeit existierten, maßgebliche Beiträge. Er veröffentlichte seine Ergebnisse nicht nur in Einzelarbeiten von verschiedener Länge, sondern auch in einer eindrucksvollen Zahl von großen Lehrbüchern, die das während der früheren Zeiten gesammelte Material ordneten und geschlossen darstellten. Auf einigen Gebieten war die Eulersche Darstellung so gut wie endgültig. Ein Beispiel dafür ist unsere heutige Trigonometrie mit ihrer Auffassung der trigonometrischen Werte als Verhältniszahlen und ihrer üblichen Schreibweise, die aus Eulers „Introductio in analysin infinitorum" (1748) stammt. Das überragende Ansehen seiner Lehrbücher bereinigte viele strittige Bezeichnungsfragen der Algebra und Infinitesimalrechnung für immer; Lagrange, Laplace und Gauß kannten Euler und übernahmen seine Bezeichnungen in allen ihren Werken.

Die „Introductio" von 1748 enthält in ihren zwei Bänden eine Vielzahl von verschiedenen Gegenständen. Sie gibt eine Darstellung der unendlichen Reihen einschließlich derjenigen für e^x, $\sin x$ und $\cos x$ und die Relation $e^{ix} = \cos x + i \sin x$ (die schon von Johann Bernoulli und anderen in ähnlichen Formen entdeckt worden war). Kurven und Flächen werden mit Hilfe ihrer Gleichungen so gewandt untersucht, daß man die „Introductio" als die erste lehrbuchmäßige Darstellung der analytischen Geometrie betrachten kann. Auch eine algebraische Eliminationstheorie ist darin enthalten. Zu den reizvollsten Teilen dieses Buches gehören das Kapitel über die Zetafunktion und ihre Beziehung zur Theorie der Primzahlen ebenso wie das Kapitel über die „partitio numerorum".[1])

Ein anderes großes und reichhaltiges Lehrbuch war Eulers Werk „Institutiones calculi differentialis" (1755), dem weitere drei Bände der „Institutiones calculi integralis" (1768—1774) folgten. Hier findet man nicht nur unsere elementare Differential- und

---

[1]) Siehe A. Speisers Vorrede zur *Introductio* in: Euler, *Opera* I, 9 (1945).

Integralrechnung, sondern auch eine Theorie der Differentialgleichungen, den Satz von Taylor mit zahlreichen Anwendungen, die Eulersche Summenformel und die Eulersche Γ- und B-Integrale. Der Abschnitt über Differentialgleichungen mit seiner Unterscheidung zwischen „linearen", „exakten" und „homogenen" Gleichungen dient noch heute als Muster unserer einschlägigen elementaren Lehrbücher.

Eulers „Mechanica, sive motus scientia analytice exposita" (1736) war das erste Lehrbuch, in dem die Newtonsche Dynamik des Massenpunktes mit analytischen Methoden entwickelt wurde. Ein Lehrbuch von 1765 enthält die Eulersche Gleichung für einen um einen Punkt rotierenden Körper. Die „Vollständige Anleitung zur Algebra" (1770), die deutsch geschrieben und einem Diener diktiert wurde, ist zum Vorbild für viele spätere Lehrbücher der Algebra geworden. Es führt bis zur Theorie der kubischen und biquadratischen Gleichungen und zu unbestimmten Gleichungen.

Im Jahre 1744 erschien Eulers „Methodus inveniendi lineas curvas maximi minimive proprietate gaudentes". Das war die erste Darstellung der Variationsrechnung; sie enthielt die Eulersche Differentialgleichung mit vielen Anwendungen einschließlich der Entdeckung, daß das Katenoid und die Schraubenfläche Minimalflächen sind. Viele andere Resultate von Euler finden sich in seinen kleineren Arbeiten, die manchen sogar heute wenig bekannten Edelstein enthalten. Zu den wohlbekannten Entdeckungen gehören der Eulersche Polyedersatz, der die Anzahl der Ecken (E), Kanten (K) und Flächen (F) eines geschlossenen Polyeders verknüpft ($E+F-K=2$)[1]), die Eulersche Gerade im Dreieck, die Kurven konstanter Breite (Euler nannte sie kreisähnliche Kurven) und die Eulersche Konstante C:

$$\lim_{n\to\infty}\left(1+\frac{1}{2}+\cdots+\frac{1}{n}-\log n\right)=0{,}577216\ldots$$

Einige Arbeiten sind mathematischen Unterhaltungen gewidmet (das Königsberger Brückenproblem, Rösselsprünge). Eulers Beiträge zur Zahlentheorie würden allein hinreichen, um ihm eine

[1]) Er war schon Descartes bekannt.

Nische in der Ruhmeshalle zu sichern; zu seinen Entdeckungen auf diesem Gebiet gehört das quadratische Reziprozitätsgesetz.

Ein großer Teil der Tätigkeit von Euler war der Astronomie gewidmet, wo die Mondtheorie, ein wichtiger Sonderfall des Dreikörperproblems und auch für die Lösung der uralten Frage der Längenbestimmung von Bedeutung, seine besondere Aufmerksamkeit auf sich zog. Die „Theoria motus planetarum et cometarum" (1774) ist eine Abhandlung über Himmelsmechanik. Verwandt mit dieser Arbeit war Eulers Studium der Anziehung von Ellipsoiden (1738).

Euler hat Bücher über Hydraulik, Schiffsbau und Artillerie geschrieben. 1769—1771 erschienen drei Bände einer „Dioptrica" mit einer Theorie des Strahlenvorlaufs beim Durchgang durch ein Linsensystem. Im Jahre 1739 erschien seine neue Theorie der Musik, von der man gesagt hat, daß sie zu musikalisch für Mathematiker und zu mathematisch für Musiker war. Eulers philosophische Darlegung der wichtigsten Probleme der Naturwissenschaft in seinen „Briefen an eine deutsche Prinzessin" (1760/61 geschrieben) sind ein Musterbeispiel einer populären Darstellung geblieben.

Die enorme Fruchtbarkeit Eulers bildet eine ständige Quelle der Überraschung und Bewunderung für jeden, der versucht hat, sein Werk zu studieren, übrigens eine Aufgabe, die nicht so schwierig ist, wie sie scheint, denn Eulers Latein ist sehr einfach, und seine Bezeichnungen sind fast modern — oder vielleicht sollte man besser sagen, daß die heutigen Bezeichnungen fast die gleichen wie bei Euler sind! Man kann eine lange Liste der bekannten Entdeckungen aufstellen, bei denen Euler die Priorität besitzt, und eine weitere Liste von Ideen, die es noch verdienen, bearbeitet zu werden. Große Mathematiker haben stets ihre Schuld gegenüber Euler betont. Laplace pflegte zu jüngeren Mathematikern zu sagen: „Lisez Euler, c'est notre maître à tous." (Lest Euler, er ist unser aller Meister.) Und Gauß drückte sich etwas gewichtiger so aus: „Das Studium der Werke Eulers bleibt die beste Schule in den verschiedenen Gebieten der Mathematik und kann durch nichts anderes ersetzt werden." Riemann kannte Eulers Werke sehr gut, und einige seiner tiefschürfenden Werke haben einen Eulerschen

Zug. Verleger können kaum etwas besseres tun, als Übersetzungen von einigen Werken Eulers unter Beifügung moderner Kommentare herauszubringen.

5. Es ist recht lehrreich, nicht nur einige von Eulers Beiträgen zur Wissenschaft darzulegen, sondern auch einige seiner Schwächen. Unendliche Prozesse wurden im achtzehnten Jahrhundert noch unsorgfältig gehandhabt, und vieles in den Werken der führenden Mathematiker jener Zeit mutet uns wie ein abenteuerlich-enthusiastisches Experimentieren an. Dieses Experimentieren betraf unendliche Reihen, unendliche Produkte und Integrationen sowie den Gebrauch solcher Symbole wie 0, ∞, $\sqrt{-1}$. Kann man manchen von Eulers Schlüssen heute zustimmen, so kommen auch andere vor, denen gegenüber wir Vorbehalte machen müssen. Wir stimmen beispielsweise Eulers Feststellung zu, daß $\log n$ unendlich viele Werte besitzt, die alle komplex sind, außer dann, wenn n positiv ist, in welchem Falle einer der Werte reell ist. Euler kam zu dieser Schlußfolgerung in einem Brief an d'Alembert (1747), der behauptet hatte, daß $\log(-1) = 0$ ist. Aber wir können Euler darin nicht folgen, wenn er $1 - 3 + 5 - 7 + - \cdots = 0$ setzt oder wenn er aus

$$n + n^2 + \cdots = \frac{n}{1-n} \text{ und } 1 + \frac{1}{n} + \frac{1}{n^2} + \cdots = \frac{n}{n-1}$$

auf $\cdots + \frac{1}{n^2} + \frac{1}{n} + 1 + n + n^2 + \cdots = 0$ schließt.

Doch man muß Zurückhaltung üben und sollte Euler wegen seiner Art, mit unendlichen Reihen umzugehen, nicht zu vorschnell kritisieren; er verwendete einfach nicht immer einige unserer heutigen Konvergenz- oder Divergenzkriterien als Richtschnur für die Gültigkeit der von ihm behandelten Reihen. Viele der von ihm durch unbekümmertes Arbeiten mit Reihen gewonnene Ergebnisse sind durch die moderne Mathematik in strenger Weise umgedeutet und gerechtfertigt worden.

Jedoch kann man Eulers Verfahren, der Infinitesimalrechnung Nullen verschiedener Ordnung zugrunde zu legen, nicht gutheißen. Eine unendlich kleine Größe, schrieb Euler in seiner „Differentialrechnung" von 1755, ist wirklich Null,

$$a \pm n\,dx = a,^{1)}\; dx \pm (dx)^{n+1} = dx \quad \text{und} \quad a\sqrt{dx} + C\,dx = a\sqrt{dx}.$$

„Daher existieren unendlich viele Ordnungen von unendlich kleinen Größen, die, obwohl sie alle $=0$ sind, wohl voneinander zu unterscheiden sind, wenn man auf ihre gegenseitige Beziehung achtet, die als ein geometrisches Verhältnis erklärt ist."

In der ganzen Frage der Begründung der Infinitesimalrechnung blieben Meinungsverschiedenheiten bestehen, und dasselbe galt für alle Fragen, die sich auf unendliche Prozesse beziehen. Die „mystische" Periode in der Begründung der Infinitesimalrechnung (um einen von Karl Marx vorgeschlagenen Ausdruck zu gebrauchen) brachte einen Mystizismus hervor, der gelegentlich weit über den der geistigen Väter des Kalküls hinausging. Guido Grandi, ein Mönch und Professor in Pisa, der wegen seines Studiums von Rosetten ($r = \sin n\,\theta$) und anderen Kurven, die Blumen ähneln, bekannt ist, betrachtete die Formel

$$1 - 1 + 1 - 1 + 1 - \cdots = \begin{cases} 1 - (1-1) - (1-1) - \cdots & = 1 \\ (1-1) + (1-1) + (1-1) + \cdots & = 0, \end{cases}$$

somit $$1 - 1 + 1 - 1 + 1 - \cdots = \frac{1}{2},$$

als das Symbol für die Schöpfung aus dem Nichts. Er erhielt das Ergebnis $\frac{1}{2}$ durch die Interpretation, daß ein Vater seinen beiden Söhnen einen Edelstein hinterläßt, den jeder der beiden abwechselnd ein Jahr lang behalten darf. Er gehört dann jedem Sohn zur Hälfte.

Eulers Begründung der Differentialrechnung mag ihre Schwächen gehabt haben, aber er drückte seinen Standpunkt wenigstens ohne Unbestimmtheit aus. D'Alembert versuchte in einigen Artikeln der „Encyclopédie" eine Begründung mit anderen Hilfsmitteln zu

[1]) Diese Formel erinnert an eine Behauptung, die von Simplicius dem Zeno zugeschrieben wird: „Dasjenige, was bei Addition zu einem anderen dieses nicht größer macht und bei Wegnahme von einem anderen dieses nicht kleiner macht, ist nichts."

geben. Newton hatte den Ausdruck „erstes und letztes Verhältnis" für die „Fluxion" als das erste und letzte Verhältnis von zwei Größen verwendet, die eben zu entstehen beginnen. D'Alembert ersetzte diesen Begriff durch die Idee eines *Grenzwertes.* Er nannte eine Größe den Grenzwert einer anderen, wenn die zweite der ersten näherkommt als bis auf eine beliebig vorgegebene (von 0 verschiedene) Größe. „Die Differentiation von Gleichungen besteht einfach darin, die Grenzwerte des Verhältnisses von endlichen Differenzen zweier in der Gleichung enthaltener Veränderlicher zu finden." Das war ein großer Schritt vorwärts, wie es auch d'Alemberts Idee von infinitesimalen Größen verschiedener Ordnungen war. Seine Zeitgenossen waren jedoch nicht so schnell von der Bedeutung des neuen Schrittes überzeugt, und wenn d'Alembert sagte, daß die Sekante zur Tangente wird, falls die beiden Schnittpunkte zusammenfallen, merkte man, daß er die in den Zenonschen Paradoxien liegenden Schwierigkeiten nicht überwunden hatte. Erreicht eine Variable nach alledem ihren Grenzwert, oder erreicht sie ihn niemals?

Wir haben bereits über die Kritik des Bischofs Berkeley an den Newtonschen Fluxionen berichtet. George Berkeley, erster Dean of Derry, nach 1734 Bischof von Cloyne in Südirland und von 1729 bis 1731 Resident von Newport (Rhode Island, USA), ist in erster Linie auf Grund seines extremen Idealismus („esse est percipi") bekannt. Er mißbilligte die Unterstützung, die die Newtonsche Wissenschaft dem Materialismus gewährte, und griff die Theorie der Fluxionen im „Analyst" von 1734 an. Er verspottete die infinitesimalen Größen als „Geister von abgeschiedenen Größen"; erfährt x den Zuwachs o, dann ist der durch o geteilte Zuwachs von x^n gleich $nx^{n-1} + \frac{n(n-1)}{1\cdot 2} x^{n-2} \cdot o + \cdots$. Das erhält man, indem man o als verschieden von Null voraussetzt. Die Fluxion von x^n, also nx^{n-1}, ergibt sich aber im Widerspruch dazu, indem man o als Null annimmt, so daß die Voraussetzung plötzlich beiseite geschoben wird, daß o verschieden von Null sein sollte. Das war der „offensichtliche Sophismus", den Berkeley in der Infinitesimalrechnung entdeckt hatte, und er glaubte, daß ihre richtigen Resultate durch eine Kompensation von Fehlern erzielt würden. Die Fluxionen waren logisch unhaltbar. „Aber wahrlich braucht jemand, der eine zweite oder dritte Fluxion, eine zweite oder dritte Differenz verträgt", rief Berkeley dem „ungläubigen Mathematiker", an den er sich wandte (Halley), zu, „so dünkt mich, in gar keinem Punkt der Theologie etwas am Zeuge zu flicken." Dies ist nicht der einzige Fall, in dem eine ernste Schwierigkeit in einer Wissenschaft dazu ausgenutzt wurde, um eine idealistische Philosophie zu stützen.

John Landen, ein autodidaktischer englischer Mathematiker, dessen Name in der Theorie der elliptischen Integrale fortlebt, versuchte, die Schwierigkeiten bei der Begründung der Infinitesimalrechnung auf seine Weise zu beheben. In der „Residual analysis" (1764) begegnete er der Berkeleyschen Kritik, indem er infinitesimale Größen ganz und gar vermied; die Ableitung von x^3 wurde beispielsweise gefunden, indem man x in x_1 verwandelte, wonach der Ausdruck

$$\frac{x_1^3 - x^3}{x_1 - x} = x_1^2 + x x_1 + x^2$$

den Wert $3x^2$ annimmt, wenn $x = x_1$ ist. Da dieses Verfahren unendliche Reihen benötigt, wenn die Funktionen komplizierter sind, besitzt die Methode von Landen eine gewisse Verwandtschaft zu der „algebraischen" Methode von Lagrange.

6. Obwohl Euler unstreitig der führende Mathematiker dieser Zeit war, entstanden in Frankreich weiterhin Werke von großer Originalität. Hier wurde die Mathematik, stärker als in irgendeinem anderen Lande, als die Wissenschaft angesehen, die die Theorie von Newton vervollkommnen sollte. Die Theorie der universellen Gravitation übte auf die Philosophen der Aufklärung eine große Anziehungskraft aus, die sie als Waffe in ihrem Kampf gegen die Reste des Feudalismus benutzten. Die katholische Kirche hatte Descartes im Jahre 1664 auf den Index gesetzt, aber um 1700 waren seine Lehren sogar in konservativen Kreisen in den Mittelpunkt des Interesses gerückt. Die Frage Newtonianismus gegen Cartesianismus wurde eine Zeitlang ein Thema von größtem

Interesse, und zwar nicht nur in gelehrten Zirkeln, sondern auch in den Salons. Voltaires „Lettres sur les Anglais“ (1734) trugen viel dazu bei, Newton dem französischen Lesepublikum zugänglich zu machen; Voltaires Freundin, Frau du Châtelet, übersetzte sogar die „Principia“ ins Französische (1759). Ein besonderer Streitpunkt zwischen den beiden Schulen war die Gestalt der Erde. In der von den Cartesianern verfochtenen Kosmogonie war die Erde an den Polen verlängert; die Theorie von Newton verlangte, daß sie abgeplattet war. Die kartesianischen Astronomen Cassini (Jean Dominique, der Vater, und Jacques, der Sohn; der Vater ist in der Geometrie auf Grund der „Cassinischen Kurve“ [1680] bekannt) hatten zwischen 1700 und 1720 einen Meridianbogen in Frankreich gemessen und die Cartesische Schlußfolgerung bestätigt. Es entstand ein Streit, an dem viele Mathematiker teilnahmen. Im Jahre 1735 wurde eine Expedition nach Peru geschickt, der 1736/37 eine andere unter Leitung von Pierre de Maupertuis an den Torne-Älv in Schweden (Lappland) folgte, um einen Längengrad auszumessen. Das Ergebnis beider Expeditionen war ein Triumph sowohl für die Newtonsche Theorie als auch für Maupertuis selbst. Der nunmehr berühmte „grand aplatisseur“ („große Abplatter“) wurde Präsident der Berliner Akademie und sonnte sich viele Jahre hindurch in der Sonne seines Ruhmes am Hofe Friedrichs II. Dies dauerte bis 1750, als er in einen lebhaften Streit mit dem Schweizer Mathematiker Samuel König geriet, der das (vielleicht schon von Leibniz ausgesprochene) Prinzip der kleinsten Wirkung in der Mechanik betraf. Maupertuis suchte, wie vordem Fermat und nach ihm Albert Einstein, nach einem gewissen allgemeinen Prinzip, mit dessen Hilfe die Gesetze des Universums zusammengefaßt werden konnten. Die Formulierung von Maupertuis war nicht klar, denn er definierte als „Wirkung“ die Größe mvs (m = Masse, v = Geschwindigkeit, s = Entfernung); er verband damit einen Beweis der Existenz Gottes. Der Streit erreichte seinen Höhepunkt, als Voltaire in seinem Stück „Diatribe du docteur Akakia, Médecin du pape“ (1752) den unglücklichen Präsidenten verhöhnte. Weder die Unterstützung durch den König noch die Verteidigung durch Euler konnte die gesunkenen Lebensgeister von Maupertuis wieder heben, und der innerlich zerbrochene Mathematiker starb nicht lange danach in Basel im Hause der Bernoullis. Euler brachte das Prinzip der kleinsten Wirkung auf die Form, daß $\int mvds$ ein Minimum sein muß; weiter gab er den metaphysischen Auffassungen von Maupertuis nicht nach. Damit war das Prinzip auf eine gesunde Grundlage gestellt, auf der es von Lagrange[1]) und später von Hamilton verwendet wurde. Die allgemeine Verwendung der „Hamilton-Funktion" in der modernen mathematischen Physik zeigt deutlich den fundamentalen Charakter des Eulerschen Beitrages zum Streit zwischen Maupertuis und König.

Unter den Mathematikern, die mit Maupertuis nach Schweden gegangen waren, befand sich Alexis Claude Clairaut. Clairaut hatte mit achtzehn Jahren die „Recherches sur les courbes à double courbure" (Untersuchungen über die Kurven mit doppelter Krümmung) veröffentlicht, einen ersten Versuch, die analytische Geometrie und die Differentialgeometrie von Raumkurven zu behandeln. Nach seiner Rückkehr aus Schweden veröffentlichte Clairaut seine „Théorie de la figure de la terre" (Theorie der Erdgestalt) (1743), ein Standardwerk über das Gleichgewicht von Flüssigkeiten und die Anziehung von Rotationsellipsoiden. Laplace konnte es nur in kleineren Teilfragen verbessern. Unter den vielen darin enthaltenen Ergebnissen findet sich die Bedingung dafür, daß ein Differential $M\,dx + N\,dy$ exakt ist. Diesem Buch folgte die „Théorie de la lune" (Mondtheorie) (1752), die zu Eulers Theorie der Mondbewegung und zum allgemeinen Dreikörperproblem ergänzendes Material lieferte. Clairaut leistete auch Beiträge zur Theorie der Linienintegrale und zu Differentialgleichungen; einer der Typen, die er untersuchte, ist als Gleichung von Clairaut bekannt und lieferte eines der ersten bekannten Beispiele einer singulären Lösung.

7. Die geistige Opposition gegen das „ancien régime" sammelte sich nach 1750 um die berühmte „Encyclopédie", 28 Bände

[1]) Siehe E. Mach, *The Science of Mechanics* (Chicago 1893), S. 364, und R. Dugas, *Histoire de la mécanique* (Neufchâtel 1950).

(1751—1772). Der Herausgeber war Denis Diderot, unter dessen Leitung die Enzyklopädie eine eingehende Darstellung der Aufklärungsphilosophie gab. Diderots Kenntnisse in Mathematik waren nicht unbedeutend[1]), aber der führende Mathematiker unter den Enzyklopädisten war Jean Le Rond d'Alembert, der uneheliche Sohn einer Adligen, der in der Nähe der Kirche St. Jean Le Rond in Paris als Findling ausgesetzt worden war. Seine früh hervortretende glänzende Begabung erleichterte seine Laufbahn; im Jahre 1754 wurde er „secrétaire perpétuel" (ständiger Sekretär) der Französischen Akademie und in dieser Stellung der einflußreichste Wissenschaftler in Frankreich. 1743 erschien sein „Traité de dynamique" (Lehrbuch der Dynamik), worin das als „d'Alembertsches Prinzip" bekannte Verfahren enthalten ist, die Dynamik starrer Körper auf die Statik zu reduzieren. Er schrieb weiterhin über verschiedene Fragen der Anwendungen, insbesondere über Hydrodynamik, Aerodynamik und das Dreikörperproblem. Im Jahre 1747 erschien seine Theorie der schwingenden Saite, die ihn mit Euler und Daniel Bernoulli zum Begründer der Theorie der partiellen Differentialgleichungen werden ließ. Während

[1]) Es gibt eine oft wiederholte Geschichte über Diderot und Euler, nach welcher es Euler in einem öffentlichen Streitgespräch in Petersburg gelungen sein soll, den Freidenker Diderot in stärkste Verlegenheit zu versetzen, indem er behauptete, einen algebraischen Beweis für die Existenz Gottes zu besitzen: „Mein Herr, es gilt $(a + b^n)/n = x$; also existiert Gott; äußern Sie sich bitte dazu!" Das ist ein gutes Beispiel für eine schlechte Anekdote, denn der Wert einer Anekdote über eine historische Persönlichkeit liegt gerade in der Möglichkeit, verschiedene Seiten ihres Charakters schlaglichtartig zu erhellen; diese Anekdote dient nur dazu, den Charakter sowohl von Diderot als auch von Euler zu verdunkeln. Diderot kannte sich in Mathematik recht gut aus, hatte über Involutionen und Wahrscheinlichkeit geschrieben, und es ist kein Grund einzusehen, warum sich der besonnene Euler in der geschilderten tölpelhaften Art benommen haben sollte. Die Geschichte scheint von dem englischen Mathematiker de Morgan (1806—1873) aufgebracht worden zu sein. Siehe L. G. Krakeur — R. L. Krueger, Isis *31*, 431—432 (1940); auch *33*, 219—231 (1941). Es ist wahr, daß im achtzehnten Jahrhundert gelegentlich von der Möglichkeit eines algebraischen Beweises der Existenz Gottes die Rede war; Maupertuis hatte sich einen solchen zurechtgemacht, siehe *Diatribe* von Voltaire, *Oeuvres* 41 (Ausgabe 1821), S. 19; 30. Siehe auch B. Brown, Amer. Math. Monthly *49* (1944).

d'Alembert und Euler die Gleichung $Z_{tt} = k^2 \cdot Z_{xx}$ durch den Ansatz $z = f(x + kt) + \varphi(x - kt)$ lösten, verwendete Bernoulli zur Lösung trigonometrische Reihen. Es erhoben sich ernste Zweifel an der Zulässigkeit einer solchen Lösung; d'Alembert glaubte, daß die anfängliche Gestalt der Saite nur durch einen geschlossenen analytischen Ausdruck gegeben sein dürfte, während Euler der Meinung war, daß man eine „beliebige" stetige Kurve zulassen könnte. Im Gegensatz zu Euler war Bernoulli davon überzeugt, daß seine durch Reihen erzielte Lösung allgemeingültig war. Die völlige Aufklärung dieser Frage mußte bis 1824 vertagt werden, als Fourier die Zweifel an der Gültigkeit der Darstellung einer „beliebigen" Funktion durch trigonometrische Reihen beseitigte. d'Alembert war ein gewandter Bearbeiter vieler Probleme, darunter sogar fundamentaler Fragen der Mathematik. Die von ihm stammende Einführung des Grenzwertbegriffes wurde bereits erwähnt. Der „Fundamentalsatz" der Algebra wird zuweilen Satz von d'Alembert genannt, da er 1746 einen Beweisversuch machte; und das d'Alembertsche „Paradoxon" in der Wahrscheinlichkeitstheorie zeigt, daß er — wenn auch nicht immer sehr erfolgreich — über die Begründung dieser Theorie ebenfalls nachdachte.

Die Wahrscheinlichkeitstheorie machte in dieser Zeit schnelle Fortschritte, hauptsächlich durch die weitere Ausarbeitung der Gedanken von Fermat, Pascal und Huygens. Auf die „Ars conjectandi" folgten mehrere andere Arbeiten, darunter „The Doctrine of Chances" (1716) von Abraham de Moivre, einem französischen Hugenotten, der nach der Aufhebung des Edikts von Nantes (1685) nach London übersiedelte und seinen Lebensunterhalt als Privatlehrer verdiente. Der Name de Moivre ist mit einem Satz der Trigonometrie verbunden, der in seiner heutigen Form $(\cos\varphi + i \sin\varphi)^n = \cos n\,\varphi + i \sin n\,\varphi$ zuerst in Eulers „Introductio" vorkommt. In einer 1733 veröffentlichten Arbeit leitete er die Normalverteilung der Wahrscheinlichkeit als Näherung der Binomialverteilung ab und stellte eine zur Stirlingschen Formel äquivalente Formel auf. James Stirling, ein englischer Mathematiker der Newtonschen Schule, veröffentlichte seine Reihe im Jahre 1730.

Die vielen Lotterien und Versicherungsgesellschaften, die in dieser Zeit organisiert wurden, lenkten das Interesse vieler Mathematiker (einschließlich Eulers) auf die Wahrscheinlichkeitstheorie. Das führte zu Versuchen, die Wahrscheinlichkeitslehre auf neue Gebiete anzuwenden. Der Graf de Buffon, bekannt als Autor einer Naturgeschichte in 36 entzückenden Bänden und der berühmten Abhandlung über den Stil [1753: „le style est de l'homme même" (Der Stil ist der Mensch)], führte 1777 das erste Beispiel einer geometrischen Wahrscheinlichkeit ein. Dies war das sogenannte Nadelproblem, das die Einbildungskraft vieler Menschen beschäftigte, weil es eine „experimentelle" Bestimmung der Zahl π ermöglichte, indem man eine Nadel auf eine mit parallelen Geraden in gleichem Abstand versehene Ebene wirft und die Anzahl derjenigen Fälle auszählt, in denen die Nadel eine der Linien kreuzt.

In diese Zeit fallen auch die Versuche, die Wahrscheinlichkeitstheorie auf das Gerichtswesen anzuwenden, etwa zur Berechnung der Wahrscheinlichkeit dafür, daß ein Gerichtshof zu einem gerechten Urteil kommen kann, wenn sich jedem der Zeugen und Geschworenen eine Zahl zuordnen läßt, die die Wahrscheinlichkeit dafür angibt, daß er die Wahrheit sagt oder erfaßt. Diese merkwürdige „probabilité de jugements" (Wahrscheinlichkeit des Urteils) mit ihrem deutlichen Beigeschmack der Aufklärungsphilosophie war in dem Werk des Marquis de Condorcet vorherrschend; sie tauchte bei Laplace und sogar bei Poisson wieder auf (1837).

8. De Moivre, Stirling und Landen waren tüchtige Vertreter der englischen Mathematik des achtzehnten Jahrhunderts. Wir müssen darüber etwas mehr berichten, obwohl keiner von ihnen das Niveau ihrer kontinentalen Zeitgenossen erreichte. Die Tradition des so hochverehrten Newton lastete schwer auf der englischen Wissenschaft, und seine im Vergleich mit der von Leibniz schwerfällige Bezeichnung machte Fortschritte schwierig. Es gab tiefliegende gesellschaftliche Gründe, aus denen sich die englischen Mathematiker dagegen wehrten, sich von den Newtonschen

Fluxionsmethoden zu befreien. England lag in unaufhörlichen Handelskriegen mit Frankreich und entwickelte ein Gefühl der geistigen Überlegenheit, das nicht nur durch seine Siege im Krieg und im Handel genährt wurde, sondern auch durch die Bewunderung, mit der sein politisches System von den kontinentalen Philosophen betrachtet wurde. England wurde so das Opfer seiner eigenen vermeintlichen Vortrefflichkeit. Zwischen der Mathematik in England im achtzehnten Jahrhundert und der der spätalexandrinischen Antike bestehen gewisse Analogien. In beiden Fällen wurde der Fortschritt durch eine ungeeignete Bezeichnungsweise stark behindert, aber die Gründe für die Selbstgenügsamkeit der Mathematiker hatten tieferliegende soziale Wurzeln.

9. Der führende englische — oder besser: englisch sprechende — Mathematiker dieser Zeit war Colin Maclaurin, Professor an der Universität Edinburgh, ein Schüler von Newton, mit dem er persönlichen Verkehr pflegte. Sein Studium und Ausbau der Fluxionsmethoden, der Kurven von zweiter und höherer Ordnung und der Anziehung von Ellipsoiden erfolgte gleichzeitig mit entsprechenden Bemühungen von Euler und Clairaut. Einige Sätze von Maclaurin haben ihren festen Platz in der heutigen Theorie der ebenen Kurven und der projektiven Geometrie. In seiner „Geometria organica" (1720) findet man die als Cramers Paradoxon bekannte Beobachtung, daß eine Kurve n-ter Ordnung nicht immer durch $\frac{1}{2} n (n + 3)$ Punkte bestimmt ist, so daß neun Punkte nicht immer ausreichen, um eine Kubik eindeutig festzulegen, während zehn bereits zuviel sein würden. Hier finden sich auch kinematische Methoden, um ebene Kurven verschiedener Grade zu beschreiben. Maclaurins „Treatise of Fluxions" (2 Bände, 1742) — zur Verteidigung Newtons gegen Berkeley geschrieben — ist wegen seiner veralteten geometrischen Ausdrucksweise schwierig zu lesen, was in deutlichem Gegensatz zur leichten Faßlichkeit der Eulerschen Schriften steht. Maclaurin versuchte, archimedische Strenge zu erzielen. Das Buch enthält Maclaurins Untersuchungen über die Anziehung von Rotationsellipsoiden und seinen Satz, daß zwei solche Ellipsoide, wenn sie konfokal sind, ein Teilchen auf der Achse oder auf dem Äquator mit zu ihren Volumina proportionalen Kräften anziehen. In dieser „Treatise" behandelt Maclaurin auch die berühmte „Maclaurinsche Reihe".

Die Reihe war jedoch nicht von ihm entdeckt worden, denn sie kam in dem Werk „Methodus incrementorum" (1715) vor, das von Brook Taylor geschrieben worden war, der eine Zeitlang Sekretär der Royal Society war. Maclaurin erkannte seine Verpflichtung gegenüber Taylor ausdrücklich an. Die Taylorsche Reihe wird heute fast immer in der Bezeichnung von Lagrange geschrieben:

$$f(x + h) = f(x) + h \cdot f'(x) + \frac{h^2}{2!} f''(x) + \cdots .$$

Taylor erwähnt ausdrücklich die Reihe für $x = 0$, die viele Hochschullehrbücher immer noch hartnäckig „Maclaurinsche Reihe" nennen. Die Herleitung von Taylor schloß keine Konvergenzbetrachtungen ein, aber Maclaurin machte den Anfang mit solchen Betrachtungen — er war sogar im Besitz des sogenannten Integralkriteriums für unendliche Reihen. Die volle Bedeutung der Taylorschen Reihe wurde erst erkannt, als Euler sie in seiner Differentialrechnung (1755) anwendete. Lagrange fügte das Restglied hinzu und verwendete sie als grundlegendes Hilfsmittel in seiner Funktionentheorie. Taylor selbst wendete seine Reihe zur Integration einiger Differentialgleichungen an. Taylor begann auch das Studium der schwingenden Saite, das später zu den Arbeiten über trigonometrische Reihen führte (S. 146).

10. Joseph Louis Lagrange wurde in Turin geboren und war italienisch-französischer Herkunft. Im Alter von neunzehn Jahren wurde er Mathematikprofessor an der Artillerieschule von Turin (1755). Als Euler 1766 aus Berlin wieder nach Petersburg ging, lud Friedrich II. Lagrange ein, nach Berlin zu kommen, wobei seine Einladung von der bescheidenen Botschaft begleitet war, nach der „es notwendig ist, daß der größte Mathematiker von Europa in der Umgebung des größten Königs leben sollte". Lagrange blieb bis zum Tode Friedrichs (1786) in Berlin und ging dann nach Paris. Während der Revolution leistete er Hilfe bei der Reform der Maße und Gewichte; später wurde er Professor, zuerst an der École Normale (1795), sodann an der École Polytechnique (1797).

Zu den frühesten Arbeiten von Lagrange gehören seine Beiträge zur Variationsrechnung. Eulers Schrift darüber war 1755 erschienen. Lagrange bemerkte, daß Eulers Methode „nicht durchweg diejenige Einfachheit besitzt, die bei einem Gegenstand der reinen Analysis wünschenswert ist". Das Ergebnis war die rein analytische Variationsrechnung von Lagrange (1760/61), die nicht nur voll von selbständigen Entdeckungen ist, sondern außerdem das historische Material wohlgeordnet und verarbeitet darbietet — eine für alle Lagrangeschen Werke typische Erscheinung. Lagrange wandte seine Theorie sofort auf Probleme der Dynamik an, in welchen er von Eulers Formulierung des Prinzips der kleinsten Wirkung, dem Ergebnis der beklagenswerten „Akakia"-Episode, vollen Gebrauch machte. Viele der wesentlichen Ideen der „Mécanique analytique" reichen somit in die Turiner Zeit von Lagrange zurück. Er leistete auch zu einem der Hauptprobleme seiner Zeit, der Theorie der Mondbewegung, einen Beitrag. Er gab die ersten partikulären Lösungen des Dreikörperproblems an. Der Satz von Lagrange sagt aus, daß es möglich ist, drei endliche Körper so zu starten, daß ihre Bahnen ähnliche Ellipsen sind, die alle in derselben Zeit durchlaufen werden (1772). Im Jahre 1767 erschien seine Schrift „Sur la résolution des équations numériques" (Über die Auflösung numerischer Gleichungen), in welcher er Methoden zur Trennung der reellen Wurzeln einer algebraischen Gleichung und zu ihrer Approximation mit Hilfe von Kettenbrüchen angab. Darauf folgten 1770 die „Réflexions sur la résolution algébrique des équations" (Betrachtungen über die algebraische Lösung von Gleichungen), in denen die fundamentale Frage behandelt wurde, warum die Methoden, die zur Lösung der Gleichungen vom Grade ≤ 4 führen, für $n > 4$ ohne Erfolg bleiben. Dadurch wurde Lagrange auf rationale Funktionen der Wurzeln und ihr Verhalten bei Permutationen der Wurzeln geführt; das war das Verfahren, das nicht nur Ruffini und Abel zu ihrer Bearbeitung des Falles $n > 4$ anregte, sondern auch Galois zu seiner Gruppentheorie führte. Lagrange erzielte auch Fortschritte in der Zahlentheorie, als er quadratische Reste untersuchte und unter vielen anderen Sätzen bewies, daß jede ganze Zahl als Summe von höchstens vier Quadraten dargestellt werden kann.

Lagrange widmete den zweiten Teil seines Lebens der Abfassung seiner großen Werke, der „Mécanique analytique“ (1788), der „Théorie des fonctions analytiques“ (1797) und ihrer Fortsetzung, den „Leçons sur le calcul des fonctions“ (1801). Die beiden Bücher über Funktionen waren ein Versuch, der Infinitesimalrechnung eine sichere Grundlage zu geben, indem er sie auf die Algebra reduzierte. Lagrange lehnte die Theorie der Grenzwerte ab, wie sie von Newton angedeutet und von d'Alembert formuliert worden war. Er konnte sich keine genaue Vorstellung davon machen, was dann geschah, wenn $\Delta y/\Delta x$ seinen Grenzwert annahm. Um es mit den Worten von Lazare Carnot, dem „Organisator des Sieges“ in der Französischen Revolution, der sich gleichfalls nicht mit Newtons Methode der infinitesimalen Größen befreunden konnte, zu sagen:

„Jene Methode hat die große Unannehmlichkeit, Größen gerade in dem Zustande zu betrachten, in dem sie sozusagen aufhören, Größen zu sein; denn obgleich wir das Verhältnis von zwei Größen immer sehr gut verstehen können, solange sie endlich bleiben, liefert dieses Verhältnis dem Verstand keinen klaren und genauen Begriff, sobald ihre beiden Bestandteile zugleich verschwinden.“[1])

Die Methode von Lagrange unterschied sich von der seiner Vorgänger. Er ging von der Taylorschen Reihe aus, die er mit Restglied ableitete, wobei er in recht naiver Weise zeigte, daß eine „beliebige“ Funktion $f(x)$ mit Hilfe eines rein algebraischen Prozesses in eine derartige Reihe entwickelt werden kann. Dann wurden die Ableitungen $f'(x)$, $f''(x)$ usw. als Koeffizienten von $h, h^2, \ldots$ in der Taylorentwicklung von $f(x+h)$ nach Potenzen von h definiert. [Die Schreibweise $f'(x)$, $f''(x)$ stammt von Lagrange.]

---

[1]) L. Carnot, *Réflexions sur la métaphysique du calcul infinitésimal* (Betrachtungen über die Metaphysik der Infinitesimalrechnung) (5. Auflage, Paris 1881), S. 147; von F. Cajori, Amer. Math. Monthly *22* (1915), S. 148, zitiert.

Obwohl sich diese „algebraische“ Methode der Begründung der Infinitesimalrechnung als unbefriedigend herausstellte und obwohl Lagrange die Konvergenz der Reihen nur ungenügend beachtete, bedeutete die abstrakte Behandlung einer Funktion einen beträchtlichen Schritt vorwärts. Hier erschien erstmalig eine „Theorie der Funktionen einer reellen Veränderlichen“ mit Anwendung auf eine Vielzahl von Problemen der Algebra und Geometrie.

Die „Mécanique analytique“ von Lagrange ist vielleicht sein wertvollstes Werk und lohnt noch heute ein sorgfältiges Studium reichlich. In diesem Buch, das hundert Jahre nach den „Principia“ von Newton erschien, wird die volle Kraft der neu entwickelten Analysis auf die Mechanik der Punkte und der starren Körper angewendet. Die Resultate von Euler, d'Alembert und anderen Mathematikern des achtzehnten Jahrhunderts wurden verarbeitet und von einem einheitlichen Standpunkt aus weiterentwickelt. Die umfassende Verwendung der eigenen Variationsrechnung ermöglichte Lagrange eine Vereinheitlichung der verschiedenen Prinzipe der Statik und Dynamik — in der Statik durch die Verwendung des Prinzips der virtuellen Geschwindigkeiten, in der Dynamik durch die Verwendung des d'Alembertschen Prinzips. Das führte ganz naturgemäß zu verallgemeinerten Koordinaten und zur Bewegungsgleichung in ihrer „Lagrangeschen“ Form:

$$\frac{d}{dt}\frac{\partial T}{\partial \dot{q}_i} - \frac{\partial T}{\partial q_i} = F_i .$$

Newtons geometrisches Verfahren wurde jetzt völlig fallengelassen; das Buch von Lagrange bedeutete einen Triumph der reinen Analysis. Der Autor ging so weit, daß er im Vorwort betonte: „on ne trouvera point des figures dans cet ouvrage, seulement des opérations algébriques“.[1]) Das kennzeichnete Lagrange als den ersten reinen Analytiker.

11. Mit Pierre Simon Laplace kommen wir zum letzten der führenden Mathematiker des achtzehnten Jahrhunderts. Als Sohn

[1]) „In diesem Werk findet man keine Figuren, sondern nur algebraische Operationen.“ Das Wort „algebraisch“ an Stelle von „analytisch“ ist charakteristisch.

eines kleinen Grundeigentümers in der Normandie besuchte er die Schulen in Beaumont und Caen und wurde durch die Hilfe von d'Alembert Professor der Mathematik an der Militärschule von Paris. Er hatte außerdem mehrere andere Lehr- und Verwaltungsämter inne und nahm während der Revolution sowohl am Aufbau der École Normale als auch der École Polytechnique teil. Napoleon verlieh ihm zahlreiche Ehrungen, dasselbe gilt aber auch von Ludwig XVIII. Im Gegensatz zu Monge und Carnot wechselte Laplace seine politischen Treuebekenntnisse sehr leicht und war in dieser Hinsicht eine Art von Streber; aber dieser Charakterzug ermöglichte es ihm, seine rein mathematische Tätigkeit trotz aller politischen Umwälzungen in Frankreich fortzusetzen.

Die beiden großen Werke von Laplace, die nicht nur seine eigenen Untersuchungen, sondern auch alle früheren Arbeiten über die betreffenden Gegenstände zusammenfassen, sind die „Théorie analytique des probabilités" (Analytische Theorie der Wahrscheinlichkeiten) (1812) und die „Mécanique céleste" (Himmelsmechanik) (5 Bände, 1799–1825). Diese beiden großartigen Werke wurden durch ausführliche, den mathematischen Apparat weitgehend vermeidende Darstellungen eingeleitet, nämlich den „Essai philosophique sur les probabilités" (Philosophischer Versuch über Wahrscheinlichkeiten) (1814) und die „Exposition du système du monde" (Erklärung des Weltsystems) (1796). Diese „Exposition" enthält die Nebelhypothese, die unabhängig von ihm von Kant im Jahre 1755 (und sogar schon vor Kant im Jahre 1734 von Swedenborg) vorgeschlagen worden war. Die „Mécanique céleste" ihrerseits war die Krönung des Werkes von Newton, Clairaut, d'Alembert, Euler, Lagrange und Laplace über die Gestalt der Erde, die Theorie der Mondbewegung, das Dreikörperproblem und die Störungen der Planeten und führt bis zu der bedeutungsvollen Frage der Stabilität des Sonnensystems. Die Bezeichnung „Laplacesche Gleichung" für

$$\frac{\partial^2 V}{\partial x^2} + \frac{\partial^2 V}{\partial y^2} + \frac{\partial^2 V}{\partial z^2} = 0$$

erinnert daran, daß die Potentialtheorie einen Teil der „Mécanique céleste" bildet. (Die Gleichung selbst war schon 1752 von Euler gefunden worden, als er einige der Hauptgleichungen der Hydrodynamik ableitete.) Über dieses fünfbändige Werk gibt es sehr viele Anekdoten. Wohlbekannt ist beispielsweise die Laplace zugeschriebene Antwort an Napoleon, der ihn mit der Bemerkung aufziehen wollte, daß Gott in diesem Buch nirgends erwähnt wird: „Sire, je n'avais pas besoin de cette hypothèse."[1]) Und Nathaniel Bowditch aus Boston, der vier Bände des Laplaceschen Werkes ins Englische übersetzt hat, bemerkte einmal: „Niemals stieß ich auf eine der Laplaceschen Wendungen ‚Somit erkennt man leicht', ohne völlig sicher zu sein, daß ich stundenlange, angestrengte Arbeit aufwenden mußte, um die Lücke zu schließen und herauszubekommen und zu zeigen, wie man es leicht erkennt." Hamilton begann seine mathematische Laufbahn mit der Entdeckung eines Fehlers in Laplaces „Mécanique céleste". Green kam beim Studium von Laplace auf die Idee einer mathematischen Theorie der Elektrizität.

Der „Essai philosophique sur les probabilités" ist eine bequem lesbare Einführung in die Theorie der Wahrscheinlichkeit; er enthält die „negative" Laplacesche Definition der Wahrscheinlichkeit mit Hilfe der Forderung von „gleich möglichen Ereignissen":

„Die Wahrscheinlichkeitstheorie besteht in der Zurückführung aller Ereignisse derselben Art auf eine gewisse Anzahl von gleich möglichen Fällen, d. h. von solchen Fällen, über deren Eintreten wir gleich wenig wissen, und in der Bestimmung derjenigen Anzahl von Fällen, die für das Ereignis günstig sind, dessen Wahrscheinlichkeit wir suchen."

Wahrscheinlichkeitsprobleme treten nach Laplace deshalb auf, weil wir manches nicht wissen und manches wissen. Diese Grundhaltung führte Laplace zu seinem berühmten Ausspruch, der die Interpretation des mechanischen Materialismus des achtzehnten Jahrhunderts zusammenfaßte:

„Eine Intelligenz, die in einem bestimmten Augenblick alle Kräfte überschauen könnte, die in der Natur wirksam sind, und außerdem die gegenseitige Lage aller Teilchen, aus denen sie besteht, und die zudem umfassend

[1]) Majestät, ich benötigte diese Annahme nicht.

genug wäre, diese Angaben der mathematischen Analysis zu unterwerfen, würde in derselben Formel die Bewegungen der größten Körper und diejenigen des leichtesten Atoms erfassen; nichts wäre für sie ungewiß, und sowohl die Zukunft als auch die Vergangenheit würde klar vor ihren Augen liegen. Der menschliche Geist bietet eine schwache Vorstellung von dieser Intelligenz dar, angesichts der Vollendung, die er der Astronomie zu geben in der Lage war."

Das eigentliche Lehrbuch enthält eine solche Fülle von Material, daß viele spätere Entdeckungen der Wahrscheinlichkeitstheorie schon bei Laplace zu finden sind.[1] Der stattliche Band enthält eine eingehende Diskussion der Glücksspiele und der geometrischen Wahrscheinlichkeiten, des Satzes von Bernoulli und seiner Beziehung zum Normalintegral und der von Legendre entdeckten Methode der kleinsten Quadrate. Der Leitgedanke ist die Verwendung der „Erzeugenden Funktionen", deren Kraft für die Lösung von Differenzengleichungen dargelegt wird. Hier wird auch die „Laplace-Transformation" eingeführt, die später die exakte Begründung für die Heavisidesche Operatorenrechnung geliefert hat. Laplace rettete auch eine von Thomas Bayes, einem unbekannten englischen Geistlichen, entworfene Theorie, die 1763/64 posthum veröffentlicht worden war, vor der Vergessenheit und gab ihr eine neue Formulierung. Diese Theorie wurde als die Theorie der Wahrscheinlichkeit a posteriori bekannt.

12. Es ist eine merkwürdige Tatsache, daß einige der führenden Mathematiker gegen Ende des Jahrhunderts dem Gefühl Ausdruck verliehen, der Bereich der Mathematik schiene irgendwie erschöpft zu sein. Die mühevollen, anstrengenden Arbeiten von Euler, Lagrange, d'Alembert und anderen hatten schon die meisten wichtigen Sätze geliefert; die großen Standardlehrbücher hatten sie bereits (oder würden es bald tun) im Zusammenhang dargestellt; die wenigen Mathematiker der nächsten Generation würden nur noch geringere Probleme zu lösen haben. „Ne vous semble-t-il pas que la haute géometrie va un peu à décadence?" schrieb Lagrange 1772 an d'Alembert. „Elle n'a d'autre soutien

---

[1]) E. C. Molina, *The Theory of Probability: Some comments on Laplace's Théorie analytique*, Bull. Amer. Math. Soc. *36*, 369—392 (1930).

que vous et M. Euler."[1]) Lagrange unterbrach sogar seine mathematische Arbeit eine Zeitlang. D'Alembert konnte auch nur wenig Hoffnung geben. Arago drückte später in seiner „Lobrede auf Laplace" (1842) einen Gedanken aus, der für das Verständnis dieses Gefühls eine Hilfe bedeuten kann:

„Fünf Mathematiker — Clairaut, Euler, d'Alembert, Lagrange und Laplace — teilten die Welt unter sich auf, deren Existenz Newton enthüllt hatte. Sie erklärten sie nach allen Richtungen, drangen in Gebiete ein, die für unzugänglich gehalten worden waren, wiesen auf zahllose Erscheinungen in diesen Gebieten hin, die von der Beobachtung noch nicht entdeckt worden waren, und schließlich brachten sie — und darin liegt ihr unvergänglicher Ruhm — alles, was höchst verwickelt und geheimnisvoll in den Bewegungen der Himmelskörper ist, unter die Herrschaft eines einzigen Prinzips, eines einheitlichen Gesetzes. Die Mathematik besaß auch die Kühnheit, über die Zukunft zu verfügen; wenn die Jahrhunderte abrollen, werden sie die Entscheidungen der Wissenschaft gewissenhaft bestätigen."

Aragos Rednerkunst wies auf die Hauptquelle dieses „fin-de-siècle"-Pessimismus hin, der in der Tendenz bestand, den Fortschritt der Mathematik allzusehr mit dem der Mechanik und Astronomie gleichzusetzen. Seit den Zeiten des alten Babylon bis zu denen von Euler und Lagrange hatte die Astronomie in der Mathematik die erhabensten Entdeckungen herbeigeführt und angeregt; nunmehr schien diese Entwicklung ihren Gipfel erreicht zu haben. Aber eine neue Generation machte sich daran, zu zeigen, wie unbegründet dieser Pessimismus war. Dieser große neue Impuls kam nur zum Teil aus Frankreich; er kam auch, wie so oft in der Geschichte der Kultur, aus dem Randgebiet der politischen und wirtschaftlichen Zentren, in diesem Falle von Gauß in Göttingen.

Literatur

Die Werke von Lagrange und Laplace sind in modernen Ausgaben erhältlich, die von Euler nähern sich nunmehr schnell der

[1]) „Scheint es Ihnen nicht, daß die erhabene Geometrie ein wenig dazu neigt, dekadent zu werden?" „Sie hat keine andere Stütze als Sie und Herrn Euler."

Die Bezeichnung „Geometrie" wird im Französischen während des achtzehnten Jahrhunderts für die Mathematik insgesamt gebraucht.

Vollendung. Einige Bände haben umfangreiche Einleitungen (A. Speiser, C. Truesdell, K. Carathéodory).
Johann Bernoulli: *Briefwechsel I* (Basel 1955).
J. H. Lambert, *Opera mathematica*, 2 vols (Berlin 1946).
S. IX—XXXI Vorwort von A. Speiser.
F. Cajori, *A History of the Conception of Limits and Fluxions in Great Britain from Newton to Woodhouse* (Chicago 1931).
P. E. B. Jourdain, *The Principle of Least Action* (Chicago 1913).
L. G. du Pasquier, *Léonard Euler et ses amis* (Paris 1927).
Leonhard Euler, Sammelband zu Ehren seines 250. Geburtstages (russisch) (Moskau 1958). *Sammelband der zu Ehren des 250. Geburtstages Leonhard Eulers der Deutschen Akademie der Wissenschaften zu Berlin vorgelegten Abhandlungen* (Berlin 1959).
Leonhard Euler und Christian Goldbach, *Briefwechsel* 1729—1764, herausgeg. von A. P. Juškevich und E. Winter (Berlin 1965).
Über Euler siehe auch Artikel in Istor. Mat. Issled. *7*, 451—640a (1954) (russisch).
H. Andoyer, *L'œuvre scientifique de Laplace* (Paris 1922).
G. Loria, *Nel secondo centenario della nascita di G. L. Lagrange*, Isis *28*, 366—375 (1938) (mit großer Bibliographie).
H. Auchter, *Brook Taylor, der Mathematiker und Philosoph* (Marburg 1937).
Dieses Buch weist auf Grund von Angaben aus den Manuskripten von Leibniz nach, daß Leibniz die Taylorsche Reihe von 1694 ab besessen hat. Freilich war sie schon 1668 James Gregory bekannt.
H. G. Green, H. J. J. Winter, *John Landen, F. R. S.* (1719—1790), *Mathematician*, Isis *35*, 6—10 (1944).
[Th. Bayes], *Facsimile of Two Papers*, with commentaries by E. C. Molina and W. E. Deming (Washington, D. C., 1940).
K. Pearson, *Laplace*, Biometrica *21*, 202—216 (1929).
C. Truesdell, *Notes on the history of the general equations of hydrodynamics*, Amer. Math. Monthly *60*, 445—448 (1953).
[J. A. Vollgraf, ed.], *Les œuvres de Nicolas Struyck* (1687—1769) *qui se rapportent au calcul des chances* (Amsterdam 1912).
G. Sarton, *Montucla*, Osiris *1*, 519—576 (1936).

VIII. DAS NEUNZEHNTE JAHRHUNDERT

1. Die Französische Revolution und die Napoleonische Zeit schufen außerordentlich günstige Bedingungen für die Weiterentwicklung der Mathematik. Die Bahn für die industrielle Revolution auf dem europäischen Kontinent war frei gemacht. Sie wirkte sich auf die Pflege der physikalischen Wissenschaft günstig aus; sie schuf neue gesellschaftliche Klassen mit einer neuen, an Wissenschaft und technischer Bildung interessierten Lebensanschauung. Demokratische Ideen drangen in das akademische Leben ein; an überalterten Denkformen wurde Kritik geübt, Schulen und Universitäten mußten reformiert und verjüngt werden.

Die neue und ungestüme mathematische Produktivität beruhte nicht in erster Linie auf technischen Problemen, die von den neuen Industrien aufgeworfen wurden. England, das Herz der industriellen Revolution, blieb mathematisch mehrere Jahrzehnte hindurch unfruchtbar. Der mathematische Fortschritt entfaltete sich am kräftigsten in Frankreich und etwas später auch in Deutschland, also in Ländern, in denen der ideologische Bruch mit der Vergangenheit besonders stark empfunden wurde und in denen schnelle Veränderungen eingetreten waren oder noch eintreten sollten, die die Grundlage für die neue kapitalistische wirtschaftliche und politische Struktur vorbereiteten. Die neue mathematische Forschung machte sich allmählich von der alten Tendenz frei, in Mechanik und Astronomie das endgültige Ziel der exakten Wissenschaften zu erblicken. Das Studium der Wissenschaft im ganzen machte sich noch stärker von den Forderungen des Wirtschaftslebens oder des Kriegswesens frei. Es entwickelt sich der Spezialist, der an der Wissenschaft um ihrer selbst willer interessiert war. Die Verbindung mit der Praxis war niemal ganz abgerissen, aber sie wurde oft verdunkelt. Als Begleit erscheinung der zunehmenden Spezialisierung trat die Trennun in „reine“ und „angewandte“ Mathematik ein.[1])

Die Mathematiker des neunzehnten Jahrhunderts lebten nich mehr in der Umgebung von Königshöfen oder in den Salons de Aristokratie. Ihren Hauptberuf bildete nicht mehr die Mitglied schaft in gelehrten Akademien; sie waren gewöhnlich an Universi täten oder technischen Lehranstalten tätig und zugleich Lehre und Forscher. Die Bernoullis, Lagrange und Laplace hatten ge legentlich eine Lehrtätigkeit ausgeübt. Jetzt nahmen die Lehr verpflichtungen zu; Mathematikprofessoren wurden Erzieher un Examinatoren der Jugend. Der Internationalismus der voran gegangenen Jahrhunderte zeigte angesichts der zunehmenc engeren Beziehung zwischen den Wissenschaftlern der einzelner Nationen die Tendenz abzubröckeln, obwohl der international Gedankenaustausch durchaus aufrechterhalten wurde. Latei als Sprache der Wissenschaft wurde allmählich durch die National

---

[1]) Der Unterschied der Auffassungen fand seinen klassischen Ausdruc in einer Äußerung von Jacobi zu den Ansichten von Fourier, der noch de Nützlichkeitsstandpunkt des achtzehnten Jahrhunderts vertrat: “Il est vra que Monsieur Fourier avait l'opinion que le but principal des mathématique était l'utilité publique et l'explication des phénomènes naturels; mais u philosophe comme lui aurait dû savoir que le but unique de la science, c'es l'honneur de l'esprit humain, et que sous ce titre une question de nombr vaut autant qu'une question du système du monde.“ („Es ist wahr, daß Her Fourier der Meinung war, daß das Hauptziel der Mathematik im öffent lichen Nutzen und in der Erklärung der Naturvorgänge bestünde; aber ei solcher Philosoph wie er hätte wissen müssen, daß das einzige Ziel der Wissen schaft die Ehre des menschlichen Geistes ist und daß unter diesem Gesichts punkt ein Problem der Zahlen genauso wertvoll ist wie eine Frage nach der Bau der Welt.“) In einem Brief an Legendre (Werke I, S. 454) sprach sic Gauß 1830 für eine Synthese beider Auffassungen aus; er wendete di Mathematik ausgiebig auf Astronomie, Physik und Geodäsie an, sah in de Mathematik aber gleichzeitig die Königin der Wissenschaften und ins besondere in der Zahlentheorie die Königin der Mathematik.

sprachen ersetzt. Die Mathematiker begannen, sich auf einzelnen Gebieten zu spezialisieren; und während man Leibniz, Euler, d'Alembert als „Mathematiker" (als „Geometer" in der Wortbedeutung des achtzehnten Jahrhunderts) bezeichnen kann, sehen wir in Cauchy einen Analytiker, in Cayley einen Algebraiker, in Steiner einen Geometer (sogar einen „reinen" Geometer) und in Cantor den Schöpfer der Mengenlehre (Punktmengen). Die Zeit war herangereift, in der es „mathematische Physiker" gab, denen Fachmänner für „mathematische Statistik" oder „mathematische Logik" folgten. Diese Spezialisierung wurde nur auf dem höchsten Niveau des Genies durchbrochen; und gerade aus den Werken eines Gauß, Riemann, Klein und Poincaré empfing die Mathematik im neunzehnten Jahrhundert ihre stärksten Impulse.

2. Auf der Trennungslinie der Mathematik des achtzehnten und neunzehnten Jahrhunderts erhebt sich die majestätische Gestalt von Carl Friedrich Gauß. Er wurde in Braunschweig als Sohn eines Tagelöhners geboren. Durch glückliche Umstände erkannte der Herzog von Braunschweig in dem jungen Gauß ein Wunderkind und übernahm die Sorge für seine Ausbildung. Der junge Genius studierte von 1795—1798 in Göttingen und erwarb 1799 in Helmstedt den Doktorhut. Von 1807 an bis zu seinem Tode im Jahre 1855 arbeitete er ruhig und ungestört als Direktor der Sternwarte in Göttingen und Professor der dortigen Universität. Seine verhältnismäßig ausgeprägte Isolierung, seine Beherrschung sowohl der „angewandten" als auch der „reinen" Mathematik, seine Beschäftigung mit der Astronomie und der häufige Gebrauch des Lateins in seinen Werken verleihen ihm einen Wesenszug des achtzehnten Jahrhunderts, aber sein Werk atmet den Geist einer neuen Zeit. Er stand wie seine Zeitgenossen Kant, Beethoven und Hegel abseits von dem großen politischen Kampf, der sich in anderen Ländern abspielte, verlieh aber in seinem eigenen Arbeitsgebiet den neuen Ideen seines Zeitalters in höchst wirksamer Weise Ausdruck.

Die Tagebücher von Gauß zeigen, daß er schon im siebzehnten Lebensjahr begann, aufsehenerregende Entdeckungen zu machen.

Im Jahre 1795 entdeckte er beispielsweise unabhängig von Euler das quadratische Reziprozitätsgesetz der Zahlentheorie. Einige seiner ersten Entdeckungen wurden 1799 in seiner Helmstedter Dissertation und 1801 in seinen imponierenden „Disquisitiones arithmeticae" veröffentlicht. Die Dissertation lieferte den ersten strengen Beweis für den sogenannten Fundamentalsatz der Algebra, also für den Satz, daß jede algebraische Gleichung vom Grade n mit reellen Koeffizienten wenigstens eine und damit n Wurzeln besitzt. Der Satz selbst geht auf Albert Girard, den Herausgeber der Werke von Stevin („Invention nouvelle en algèbre", 1629), zurück. D'Alembert hatte im Jahre 1746 versucht, einen Beweis dafür zu geben. Gauß liebte diesen Satz, gab später zwei weitere Beweise und kam 1849 auf seinen ersten Beweis zurück. Der dritte Beweis (1816) verwendete komplexe Integrale und zeigte die frühzeitige Beherrschung der Theorie der komplexen Zahlen durch Gauß.

Die „Disquisitiones arithmeticae" stellten alle von den Vorgängern von Gauß stammenden Meisterleistungen in der Zahlentheorie zusammen und bereicherten sie in einem derartigen Umfange, daß man manchmal den Beginn der modernen Zahlentheorie von der Veröffentlichung dieses Buches ab rechnet. Sein Kernstück ist die Theorie der quadratischen Kongruenzen, Formen und Reste; den Höhepunkt bildet das Reziprozitätsgesetz der quadratischen Reste, jenes „theorema aureum", für das Gauß den ersten vollständigen Beweis gab. Gauß war von diesem Satz ebenso begeistert wie von dem Fundamentalsatz der Algebra und veröffentlichte später fünf weitere Beweise; einer wurde außerdem nach seinem Tode noch im Nachlaß gefunden. Die „Disquisitiones" enthalten auch die Gaußschen Untersuchungen über die Kreisteilung, mit anderen Worten, über die Wurzeln der Gleichung $x^n = 1$. Sie gipfelten in dem bemerkenswerten Satz, daß die Seite des regulären Siebzehnecks (allgemein des n-Ecks, wobei $n = 2^p + 1$, $p = 2^k$, n Primzahl, $k = 0, 1, 2, 3, \ldots$) allein mit Zirkel und Lineal konstruiert werden kann, was eine überraschende Erweiterung der griechischen Art, Geometrie zu treiben, bedeutet.

Gauß' Interesse an der Astronomie wurde geweckt, als Piazzi in Palermo am ersten Tage des neuen Jahrhunderts, am 1. Januar 1801, den ersten Planetoiden entdeckte, der den Namen Ceres erhielt. Da nur wenige Beobachtungen des neuen Planetoiden gemacht werden konnten, entstand das Problem, die Bahn eines Planeten aus relativ wenigen, nahe benachbarten Beobachtungen zu berechnen. Gauß löste das Problem vollständig; es führte auf eine Gleichung achten Grades. Als im Jahre 1802 die Pallas, ein weiterer Planetoid, entdeckt wurde, begann sich Gauß für die säkularen Störungen der Planeten zu interessieren. Eine Frucht dieser Studien bildeten die „Theoria motus corporum coelestium" (1809), seine Arbeit über die Anziehung des allgemeinen Ellipsoids (1813), seine Abhandlung über die mechanische Quadratur (1814) und seine Arbeit über die säkularen Störungen (1818). Dieser Periode gehört auch die Gaußsche Abhandlung über die hypergeometrische Reihe (1812) an, die die Diskussion einer großen Zahl von Funktionen unter einem einzigen Gesichtspunkt zusammenfaßt. Sie stellt die erste systematische Untersuchung über die Konvergenz von Reihen dar.

3. Nach 1820 begann sich Gauß lebhaft für die Geodäsie zu interessieren. Hierbei vereinigte er eine umfangreiche praktische Tätigkeit in der Triangulation mit seiner theoretischen Forschung. Eines der Ergebnisse war die Darlegung der Methode der kleinsten Quadrate (1821, 1823), die schon von Legendre (1806) und von Laplace zum Gegenstand der Untersuchung gemacht worden war. Vielleicht der bedeutendste Beitrag dieser Periode im Leben von Gauß war die Flächentheorie in den „Disquisitiones generales circa superficies curvas" (1827), die diesen Problemkreis auf einem Wege behandelte, der sich von den Mongeschen auffällig unterschied. Hier waren abermals praktische Erwägungen, diesmal auf dem Gebiet der höheren Geodäsie, aufs engste mit tiefschürfenden theoretischen Untersuchungen verknüpft. In dieser Veröffentlichung wurde erstmalig die sogenannte innere Geometrie einer Fläche behandelt, in der durch Parameterlinien gegebene Koordinaten dazu benutzt werden, um das Linienelement ds

mit Hilfe einer quadratischen Differentialform $ds^2 = E\,du^2 + F\,du \cdot dv + G\,dv^2$ auszudrücken. Hierin wird ebenfalls ein Höhepunkt erreicht, nämlich das „theorema egregium", welches aussagt, daß die Gesamtkrümmung der Fläche nur von E, F und G und deren Ableitungen abhängt und daher biegungsinvariant ist. Aber selbst in dieser Periode angestrengter Beschäftigung mit Problemen der Geodäsie vernachlässigte Gauß seine erste Liebe, die „Königin der Mathematik", nicht, denn 1825 und 1831 erschienen seine Abhandlungen über biquadratische Reste. Sie bildeten die Fortsetzung der Theorie der quadratischen Reste in den „Disquisitiones arithmetica", aber eine Fortsetzung mit Hilfe einer neuen Methode, der Theorie der komplexen Zahlen. Die Abhandlung aus dem Jahre 1831 lieferte nicht nur eine Algebra der komplexen Zahlen, sondern auch eine Arithmetik derselben. Dabei entstand eine neue Theorie der Primzahlen, in der 3 Primzahl bleibt, aber die Zahl $5 = (1 + 2i)\,(1 - 2i)$ ihre Primzahleigenschaft verliert. Diese neue komplexe Zahlentheorie klärte viele dunkle Punkte der Arithmetik auf, so daß das quadratische Reziprozitätsgesetz einfacher als bei reellen Zahlen wurde. In dieser Arbeit beseitigte Gauß ein für allemal das Geheimnis, das die komplexen Zahlen immer noch umgeben hatte, durch ihre Darstellung als Punkte einer Ebene.[1])

Ein Standbild in Göttingen stellt Gauß und seinen jüngeren Mitarbeiter Wilhelm Weber dar, als sie im Begriff sind, den elektrischen Telegraphen zu erfinden. Das geschah in den Jahren 1833/34 zu einer Zeit, als sich Gauß der Physik zuzuwenden begann. In dieser Zeit führte er viele Experimentaluntersuchungen über den Erdmagnetismus durch. Er fand aber auch die Zeit für einen theoretischen Beitrag von erstrangiger Bedeutung: „Allgemeine Lehrsätze in Beziehung auf die im verkehrten Verhältnisse des Quadrats der Entfernung wirkenden Anziehungs- und

---

[1]) Vgl. E. T. Bell, *Gauß and the Early Development of Algebraic Numbers*, National Math. Magazine *18*, 188, 219 (1944). A. Speiser hat bemerkt, daß bereits Euler und andere Mathematiker nach 1760 in den Begriffen dieser Darstellung der komplexen Zahlen gedacht haben: Einleitung zu Euler's *Opera* I 28 (Zürich 1955, S. XXXVII).

Abstoßungskräfte" (1839, 1840). Dies bedeutete den Beginn der Potentialtheorie als eines besonderen Zweiges der Mathematik (die Greensche Arbeit aus dem Jahre 1828 war zu dieser Zeit praktisch unbekannt) und gab Anlaß zur Aufstellung verschiedener Minimalprinzipe über Volumenintegrale, in denen das „Dirichletsche" Prinzip zu erkennen ist. Gauß hielt die Existenz eines Minimums noch für evident; später entstand daraus eine vieldiskutierte Fragestellung, die schließlich von Hilbert gelöst wurde.

Gauß blieb bis zu seinem Tode im Jahre 1855 tätig. In seinen späteren Lebensjahren wandte er sich immer mehr der angewandten Mathematik zu. Seine Veröffentlichungen liefern jedoch kein zutreffendes Bild von seiner vollen Größe. Die Auffindung seiner Tagebücher und einiger seiner Briefe hat bewiesen, daß er einige seiner tiefsten Gedanken für sich behalten hatte. Wir wissen heute, daß Gauß bereits 1800 die elliptischen Funktionen entdeckt hatte und um 1816 im Besitz der nichteuklidischen Geometrie war. Über diese Frage hat er niemals etwas veröffentlicht; tatsächlich hat er nur in einigen Briefen an Freunde seine kritische Einschätzung aller Versuche, das Euklidische Parallelenaxiom zu beweisen, offenbart. Gauß scheint nicht willens gewesen zu sein, sich öffentlich in die Behandlung einer Streitfrage einzulassen. In Briefen schrieb er über die Wespen, die ihm dann um die Ohren fliegen würden, und über das „Geschrei der Böotier", das sich erheben würde, wenn er seine Geheimnisse nicht bewahren würde. Gauß selbst bezweifelte die Gültigkeit der allgemein angenommenen Lehre von Kant, wonach unsere Raumvorstellung a priori euklidisch ist; für ihn war die Geometrie des wirklichen Raumes eine physikalische Tatsache, die experimentell zu erforschen war.

4. In seiner „Entwicklung der Mathematik im 19. Jahrhundert" hat Felix Klein einen Vergleich zwischen Gauß und dem fünfundzwanzig Jahre älteren französischen Mathematiker Adrien Marie Legendre angeregt. Es ist vielleicht nicht ganz fair, Gauß mit einem beliebigen Mathematiker, abgesehen von den allergrößten, zu vergleichen; aber dieser besondere Vergleich zeigt, daß die

Gaußschen Ideen „in der Luft lagen", denn Legendre bearbeitete auf seinem eigenen unabhängigen Wege die meisten Fragen, die auch Gauß beschäftigten. Legendre lehrte von 1775 bis 1780 an der Kriegsschule in Paris und hatte später mehrere Regierungsstellungen inne wie die eines Professors an der École Normale, eines Examinators an der École Polytechnique und eines Vermessungsbeamten.

Wie Gauß leistete er Grundlegendes in der Zahlentheorie („Essai sur les nombres" 1798, „Théorie des nombres" 1830), worin er das quadratische Reziprozitätsgesetz aussprach. Er lieferte auch wichtige Arbeiten über Geodäsie und theoretische Astronomie, war ein ebenso fleißiger Berechner von Tafelwerken wie Gauß, gab 1806 die Methode der kleinsten Quadrate an und studierte die Anziehung von Ellipsoiden — sogar von solchen, die nicht zu den Rotationsflächen gehören. Hier führte er die „Legendreschen" Funktionen ein. Er hatte genau wie Gauß Interesse an elliptischen und Eulerschen Integralen sowie an den Grundlagen und Methoden der euklidischen Geometrie.

Obwohl Gauß tiefer in das Wesen aller dieser verschiedenen Gebiete der Mathematik eindrang, schuf Legendre Arbeiten von hervorragender Bedeutung. Seine umfangreichen Lehrbücher waren lange Zeit hindurch maßgeblich, besonders seine „Exercises du calcul intégral" (3 Bände, 1811—1819) und sein „Traité des fonctions elliptiques et des intégrales eulériennes" (1827—1832), der noch immer ein Standardwerk ist. In seinen „Eléments de géométrie" (1794) brach er mit dem platonischen Ideal von Euklid und gab ein Lehrbuch der elementaren Geometrie, das von den Erfordernissen der modernen Erziehung ausging. Dieses Buch erschien in vielen Auflagen und wurde in mehrere Sprachen übersetzt; es hat einen lang anhaltenden Einfluß ausgeübt.

5. Der Anfang der neuen Periode in der Geschichte der französischen Mathematik kann vielleicht von der Errichtung der Militärschulen und -akademien an gerechnet werden, die im zweiten Teil des achtzehnten Jahrhunderts stattfand. In diesen Schulen, von denen einige auch außerhalb Frankreichs (Turin,

Woolwich) gegründet wurden, spielte der mathematische Unterricht als Teil der Ausbildung von Militäringenieuren eine beträchtliche Rolle. Lagrange begann seine Laufbahn an der Turiner Artillerieschule; Legendre und Laplace lehrten an der Militärschule in Paris, Monge in Mézières. Carnot war Ingenieur-Hauptmann. Napoleons Interesse an Mathematik reicht in seine Studentenzeit an den Militärakademien von Brienne und Paris zurück. Während des Einfalls der königlichen Armeen in Frankreich wurde das Bedürfnis nach einer stärker zentralisierten Ausbildung im Militäringenieurwesen offenkundig. Das führte zur Gründung der École Polytechnique in Paris (1794). Diese Schule entwickelte sich bald zu einer führenden Einrichtung für das Studium der allgemeinen Ingenieurwissenschaft und wurde allmählich zum Vorbild für alle Ingenieur- und Militärschulen des frühen neunzehnten Jahrhunderts, einschließlich West Point in den Vereinigten Staaten. Die Ausbildung in theoretischer und angewandter Mathematik bildete einen wesentlichen Bestandteil des Lehrplans. Forschung und Lehre wurden mit gleichem Nachdruck betrieben. Die besten Wissenschaftler Frankreichs wurden herangezogen, um ihre Kraft der Schule zu widmen; viele große französische Mathematiker waren Studenten, Professoren oder Examinatoren an der École Polytechnique.[1])

Die Ausbildung an dieser Institution ebenso wie die an anderen technischen Schulen erforderte einen neuen Lehrbuchtyp. Die gelehrten Abhandlungen für die Kenner, die so charakteristisch für die Zeit von Euler waren, mußten durch Handbücher für den Hochschulunterricht ergänzt werden. Einige der besten Lehrbücher des frühen neunzehnten Jahrhunderts wurden für die Ausbildung an der École Polytechnique oder an ähnlichen Institutionen ausgearbeitet. Ihr Einfluß kann bis in unsere heutigen Lehrbücher hinein verfolgt werden. Ein gutes Beispiel eines solchen Handbuches ist der von Sylvestre François Lacroix geschriebene „Traité du calcul différentiel et du calcul intégral" (2 Bände, 1797), aus dem ganze Generationen ihre Kenntnisse

[1]) Vgl. C. G. J. Jacobi, *Werke* 7, S. 355 (im Jahre 1835 gehaltene Vorlesung).

der Infinitesimalrechnung erwarben. Die Bücher von Legendre haben wir schon erwähnt. Ein weiteres Beispiel ist das Lehrbuch der darstellenden Geometrie von Monge, das noch vielen heutigen Büchern über diesen Gegenstand als Muster dient.

6. Gaspard Monge, der Direktor der École Polytechnique, war der wissenschaftliche Führer der Gruppe von Mathematikern, die mit dieser Institution verbunden waren. Er hatte seine Laufbahn als Dozent an der Militärakademie von Mézières (1768 bis 1789) begonnen, wo ihm seine Vorlesungen über Festungsbau Gelegenheit boten, die darstellende Geometrie als einen besonderen Zweig der Geometrie zu entwickeln. Er veröffentlichte seine Vorlesungen in der „Géométrie descriptive" (1795—1799). In Mézières begann er auch mit der Anwendung der Infinitesimalrechnung auf Raumkurven und -flächen, und seine Arbeiten darüber wurden später in der „Application de l'analyse à la géométrie" (Anwendung der Analysis auf die Geometrie) (1809) veröffentlicht, dem ersten Buch über Differentialgeometrie, obwohl es noch nicht in der heute üblichen Form ausgeführt war. Monge war einer der ersten modernen Mathematiker, die wir als Spezialisten ansprechen: ein Geometer — sogar seine Behandlung der partiellen Differentialgleichungen war deutlich durch einen geometrischen Zug gekennzeichnet.

Durch den Einfluß von Monge begann die Geometrie an der École Polytechnique aufzublühen. In der darstellenden Geometrie von Monge lag der Kern der projektiven Geometrie, und seine vollkommene Beherrschung der Anwendung algebraischer und analytischer Methoden auf Kurven und Flächen kam der analytischen und Differentialgeometrie wesentlich zugute. Jean Hachette und Jean Baptiste Biot entwickelten die analytische Geometrie der Kegelschnitte und Quadriken; in Biots „Essai de géométrie analytique" (1802) beginnen wir endlich unsere heutigen Lehrbücher der analytischen Geometrie zu erkennen. Charles Dupin, ein Schüler von Monge, wendete als junger Marineingenieur der Napoleonischen Zeit die Methoden seines Lehrers auf die Flächentheorie an, wobei er die asymptotischen und konjugierten Kurven fand. Dupin wurde Professor der Geometrie in Paris und gewann während seines langen Lebens auch als Politiker und Förderer der industriellen Entwicklung Ansehen. Die „Dupinsche Indikatrix" und die „Zykliden von Dupin" zeigen die anfänglichen Interessen dieses Gelehrten, dessen „Développements de géométrie" (1813) und „Applications de géométrie" (1825) eine große Zahl interessanter Ideen enthalten.

Der selbständigste Schüler von Monge war Victor Poncelet. Er hatte während des Jahres 1813 Gelegenheit, über die Methoden seines Lehrers nachzudenken, als er nach der Niederlage der Napoleonischen „Großen Armee" als Kriegsgefangener in Rußland lebte. Poncelet fühlte sich durch den rein synthetischen Gehalt der Geometrie von Monge angesprochen und wurde dadurch zu einer Denkweise geführt, die schon zwei Jahrhunderte früher von Desargues angeregt worden war. Poncelet wurde zum Begründer der projektiven Geometrie.

Der „Traité des propriétés projectives des figures" (Lehrbuch der projektiven Eigenschaften von Figuren) von Poncelet erschien im Jahre 1822. Dieser umfangreiche Band enthält alle wesentlichen Begriffe, die der neuen Form der Geometrie zugrunde liegen, wie etwa das Doppelverhältnis, die Perspektivität, die Projektivität, die Involution und sogar die unendlich fernen Kreispunkte. Poncelet wußte, daß die Brennpunkte eines Kegelschnitts als Schnittpunkte der durch diese Kreispunkte hindurchgehenden Tangenten an den Kegelschnitt aufgefaßt werden können. Der „Traité" enthält auch die Theorie der Polygone, die einem Kegelschnitt einbeschrieben und einem anderen umbeschrieben sind (das sogenannte „Schließungsproblem von Poncelet"). Obwohl dieses Buch die erste vollständige Abhandlung über projektive Geometrie war, erreichte diese Geometrie bereits während der nächsten Jahrzehnte jenen Grad der Vollkommenheit, der sie zu einem klassischen Beispiel einer wohlabgerundeten mathematischen Struktur werden ließ.

Obgleich Monge ein Mann von streng demokratischen Grundsätzen war, verhielt er sich gegenüber Napoleon loyal, in dem er den Vollstrecker der Ideale der Revolution sah. Im Jahre 1815, als die Bourbonen zurückkehrten, verlor Monge seine Stellung und starb bald darauf. Die École Polytechnique jedoch blühte weiterhin im Geiste von Monge. Das innere Wesen dieser Institution machte es schwer, reine und angewandte Mathematik zu trennen. Die Mechanik wurde stark gepflegt, und die mathematische Physik begann, sich endlich von der „Katoptrik“ und „Dioptrik“ der Alten zu befreien. Etienne Malus entdeckte die Polarisation des Lichtes (1810), und Augustin Fresnel nahm die Huygenssche Wellentheorie des Lichtes wieder auf (1821). André Marie Ampère, der sehr erfolgreich über partielle Differentialgleichungen gearbeitet hatte, wurde nach 1820 der große Pionier des Elektromagnetismus. Diese Forscher brachten der Mathematik viele direkte und indirekte Anregungen: Ein Beispiel ist Dupins Verbesserung der Malusschen Geometrie der Lichtstrahlen, die bei der Modernisierung der geometrischen Optik mithalf und auch einen Beitrag zur Geometrie der Linienkongruenzen leistete.

Die „Mécanique analytique“ von Lagrange wurde sorgfältig studiert, ihre Methoden erprobt und angewandt. Die Statik interessierte Monge und seine Schüler wegen ihrer geometrischen Möglichkeiten, und im Laufe dieser Jahre erschienen mehrere Lehrbücher über Statik, darunter eins von Monge selbst (1788, viele Auflagen). Voll zur Geltung gebracht wurde der geometrische Gehalt der Statik von Louis Poinsot, der viele Jahre hindurch Mitglied des französischen Hohen Rates für den öffentlichen Unterricht war. Seine „Eléments de statique“ (1804) und die „Théorie nouvelle de la rotation des corps“ (1834) fügte zum Begriff der Kraft denjenigen des Drehmoments (Kräftepaars) hinzu, stellte Eulers Theorie der Trägheitsmomente mit Hilfe des Trägheitsellipsoids dar und analysierte die Bewegung dieses Ellipsoids, wenn sich der starre Körper im Raum bewegt oder um einen festen Punkt dreht. Poncelet und Coriolis verliehen der analytischen Mechanik von Lagrange einen geometrischen Zug; beide Gelehrte, ebenso wie Poinsot, betonten die Anwendung der Mechanik auf die Theorie von einfachen Maschinen. Die „Coriolisbeschleunigung“, die dann in Erscheinung tritt, wenn sich ein Körper in einem beschleunigten System bewegt, ist ein

Beispiel einer solchen geometrischen Interpretation der Ergebnisse von Lagrange (1835).

Die hervorragendsten Mathematiker, die mit den ersten Jahren der École Polytechnique verbunden waren — außer Lagrange und Monge — waren Siméon Poisson, Joseph Fourier und Augustin Cauchy. Alle drei waren zutiefst an der Anwendung der Mathematik auf die Mechanik und Physik interessiert, alle drei wurden durch dieses Interesse zu Entdeckungen in der „reinen" Mathematik geführt. Die Produktivität von Poisson wird durch die Häufigkeit gekennzeichnet, mit der sein Name in unseren Lehrbüchern genannt wird: Poissonsche Klammern in den Differentialgleichungen, die Poissonsche Konstante in der Elastizitätstheorie, das Poissonsche Integral und die Poissonsche Gleichung der Potentialtheorie. Diese „Poissonsche Gleichung", $\Delta V = 4\pi\varrho$, war das Ergebnis der Entdeckung von Poisson (1812), daß die Laplacesche Gleichung $\Delta V = 0$ nur außerhalb von Massen gilt; ihr exakter Beweis für Massen von veränderlicher Dichte wurde erst von Gauß in seinen „Allgemeinen Lehrsätzen" (1839/40) geliefert. Poissons „Traité de mécanique" (1811) war im Geiste von Lagrange und Laplace geschrieben, enthielt aber auch viele neue Gedanken, wie die explizite Verwendung von Impulskoordinaten $p_i = \frac{\partial T}{\partial \dot{q}_i}$, wodurch später die Arbeiten von Hamilton und Jacobi angeregt wurden. Sein Buch aus dem Jahre 1837 enthält das „Poissonsche Gesetz" der Wahrscheinlichkeit (siehe S. 119).

Fourier ist in erster Linie als Autor der „Théorie analytique de la chaleur" (Analytische Theorie der Wärme) (1822) bekannt. Hierbei handelt es sich um die mathematische Theorie der Wärmeleitung und daher im wesentlichen um das Studium der Gleichung $\Delta U = k\frac{\partial u}{\partial t}$. Dank der Allgemeinheit seiner Methode wurde dieses Buch zum Ausgangspunkt aller modernen Methoden der mathematischen Physik, die sich auf die Integration von partiellen Differentialgleichungen bei vorgegebenen Randbedingungen beziehen. Diese Methode ist der Gebrauch von trigonometrischen Reihen, die schon Gegenstand der Diskussion zwischen Euler, d'Alembert und Daniel Bernoulli gewesen waren. Fourier klärte die Situation völlig auf. Er stellte die Tatsache klar, daß eine „willkürliche" Funktion (eine Funktion, die sich durch ein stetiges Kurvenstück oder durch eine Aneinanderreihung von solchen darstellen läßt) durch eine trigonometrische Reihe der Form $\sum_{n=0}^{\infty} (A_n \cos nax + B_n \sin nax)$ dargestellt werden kann. Trotz der Betrachtungen von Euler und Bernoulli war die Idee zur Zeit der Untersuchungen Fouriers so neu und frappierend, daß berichtet wird, wie er 1807, als er seine Idee zum erstenmal bekanntgab, auf den scharfen Widerspruch von niemand anderem als Lagrange selbst stieß.

Die „Fourierreihen" wurden nun zu einem gut durchgebildeten Hilfsmittel in der Theorie der partiellen Differentialgleichungen mit gegebenen Randbedingungen. Sie fanden aber auch ein selbständiges Interesse. Ihre Handhabung bei Fourier drängte auf die Klärung der Frage, was unter einer „Funktion" zu verstehen ist. Dies war einer der Gründe, warum die Mathematiker des neunzehnten Jahrhunderts es für notwendig hielten, sich mehr mit Fragen nach der Strenge mathematischer Beweise und den Grundlagen der mathematischen Begriffe überhaupt zu beschäftigen.[1]) Diese Aufgabe wurde insbesondere bei den Fourierreihen von Dirichlet und Riemann in Angriff genommen.

7. Cauchys zahlreiche Beiträge zur Theorie des Lichtes und zur Mechanik sind durch den Erfolg seiner Leistungen in der Analysis zurückgedrängt worden, aber man darf nicht vergessen, daß er zusammen mit Navier zu den Begründern der mathematischen Elastizitätstheorie gehört. Sein Ruhm beruht hauptsächlich auf der Theorie der Funktionen einer komplexen Veränderlichen und auf seinem beharrlichen Streben nach Strenge in der Analysis. Funktionen einer komplexen Veränderlichen waren schon vordem konstruiert worden, besonders von d'Alembert,

---

[1]) P. E. B. Jourdain, *Note on Fourier's Influence on the Conceptions of Mathematics*, Proc. Intern. Congress of Mathem. (Cambridge 1912) II, S. 526/27.

der in einer Arbeit über den Widerstand in Flüssigkeiten im Jahre 1752 sogar zu dem gelangt war, was wir heute die Cauchy-Riemannschen Gleichungen nennen. Unter den Händen von Cauchy befreite sich die komplexe Funktionentheorie davon, lediglich als ein nützliches Hilfsmittel in der Hydrodynamik und Aerodynamik zu gelten, und wurde zu einem neuen und unabhängigen Gebiet mathematischer Forschung. Cauchys Untersuchungen über diesen Gegenstand erschienen nach 1814 in ununterbrochener Folge. Eine der bedeutendsten seiner Arbeiten ist das „Mémoire sur les intégrales définies, prises entre des limites imaginaires“ (1825). In dieser Abhandlung erschien der Cauchysche Integralsatz, wobei der Begriff des Residuums auftauchte. Der Satz, daß jede reguläre Funktion $f(z)$ um jeden Punkt $z = z_0$ in eine Reihe entwickelt werden kann, die innerhalb eines Kreises konvergiert, der durch den zu $z = z_0$ nächstgelegenen singulären Punkt hindurchgeht, wurde 1831 veröffentlicht, also im gleichen Jahr, als Gauß seine arithmetische Theorie der komplexen Zahlen veröffentlichte. Laurents Erweiterung des Cauchyschen Reihensatzes wurde 1843 veröffentlicht -- als sie auch im Besitz von Weierstraß war. Diese Tatsachen zeigen, daß die Cauchysche Theorie keine Widerstände in Fachkreisen zu überwinden hatte; die Theorie der komplexen Funktionen wurde von ihrem Erscheinen an vollständig anerkannt.

Cauchy gehört zusammen mit seinen Zeitgenossen Gauß, Abel und Bolzano zu den Pionieren des neu erwachten Bedürfnisses nach Strenge in der Mathematik. Das achtzehnte Jahrhundert war im wesentlichen eine Zeit des Experimentierens gewesen, in der sich Ergebnisse in verschwenderischer Fülle einstellten. Die Mathematiker dieser Zeit hatten sich nicht allzusehr um die Grundlagen ihrer Arbeit gekümmert -- „allez en avant, et la foi vous viendra“ (Geht vorwärts, der Glaube wird sich schon einstellen) soll d'Alembert gesagt haben. Wenn sie sich um Strenge sorgten, wie es Euler und Lagrange gelegentlich taten, waren ihre Argumente nicht immer überzeugend. Nunmehr war die Zeit für eine zielgerichtete Konzentration auf die Sinndeutung der Resultate gekommen. Was war eigentlich eine „Funktion“

einer reellen Veränderlichen, die ein so verschiedenes Verhalten bezüglich einer Fourierreihe und bezüglich einer Potenzreihe zeigte? In welcher Beziehung stand sie zu der völlig andersartigen „Funktion" einer komplexen Veränderlichen? Diese Fragen schoben alle ungelösten Probleme der Begründung der Infinitesimalrechnung und der Existenz des aktualen und des potentiellen Unendlich in den Vordergrund des mathematischen Denkens.[1]) Was Eudoxus in der Zeit nach dem Sturz der Athener Demokratie geleistet hatte, begannen Cauchy und seine exakt denkenden Zeitgenossen in der Periode des sich ausbreitenden Industrialismus zu vollenden. Dieser Unterschied der gesellschaftlichen Umstände führte zu unterschiedlichen Ergebnissen: während der Erfolg des Eudoxus die Tendenz besaß, die Produktivität zu hemmen, wirkte der Erfolg der modernen Reformer auf die mathematische Produktivität in hohem Maße anregend. Auf Cauchy und Gauß folgten Weierstraß und Cantor.

Cauchy arbeitete die Begründung der Infinitesimalrechnung so aus, wie sie heute allgemein in unseren Lehrbüchern dargelegt wird. Sie findet sich in seinem „Cours d'analyse" (1821) und seinem „Resumé des leçons données à l'école royale polytechnique" I (1823). Cauchy verwendete den Grenzwertbegriff von d'Alembert, um die Ableitung einer Funktion zu definieren und sie auf eine festere Grundlage zu stellen, als es seinen Vorgängern möglich war.

Ausgehend vom Grenzwertbegriff gab Cauchy solche Beispiele wie den Limes von $\frac{\sin\alpha}{\alpha}$ für $\alpha = 0$. Danach definierte er eine „unendlich kleine Variable" als eine veränderliche Zahl, die Null als Grenzwert besitzt; dann forderte er, daß Δy und Δx „seront des quantités infiniment petites" (unendlich kleine Größen seien). Er schrieb dann $\frac{\Delta y}{\Delta x} = \frac{f(x+i) - f(x)}{i}$ und nannte den Grenzwert für $i \to 0$ die „fonction dérivée (abgeleitete Funktion) y' ou $f'(x)$".

[1]) P. E. B. Jourdain, *The Origin of Cauchy's Conception of a Definite Integral and of the Continuity of a Function*, Isis *1*, 661—703 (1913) (siehe auch Bibl. Math. *6*, 190—207) (1905).

Er setzte weiter $i = \alpha h$, α eine „infiniment petite" und h eine „quantité finie":

$$\frac{f(x+\alpha h)-f(x)}{\alpha} = \frac{f(x+i)-f(x)}{i}\,h.$$

h wurde die „différentielle de la fonction $y = f(x)$" (das Differential von y) genannt. Weiterhin ist $dy = df(x) = h\,f'(x)$; $dx = h$.[1])

Cauchy benutzte sowohl die Bezeichnung von Lagrange als auch viele seiner Beiträge zur reellen Funktionentheorie, ohne irgendein Zugeständnis an die Lagrangesche „algebraische" Begründung zu machen. Der Mittelwertsatz und das Restglied der Taylorschen Reihe wurden so übernommen, wie sie von Lagrange abgeleitet worden waren, aber die Reihen wurden jetzt unter gebührender Beachtung ihrer Konvergenz diskutiert. Mehrere Konvergenzkriterien in der Lehre von den unendlichen Reihen werden nach Cauchy benannt. In seinen Büchern finden sich deutliche Ansätze zu der „Arithmetisierung" der Analysis, die später das Kernstück der Untersuchungen von Weierstraß bildete. Cauchy gab auch den ersten Existenzbeweis für die Lösung einer Differentialgleichung und eines Systems von solchen Gleichungen (1836). Auf diese Weise lieferte Cauchy wenigstens den Beginn einer Antwort auf jene Reihe von Problemen und Paradoxien, die die Mathematik seit den Tagen von Zeno beunruhigt hatten, und er tat dies nicht, indem er sie leugnete oder übersah, sondern dadurch, daß er eine mathematische Technik schuf, mit der es möglich war, ihnen gerecht zu werden.

Cauchy war wie sein Zeitgenosse Balzac, mit dem er die Fähigkeit zu einem beinahe unbegrenzten Arbeitsvolumen gemeinsam hatte, Legitimist und Anhänger des Königtums. Beide Männer besaßen ein so tiefes Verständnis für Werte, daß trotz ihrer reaktionären Ideale vieles von ihrem Werk seinen fundamentalen Wert behalten hat. Cauchy verließ seinen Lehrstuhl an der École Polytechnique nach der Revolution von 1830 und verbrachte einige Jahre in Turin und Prag; 1838 kehrte er nach Paris

---

[1]) Resumé I (1823), *Calcul différentiel*, S. 13—27. Eine genaue Untersuchung dieses Vorgehens in M. Pasch, *Mathematik am Ursprung* (Leipzig 1927), S. 47—73.

zurück. Nach 1848 wurde sein weiterer Aufenhalt gestattet, und er konnte lehren, ohne den Treueeid auf die neue Regierung geleistet zu haben. Seine Produktivität war so gewaltig, daß die Pariser Akademie den Umfang aller an die „Comptes Rendus" eingereichten Arbeiten einschränken mußte, um mit Cauchys Produktivität fertig zu werden. Man sagt, daß er Laplace, als er seine erste Arbeit über die Konvergenz von Reihen an der Pariser Akademie las, so stark beunruhigte, daß der große Gelehrte nach Hause eilte, um die Reihen in seiner „Mécanique Céleste" zu überprüfen. Er fand, wie es scheint, heraus, daß keine großen Fehler vorgekommen waren.

8. Dieses Pariser Milieu mit seiner intensiven mathematischen Tätigkeit brachte um 1830 ein Genie ersten Ranges hervor, das wie ein Komet ebenso plötzlich verschwand, wie es erschienen war. Evariste Galois, dem Sohn des Bürgermeisters einer Kleinstadt in der Nähe von Paris, wurde zweimal die Aufnahme in die École Polytechnique verweigert, und als es ihm endlich gelungen war, in die École Normale einzutreten, wurde er schnell wieder entlassen. Er versuchte sich als Privatlehrer für Mathematik durchzuschlagen, wobei er gleichzeitig ein schwieriges Gleichgewicht zwischen seiner heißen Liebe zur Wissenschaft und für die Demokratie aufrechterhalten mußte. Galois nahm auf republikanischer Seite an der Revolution von 1830 teil, verbrachte mehrere Monate im Gefängnis und wurde bald danach im Alter von einundzwanzig Jahren in einem Duell getötet. Zwei der von ihm zur Veröffentlichung eingereichten Arbeiten verloren sich auf dem Schreibtisch des Herausgebers; einige andere wurden lange nach seinem Tode veröffentlicht. Am Vorabend des Duells teilte er einem Freund brieflich eine Zusammenfassung seiner Entdeckungen in der Theorie der Gleichungen mit. Dieses ergreifende Dokument, in welchem er seinen Freund bat, seine Entdeckungen den führenden Mathematikern zu unterbreiten, schloß mit den Worten:

„Du wirst Jacobi oder Gauß öffentlich bitten, ihre Meinung nicht über die Wahrheit, sondern über die Bedeutung der Sätze zu sagen. Danach wird es, so hoffe ich, einige Leute geben, die es für vorteilhaft erachten, diesen ganzen Wirrwarr zu entziffern."

Dieser Wirrwarr („ce gâchis") enthielt nicht weniger als die Theorie der Gruppen, den Schlüssel zur modernen Algebra und zur modernen Geometrie. Die Gedanken waren in gewissem Umfange schon von Lagrange und dem Italiener Ruffini vorweggenommen worden, aber Galois hatte die Konzeption einer vollständigen Gruppentheorie. Er brachte die grundlegenden Eigenschaften der zu den Wurzeln einer algebraischen Gleichung gehörenden Transformationsgruppe zum Ausdruck und zeigte, daß der Körper dieser Wurzeln durch die Gruppe bestimmt ist. Galois wies auf die entscheidende Bedeutung hin, die den invarianten Untergruppen zukommt. Alte Probleme, wie etwa die Dreiteilung des Winkels, die Verdopplung des Würfels, die Lösung der kubischen und der biquadratischen Gleichungen, ebenso wie die Lösung einer algebraischen Gleichung beliebigen Grades, fanden ihren natürlichen Platz in der Theorie von Galois. Der Brief von Galois wurde, soweit wir wissen, niemals Gauß oder Jacobi vorgelegt. Er wurde der mathematischen Öffentlichkeit nicht eher bekannt, als bis Liouville im Jahre 1846 die meisten Arbeiten von Galois in seinem „Journal de mathématiques" veröffentlichte, zu welcher Zeit Cauchy bereits begonnen hatte, über Gruppentheorie zu arbeiten (1844—1846). Erst jetzt begannen einige Mathematiker, sich für die Theorien von Galois zu interessieren. Volles Verständnis für die Bedeutung von Galois wurde erst durch Camille Jordans „Traité des substitutions" (1870) und die nachfolgenden Veröffentlichungen von Klein und Lie geschaffen. Heute hat man erkannt, daß das vereinheitlichende Prinzip von Galois eine der hervorragendsten Leistungen der Mathematik des neunzehnten Jahrhunderts darstellt.

Galois besaß auch neue Ideen über die Integrale algebraischer Funktionen von einer Veränderlichen, die wir heute Abelsche Integrale nennen. Das läßt seine Denkweise mit der Denkweise von Riemann verwandt erscheinen. Man kann darüber Vermutungen anstellen, ob die Möglichkeit bestanden hätte, falls

Galois länger gelebt hätte, daß die moderne Mathematik ihre tiefsten Gedanken aus Paris und der Schule von Lagrange empfangen hätte statt aus Göttingen und der Schule von Gauß.

9. Ein anderes junges Genie tauchte in den zwanziger Jahren auf, Niels Henrik Abel, der Sohn eines norwegischen Dorfpfarrers. Abels kurzes Leben verlief fast so tragisch wie das von Galois. Als Student in Christiania glaubte er eine Zeitlang, die Gleichung fünften Grades gelöst zu haben, aber er korrigierte sich selbst in einer im Jahre 1824 veröffentlichten Schrift. Das war eine berühmte Arbeit, in der Abel die Unmöglichkeit der Lösung einer allgemeinen Gleichung fünften Grades mit Hilfe von Radikalen bewies — ein Problem, das den Mathematikern seit der Zeit von Bombelli und Viète Kopfzerbrechen bereitet hatte (ein von dem Italiener Paolo Ruffini im Jahre 1799 versuchter Beweis wurde von Poisson und anderen Mathematikern als zu unbestimmt angesehen). Abel erhielt nun ein Stipendium, das es ihm ermöglichte, nach Berlin, Italien und Frankreich zu reisen. Von Armut und Schwindsucht gepeinigt, schüchtern und zurückgezogen, konnte der junge Mathematiker nur wenige persönliche Kontakte herstellen und starb (1829) bald nach seiner Rückkehr in die Heimat.

In dieser Zeit schrieb Abel mehrere Arbeiten, die sein Werk über die Konvergenz von Reihen, über „abelsche" Integrale und elliptische Funktionen enthalten. Abels Sätze in der Theorie der unendlichen Reihen zeigen, daß er imstande war, diese Theorie auf eine zuverlässige Grundlage zu stellen. „Kannst Du Dir etwas Schrecklicheres vorstellen, als zu behaupten, daß $0 = 1^n - 2^n + 3^n - 4^n +$ etc. gilt, wobei n eine positive ganze Zahl ist?" schrieb er an einen Freund und fuhr fort:

„Es gibt in der Mathematik kaum eine einzige unendliche Reihe, deren Summe in strenger Weise bestimmt worden ist." (Brief an Holmboe, 1826.)

Abels Untersuchungen über elliptische Funktionen wurden in einem kurzen, aber aufregenden Wettlauf mit Jacobi durchgeführt. Gauß hatte in seinen persönlichen Aufzeichnungen schon lange entdeckt, daß die Umkehrung der elliptischen Integrale zu eindeutigen doppelt-periodischen Funktionen führt, aber er veröffentlichte seine Gedanken darüber nie. Legendre, der so viele Mühe an elliptische Integrale gewandt hatte, hatte diese Tatsache gänzlich übersehen und war tief beeindruckt, als er Abels Entdeckungen als alter Mann zu Gesicht bekam. Abel hatte darin viel Glück, daß er eine neue Zeitschrift fand, die begierig darauf war, seine Arbeiten zu drucken; der erste Band des von Crelle herausgegebenen „Journals für die reine und angewandte Mathematik" enthielt nicht weniger als fünf Arbeiten von Abel. Im zweiten Band (1827) erschien der erste Teil seiner „Recherches sur les fonctions elliptiques", mit der die Theorie der doppeltperiodischen Funktionen beginnt.

Wir sprechen von der abelschen Integralgleichung und vom Abelschen Satz über die Summe von Integralen algebraischer Funktionen, die zu den abelschen Funktionen führt. Kommutative Gruppen werden abelsche Gruppen genannt, was darauf hinweist, wie eng die Ideen von Galois mit denen von Abel verwandt sind.

10. Im Jahre 1829, in dem Abel starb, veröffentlichte Carl Gustav Jacob Jacobi seine „Fundamenta nova theoriae functionum ellipticarum". Der Autor war ein junger Professor an der Universität Königsberg. Er war der Sohn eines Berliner Bankiers und Angehöriger einer vornehmen Familie; sein Bruder Moritz in Petersburg war einer der ersten russischen Wissenschaftler, der experimentell in der Elektrizitätslehre arbeitete. Nach seinem Studium in Berlin lehrte Jacobi von 1826 bis 1843 in Königsberg. Er verbrachte dann einige Zeit in Italien, wo er versuchte, seine Gesundheit wiederzuerlangen, und beendete seine Laufbahn als Mitglied der Akademie zu Berlin, wo er 1851 im Alter von sechsundvierzig Jahren starb. Er war ein geistreicher und liberaler Denker, ein begeisternder Lehrer und ein Wissenschaftler, dessen ungewöhnliche Energie und klare Gedankengänge wenige Zweige der Mathematik unberührt ließen.

Jacobi gründete seine Theorie der elliptischen Funktionen auf vier durch unendliche Reihen definierte Funktionen, die als Thetafunktionen bezeichnet werden. Die doppelt-periodischen Funktionen sn u, cn u und dn u sind Quotienten von Thetafunktionen; sie genügen gewissen Identitäten und Additionstheoremen, die denen der Sinus- und Kosinusfunktionen der gewöhnlichen Trigonometrie sehr ähnlich sind. Die Additionstheoreme der elliptischen Funktionen können auch als spezielle Anwendungen des Abelschen Satzes über die Summe von Integralen algebraischer Funktionen betrachtet werden. Nun entstand die Frage, ob hyperelliptische Integrale ebenso umgekehrt werden konnten, wie elliptische Integrale umgekehrt worden waren, als sie die elliptischen Funktionen lieferten. Die Lösung wurde 1832 von Jacobi gefunden, als er sein Ergebnis veröffentlichte, wonach die Umkehrung mit Hilfe von Funktionen von mehr als einer Veränderlichen vorgenommen werden konnte. So wurde die Theorie der abelschen Funktionen von p Variablen geschaffen, die zu einem bedeutenden Zweig der Mathematik des neunzehnten Jahrhunderts wurde.

Sylvester hat der Funktionaldeterminante den Namen „Jacobische" Determinante gegeben, um Jacobis Leistungen bezüglich Algebra und Eliminationstheorie zu ehren. Die am besten bekannte Jacobische Arbeit über dieses Gebiet ist „De formatione et proprietatibus determinantium" (1841), die die Theorie der Determinanten zum Gemeingut der Mathematiker werden ließ. Die Idee der Determinante ist viel älter — sie geht im wesentlichen auf Leibniz (1693), den Schweizer Mathematiker Gabriel Cramer (1750) und Lagrange (1773) zurück; der Name rührt von Cauchy (1812) her. Y. Mikami hat darauf hingewiesen, daß der japanische Mathematiker Seki Kōwa die Idee der Determinante etwas vor 1683 besessen hat.[1]) Man wird hier an die von den chinesischen Mathematikern der Sung-Dynastie entwickelten „Matrix"-Methoden erinnert.

Die beste Vorstellung von Jacobi gewinnt man vielleicht durch seine ausgezeichneten „Vorlesungen über Dynamik", die 1866 nach Vorlesungsnotizen von 1842—1843 veröffentlicht wurden. Sie

[1]) Y. Mikami, *On the Japanese Theory of Determinants,* Isis *2,* 9—36 (1914).

sind in der Tradition der französischen Schule von Lagrange und Poisson geschrieben, enthalten aber eine Fülle neuer Ideen. Hier findet man Jacobis Untersuchungen über partielle Differentialgleichungen erster Ordnung und ihre Anwendung auf die Differentialgleichungen der Dynamik. Ein interessantes Kapitel der „Vorlesungen über Dynamik" ist die Bestimmung der Geodätischen auf einem Ellipsoid; das Problem führt auf eine Relation zwischen zwei abelschen Integralen.

11. Jacobis Vorlesungen über Dynamik führen uns zu einem anderen Mathematiker, dessen Name oft mit dem von Jacobi zusammen genannt wird, zu William Rowan Hamilton (nicht mit seinem Zeitgenossen William Hamilton, dem Edinburgher Philosophen, zu verwechseln). Er verbrachte sein ganzes Leben in Dublin, wo er als Sohn irischer Eltern geboren wurde. Er besuchte das Trinity College, wurde im Jahre 1827 im Alter von zweiundzwanzig Jahren „königlicher Astronom von Irland" und hatte diese Stellung bis zu seinem Tode 1865 inne. Als Knabe lernte er die Mathematik des Kontinents — das war noch eine Neuheit im Vereinigten Königreich —, indem er Clairaut und Laplace studierte, und bewies seine Beherrschung der neuen Methoden durch seine von außerordentlicher Originalität zeugenden Arbeiten über Optik und Dynamik. Seine Theorie der Lichtstrahlen (1824) war mehr als nur eine Differentialgeometrie der Strahlenkongruenzen; sie war zugleich eine Theorie der optischen Instrumente und ermöglichte Hamilton, die konische Refraktion in zweiachsigen Kristallen vorauszusagen. In dieser Arbeit erschien seine „charakteristische Funktion", die zum Leitgedanken seiner 1834/35 veröffentlichten „General Method in Dynamics" wurde. Seine Idee bestand darin, Optik und Dynamik zusammen aus einem einzigen allgemeinen Prinzip herzuleiten. Euler hatte anläßlich seiner Verteidigung von Maupertuis bereits gezeigt, wie der stationäre Wert des Wirkungsintegrals zu diesem Zweck benutzt werden konnte. Hamilton machte im Verfolg dieser Anregung Optik und Dynamik zu zwei Anwendungsbeispielen der Variationsrechnung. Er fragte nach dem

stationären Wert eines gewissen Integrals und betrachtete es als Funktion seiner Grenzen. Das war die „charakteristische“ oder „Wirkungs“-Funktion, die zwei partiellen Differentialgleichungen genügt. Eine dieser partiellen Differentialgleichungen, die man üblicherweise

$$\frac{\partial S}{\partial t} + H\left(\frac{\partial S}{\partial q}, q\right) = 0$$

schreibt, war von Jacobi für seine Vorlesung über Dynamik besonders gewählt worden und ist jetzt als Hamilton-Jacobische Gleichung bekannt. Das hat die Bedeutung der Hamiltonschen charakteristischen Funktion verdunkelt, die in seiner Theorie als Mittel zur Vereinheitlichung von Mechanik und mathematischer Physik eine zentrale Stellung einnahm. Sie wurde im Jahre 1895 von Bruns für den Fall der geometrischen Optik wiederentdeckt und hat als „Eikonal“ ihren Nutzen in der Theorie der optischen Instrumente bewiesen.

Der Teil der Hamiltonschen Arbeiten über Dynamik, der zum Allgemeingut der Mathematik geworden ist, ist in erster Linie die „kanonische“ Form $\dot{q} = \frac{\partial H}{\partial p}, \dot{p} = -\frac{\partial H}{\partial q}$, in welcher er die Gleichungen der Dynamik schrieb. Kanonische Form und Hamilton-Jacobische Differentialgleichung haben es Lie ermöglicht, eine Beziehung zwischen Dynamik und Berührungstransformationen aufzustellen. Diese mit dieser Entwicklung verbundene allgemeine Idee von Hamilton war daher die Herleitung der Gesetze der Physik und Mechanik aus der Variation eines Integrals. Die moderne Relativitätstheorie ebenso wie die Quantenmechanik sind auf der „Hamiltonschen“ Funktion als ihrem grundlegenden Prinzip aufgebaut.

Das Jahr 1843 bedeutete einen Wendepunkt im Leben Hamiltons. In diesem Jahr entdeckte er die Quaternionen, deren Studium er den späteren Teil seines Lebens widmete. Wir werden diese Entdeckung an späterer Stelle diskutieren.

12. Peter Lejeune Dirichlet war sowohl mit Gauß und Jacobi als auch mit den französischen Mathematikern eng verbunden.

Er lebte von 1822–1827 als Privatlehrer und traf mit Fourier zusammen, dessen Buch er studierte; er machte sich auch mit den „Disquisitiones arithmeticae“ von Gauß vertraut. Er lehrte später an der Universität Breslau und wurde 1855 Nachfolger von Gauß in Göttingen. Seine persönliche Bekanntschaft sowohl mit französischen und deutschen Mathematikern als auch mit der mathematischen Wissenschaft beider Länder ließen ihn zum geeigneten Mann werden, um als Interpret von Gauß zu wirken und die Fourierreihen einer tiefschürfenden Analyse zu unterziehen. Dirichlets ausgezeichnete „Vorlesungen über Zahlentheorie“ (1863 veröffentlicht) bilden noch immer eine der besten Einführungen in die Gaußschen Untersuchungen zur Zahlentheorie. Sie enthalten auch viele neue Ergebnisse. In einer Arbeit aus dem Jahre 1840 lehrte Dirichlet, wie man die volle Kraft der Theorie der analytischen Funktionen auf Probleme der Zahlentheorie anwendet; eben in diesen Untersuchungen führte er die „Dirichletschen“ Reihen ein. Er erweiterte auch den Begriff der quadratischen Irrationalitäten zu dem der allgemeinen algebraischen Rationalitätsbereiche (Körper).

Dirichlet gab als erster einen strengen Konvergenzbeweis für Fourierreihen und trug auf diese Weise zum richtigen Verständnis des Wesens einer Funktion bei. Außerdem führte er das sogenannte Dirichletsche Prinzip in die Variationsrechnung ein, das die Existenz einer Funktion v als gegeben annahm, die das Integral $\int (v_x^2 + v_y^2 + v_z^2)\, d\tau$ bei vorgegebenen Randbedingungen zum Minimum macht. Es war eine Abänderung eines Prinzips, das Gauß in seiner Potentialtheorie von 1839/40 eingeführt hatte, und diente später Riemann als kraftvolles Hilfsmittel bei der Lösung von Problemen der Potentialtheorie. Es wurde schon erwähnt, daß schließlich Hilbert die Gültigkeit dieses Prinzips streng nachwies (S. 164).

13. Mit Bernhard Riemann, dem Nachfolger Dirichlets in Göttingen, kommen wir zu dem Mann, der mehr als irgendein anderer den Weg der modernen Mathematik beeinflußt hat. Riemann war der Sohn eines Landpfarrers und studierte an der

Universität Göttingen, wo er 1851 den Doktorgrad erwarb. Im Jahre 1854 wurde er Privatdozent und 1859 Professor an der gleichen Universität. Er war wie Abel kränklich und verbrachte seine letzten Tage in Italien, wo er 1866 im Alter von 40 Jahren starb. In seinem kurzen Leben hat er nur eine verhältnismäßig kleine Anzahl von Arbeiten veröffentlicht, aber jede von ihnen war — und ist es noch — bedeutend, und einige von ihnen haben ganz neue und fruchtbare Gebiete eröffnet. Im Jahre 1851 erschien Riemanns Doktordissertation über die Theorie der komplexen Funktionen $u + i v = f(x + i y)$. Wie d'Alembert und Cauchy wurde Riemann von hydrodynamischen Vorstellungen beeinflußt. Er bildete die x, y-Ebene konform auf die u, v-Ebene ab und wies die Existenz einer Funktion nach, die die Transformation eines beliebigen einfach zusammenhängenden Gebietes der einen Ebene in ein beliebiges einfach zusammenhängendes Gebiet der anderen Ebene leistete. Das führte zur Idee der Riemannschen Fläche, die topologische Betrachtungen in die Analysis hineintrug. In jener Zeit war die Topologie noch ein fast unberührtes Gebiet, über das J.B. Listing in den „Göttinger Studien" von 1847 eine Arbeit veröffentlicht hatte. Riemann zeigte ihre zentrale Bedeutung für die Theorie der komplexen Funktionen. Diese Dissertation erläuterte auch die Riemannsche Definition einer komplexen Funktion: Real- und Imaginärteil müssen in einem gegebenen Gebiet den „Cauchy-Riemannschen" Differentialgleichungen genügen: $u_x = v_y$, $u_y = -v_x$ und müssen außerdem gewisse Bedingungen bezüglich des Randes und der Singularitäten erfüllen.

Riemann wendete seine Ideen auf hypergeometrische und abelsche Funktionen (1857) an, wobei er ausgiebig von dem (von ihm so bezeichneten) Dirichletschen Prinzip Gebrauch machte. Unter seinen Ergebnissen findet sich die Entdeckung des Geschlechts einer Fläche als einer topologischen Invariante und eines Hilfsmittels zur Klassifizierung abelscher Funktionen. In einer posthum veröffentlichten Arbeit werden diese Ideen auf Minimalflächen angewendet (1867). Zu diesem Teil der Riemannschen Tätigkeit gehören auch seine Untersuchungen über elliptische Modulfunktionen und Thetareihen von p unabhängigen Veränderlichen ebenso wie die über lineare Differentialgleichungen mit algebraischen Koeffizienten.

Riemann wurde im Jahre 1854 Privatdozent, indem er nicht weniger als zwei grundlegende Arbeiten vorlegte, eine über trigonometrische Reihen und die Grundlagen der Analysis. die andere über die Grundlagen der Geometrie. In der ersten Arbeit wurden die Dirichletschen Bedingungen für die Entwickelbarkeit einer Funktion in eine Fourierreihe untersucht. Eine dieser Bedingungen forderte, daß die Funktion „integrabel" sein muß. Was bedeutet das aber? Cauchy und Dirichlet hatten schon gewisse Antworten gegeben; Riemann ersetzte sie durch seine eigene umfassende Antwort. Er gab jene Definition, die wir heute als „Riemannsches Integral" kennen und die erst im zwanzigsten Jahrhundert durch das Lebesguesche Integral ergänzt wurde. Riemann zeigte, daß durch Fourierreihen definierte Funktionen solche Eigenschaften besitzen können wie das Auftreten unendlich vieler Maxima und Minima, die von älteren Mathematikern bei der Definition einer Funktion nicht zugelassen worden wären. Der Funktionsbegriff begann sich ernstlich von der „curva quaecunque libero manus ductu descripta"[1]) von Euler zu befreien. In seinen Vorlesungen gab Riemann ein Beispiel einer stetigen Funktion ohne Ableitung; ein Beispiel einer solchen Funktion, das Weierstraß angegeben hatte, wurde im Jahre 1875 veröffentlicht. Die Mathematiker weigerten sich, derartige Funktionen besonders ernst zu nehmen und nannten sie „pathologische" Funktionen; die moderne Analysis hat nachgewiesen, wie naturgemäß solche Funktionen sind und wie Riemann hier wieder zu einem grundlegenden Gebiet der Mathematik vorgestoßen war.

Die andere Arbeit aus dem Jahre 1854 behandelte die Hypothesen, welche der Geometrie zugrunde liegen. Der Raum wurde als topologische Mannigfaltigkeit von beliebiger Dimensionszahl eingeführt; in einer solchen Mannigfaltigkeit wurde mittels einer quadratischen Differentialform eine Metrik definiert. Während

[1]) Eine Kurve, die man mit der freien Hand zeichnen kann. Aus *Institutiones Calculi Integralis* III § 301.

Riemann in der Analysis eine komplexe Funktion durch ihr lokales Verhalten definiert hatte, definierte er in dieser Arbeit den Charakter des Raumes in derselben Weise. Riemanns vereinheitlichendes Prinzip ermöglichte ihm nicht nur, alle vorhandenen Formen der Geometrie zu klassifizieren, einschließlich der noch sehr undurchsichtigen nichteuklidischen Geometrie, sondern gestattete ihm auch die Schaffung einer beliebigen Anzahl von neuen Raumtypen, von denen seither viele einen nützlichen Platz in der Geometrie und mathematischen Physik gefunden haben. Riemann veröffentlichte seine Arbeit ohne irgendwelche analytischen Hilfsmittel, wodurch es schwierig war, seinen Ideen zu folgen. Später erschienen einige der Formeln in einer Preisschrift über die Wärmeverteilung in einem festen Körper, die Riemann der Pariser Akademie eingereicht hatte (1861). Hierin ist eine Skizze der Transformationstheorie der quadratischen Formen enthalten.

Die letzte Arbeit von Riemann, die erwähnt werden muß, ist seine Diskussion der Anzahl $F(x)$ der Primzahlen, die unterhalb einer gegebenen Zahl x liegen (1859). Es handelte sich um eine Anwendung der Theorie der komplexen Zahlen auf das Problem der Verteilung der Primzahlen, und es wurde die Gaußsche Vermutung untersucht, daß $F(x)$ durch „den Integrallogarithmus“ $\int_2^x (\log t)^{-1} dt$ angenähert werden kann. Diese Arbeit ist berühmt, weil sie die sogenannte Riemannsche Vermutung enthält, daß die Eulersche Zetafunktion $\zeta(s)$ — diese Bezeichnung stammt von Riemann —, wenn man sie für komplexe Werte $s = x + iy$ betrachtet, sämtliche nicht reellen Nullstellen auf der Geraden $x = \frac{1}{2}$ besitzt. Diese Vermutung ist bis jetzt weder bewiesen noch als falsch nachgewiesen worden.[1])

14. Riemanns Auffassung der Funktion einer komplexen Veränderlichen ist oft mit der von Weierstraß verglichen worden.

[1]) R. Courant, *Bernhard Riemann und die Mathematik der letzten hundert Jahre*, Naturwissenschaften *14*, 813—818 (1926).

Karl Weierstraß war viele Jahre hindurch Lehrer an einem preußischen Gymnasium und wurde 1856 Mathematikprofessor an der Universität Berlin, wo er dreißig Jahre lang lehrte. Seine stets aufs sorgfältigste vorbereiteten Vorlesungen erfreuten sich wachsender Berühmtheit; hauptsächlich durch diese Vorlesungen sind die Gedanken von Weierstraß zum Gemeingut der Mathematiker geworden.

In seiner Gymnasiallehrerzeit schrieb Weierstraß mehrere Arbeiten über hyperelliptische Integrale, abelsche Funktionen und algebraische Differentialgleichungen. Seine am meisten bekannt gewordene Leistung ist die Begründung der Theorie der komplexen Funktionen durch die Methode der Potenzreihen. Das war in gewissem Sinne eine Rückkehr zu Lagrange, allerdings mit dem Unterschied, daß Weierstraß in der komplexen Ebene arbeitete und durchweg völlige Strenge erzielte. Die Werte der Potenzreihe innerhalb ihres Konvergenzkreises ergeben das „Funktionselement", das dann, falls es möglich ist, mit Hilfe der sogenannten analytischen Fortsetzung erweitert wird. Weierstraß studierte insbesondere ganze Funktionen und solche, die durch unendliche Produkte definiert sind. Seine elliptische Funktion $\wp(u)$ ist ebenso maßgeblich geworden wie die älteren $\operatorname{sn} u$, $\operatorname{cn} u$, $\operatorname{dn} u$ von Jacobi.

Der Ruhm von Weierstraß beruht auf seinen mit höchster Sorgfalt ausgeführten Schlußweisen, auf der „Weierstraßschen Strenge", die nicht nur in seiner Funktionentheorie zutage tritt, sondern auch in seiner Variationsrechnung. Er klärte die Begriffe des Minimums, der Funktion und der Ableitung völlig auf und beseitigte damit die noch vorhandene Unbestimmtheit der Ausdrucksweise in den grundlegenden Begriffen der Infinitesimalrechnung. Er war das mathematische Gewissen schlechthin, sowohl in methodischer als auch in logischer Beziehung. Ein anderes Beispiel seiner peinlich genauen Denkweise ist seine Entdeckung der gleichmäßigen Konvergenz. Mit Weierstraß begann jene Zurückführung der Prinzipien der Analysis auf die einfachsten arithmetischen Begriffe, die wir die Arithmetisierung der Mathematik nennen.

„Wenn heute in Verfolgung der Schlußweisen, die auf dem Begriff der Irrationalzahl und überhaupt des Limes beruhen, in der Analysis volle Übereinstimmung und Sicherheit herrscht und in den verwickeltsten Fragen, die die Theorie der Differential- und Integralgleichungen betreffen, trotz der kühnsten und mannigfaltigsten Kombinationen unter Anwendung von Über-, Neben- und Durcheinander-Häufung der Limites doch Einhelligkeit aller Ergebnisse statthat, so ist dies wesentlich ein Verdienst der wissenschaftlichen Tätigkeit von Weierstraß."[1])

15. Diese Arithmetisierung war typisch für die sogenannte Berliner Schule und besonders für Leopold Kronecker. Zu dieser Schule gehörten solche bedeutenden, in Algebra und algebraischer Zahlentheorie maßgeblichen Mathematiker wie Kronecker, Kummer und Frobenius. Zusammen mit diesen Männern sind Dedekind und Cantor zu nennen. Ernst Kummer wurde im Jahre 1855 als Nachfolger von Dirichlet nach Berlin berufen; dort lehrte er bis 1883, zu welcher Zeit er freiwillig seine mathematische Tätigkeit einstellte, weil er eine Abnahme der Produktivität herannahen fühlte. Kummer entwickelte weiterhin die Differentialgeometrie der Kongruenzen, die von Hamilton skizziert worden war, und entdeckte im Verlauf dieser Studien die Fläche vierter Ordnung mit sechzehn Knotenpunkten, die nach ihm benannt wird. Sein Ruf beruht aber in erster Linie auf der Einführung der „idealen" Zahlen in die Theorie der algebraischen Zahlkörper (1846). Diese Theorie wurde zu einem Teil durch Kummers Versuche, den großen Fermatschen Satz zu beweisen, angeregt, zum anderen Teil durch die Gaußsche Theorie der biquadratischen Reste, in welcher der Begriff der Primfaktoren auf den Bereich der komplexen Zahlen übertragen worden war. Kummers „ideale" Faktoren erlaubten die eindeutige Zerlegung von Zahlen in Primfaktoren innerhalb allgemeiner Zahlkörper. Diese Entdeckung ermöglichte große Fortschritte in der Arithmetik der algebraischen Zahlen, die später in dem von David Hilbert für die Deutsche Mathematiker-Vereinigung im Jahre 1897 geschriebenen Bericht meisterhaft zusammengefaßt wurden. Die Theorie von Dedekind und Weber, die eine Beziehung zwischen der Theorie der algebraischen Funk-

[1]) D. Hilbert, *Über das Unendliche*, Math. Annalen *95*, 161—190 (1926).

tionen und der Theorie der algebraischen Zahlen in einem gewissen Körper herstellte (1882), bildete ein Beispiel für den Einfluß der Kummerschen Theorie auf den Prozeß der Arithmetisierung der Mathematik.

Leopold Kronecker, ein Gelehrter mit Privatvermögen, übersiedelte 1855 nach Berlin, wo er, ohne formal im Besitz eines Lehrstuhls zu sein, viele Jahre an der Universität lehrte und erst nach dem Ausscheiden von Kummer 1883 einen solchen annahm. Kroneckers Hauptarbeiten betreffen elliptische Funktionen, Idealtheorie und Arithmetik der quadratischen Formen; seine veröffentlichten Vorlesungen über Zahlentheorie sind sorgfältige Darstellungen seiner eigenen und früheren Entdeckungen und lassen seinen Glauben an die Notwendigkeit der Arithmetisierung der Mathematik klar erkennen. Dieser Glaube beruhte auf seinem Streben nach Strenge; er war der Auffassung, daß die ganze Mathematik auf die Zahlen und alle Zahlen auf die natürlichen Zahlen gegründet werden müssen. Die Zahl π beispielsweise sollte man, statt sie auf dem üblichen geometrischen Weg zu gewinnen, auf die Reihe $1 - \frac{1}{3} + \frac{1}{5} - \frac{1}{7} + \cdots$ und damit auf eine Kombination von ganzen Zahlen gründen; gewisse Kettenbrüche für π könnten dem gleichen Zweck dienen. Kroneckers Bemühen, die ganze Mathematik in das Schema der Zahlentheorie zu pressen, wird durch seinen bekannten Ausspruch auf einer Tagung in Berlin im Jahre 1886 erläutert: „Die ganzen Zahlen hat der liebe Gott gemacht, alles andere ist Menschenwerk.“ Er erkannte die Definition eines mathematischen Begriffs nur dann an, wenn er in einer endlichen Anzahl von Schritten erzeugt werden kann. So wurde er mit der Schwierigkeit des Aktual-Unendlichen fertig, indem er sich weigerte, es anzuerkennen. Die Losung von Plato, daß Gott stets „Geometrie treibt“, wurde in der Kroneckerschen Schule durch die Losung ersetzt, daß Gott stets „Arithmetik treibt“.

Kroneckers Lehre über das Aktual-Unendliche stand in klaffendem Widerspruch zu den Theorien von Dedekind und von Cantor. Richard Dedekind, der einunddreißig Jahre hindurch Professor an der Technischen Hochschule in Braunschweig war, arbeitete eine strenge Theorie des Irrationalen aus. In zwei kleinen Bändchen, „Stetigkeit und irrationale Zahlen“ (1872) und „Was sind und was sollen die Zahlen?“ (1882), vollendete er das für die moderne Mathematik, was Eudoxus für die griechische Mathematik geleistet hatte. Es besteht eine große Ähnlichkeit zwischen dem „Dedekindschen Schnitt“, mit dem die moderne Mathematik (mit Ausnahme der Schule von Kronecker) die irrationalen Zahlen definiert, und der alten Theorie von Eudoxus, wie sie im fünften Buch der Elemente von Euklid dargestellt wird. Cantor und Weierstraß gaben arithmetische Definitionen der irrationalen Zahlen, die von der Dedekindschen Theorie etwas abweichen, aber auf ähnlichen Betrachtungen beruhen. Der größte Ketzer war in Kroneckers Augen jedoch Georg Cantor. Cantor, der von 1869 bis 1905 in Halle lehrte, ist nicht nur wegen seiner Theorie der irrationalen Zahlen, sondern auch wegen der Schöpfung der Mengenlehre bekannt. Mit dieser Theorie schuf Cantor einen vollkommen neuen Bereich mathematischer Forschung, der imstande war, den verfeinertsten Ansprüchen an Strenge zu genügen, wenn man einmal seine Grundvoraussetzungen angenommen hatte. Cantors Veröffentlichungen begannen 1870 und wurden viele Jahre lang fortgesetzt; im Jahre 1883 veröffentlichte er seine „Grundlagen einer allgemeinen Mannigfaltigkeitslehre“. In diesen Arbeiten entwickelte Cantor eine Theorie der transfiniten Kardinalzahlen, die auf eine systematische mathematische Behandlung des Aktual-Unendlichen gegründet war. Er ordnete die kleinste transfinite Kardinalzahl $\aleph$ einer abzählbaren Menge zu, dem Kontinuum wurde eine höhere transfinite Zahl zugewiesen, und so wurde es möglich, eine Arithmetik der transfiniten Zahlen zu schaffen, die zur gewöhnlichen Arithmetik analog ist. Cantor definierte auch transfinite Ordnungszahlen, die das Verfahren ausdrücken, nach welchem unendliche Mengen geordnet werden.

Diese Entdeckungen von Cantor waren eine Fortsetzung der alten scholastischen Spekulationen über das Wesen des Unendlichen, und Cantor war sich dessen wohl bewußt. Er verteidigte die uneingeschränkte Anerkennung des Aktual-Unendlichen durch den Heiligen Augustin, mußte sich aber selbst gegen den Widerstand vieler Mathematiker verteidigen, die sich weigerten, das Unendliche in anderer Form anzuerkennen als in der Gestalt eines durch ∞ ausgedrückten Prozesses. Der führende Widersacher von Cantor war Kronecker, der in dem gleichen Prozeß der Arithmetisierung der Mathematik eine völlig entgegengesetzte Richtung vertrat. Cantor erzielte schließlich vollständige Anerkennung, als die außerordentliche Bedeutung seiner Theorie für die Begründung der Theorie der reellen Funktionen und der Topologie allmählich immer klarer wurde — und dies insbesondere dann, als Lebesgue im Jahre 1901 die Mengenlehre durch seine Maßtheorie bereichert hatte. In der Theorie der transfiniten Zahlen blieben logische Schwierigkeiten bestehen, und es traten Paradoxien zutage wie die von Burali Forti und von Russell. Dies wiederum führte zu verschiedenen Richtungen in der prinzipiellen Einstellung zu den Grundlagen der Mathematik. Der Grundlagenstreit des zwanzigsten Jahrhunderts zwischen den Formalisten und den Intuitionisten war eine Fortsetzung des Streites zwischen Cantor und Kronecker auf neuer Ebene.

16. Gleichzeitig mit dieser bemerkenswerten Entwicklung der Algebra und Analysis trat eine ebenso bemerkenswerte Blüte der Geometrie ein. Sie kann bis auf Monges Lehrtätigkeit zurückverfolgt werden, in der die Wurzeln sowohl für die „synthetische“ als auch für die „algebraische“ Methode der Geometrie enthalten sind. In den Arbeiten der Schüler von Monge wurden beide Methoden getrennt, die „synthetische“ Methode entwickelte sich zur projektiven Geometrie, die „algebraische“ Methode zu unserer modernen analytischen und algebraischen Geometrie. Die projektive Geometrie als eine Einzelwissenschaft begann mit dem Buch von Poncelet von 1822. Wie so oft im Fall einer grundlegenden Entdeckung gab es Prioritätsstreitigkeiten, da sich Poncelet der Rivalität von Joseph Gergonne, Professor in Montpellier, gegenübersah. Gergonne veröffentlichte mehrere bedeutende Arbeiten über projektive Geometrie, in denen er zugleich mit Poncelet die Bedeutung der Dualität in der Geometrie erkannte.

Diese Arbeiten erschienen in den „Annales de mathématiques", der ersten rein mathematischen Zeitschrift. Ihr Herausgeber war Gergonne; sie bestand von 1810 bis 1832.

Typisch für die Denkweise von Poncelet war ein anderes Prinzip, nämlich das Prinzip der Stetigkeit, durch das es ihm möglich wurde, die Eigenschaften einer Figur aus denen einer anderen herzuleiten. Er drückte das Prinzip wie folgt aus:

Wenn eine Figur aus einer anderen durch eine stetige Veränderung hervorgeht und ebenso allgemein ist wie die erste, dann kann eine für die erste Figur bewiesene Eigenschaft ohne erneute Untersuchung auf die andere übertragen werden.

Das war ein Prinzip, welches mit großer Sorgfalt gehandhabt werden mußte, denn diese Formulierung war weit davon entfernt, genau zu sein. Erst die moderne Algebra ist in der Lage gewesen, seinen Gültigkeitsbereich schärfer zu definieren. In den Händen von Poncelet und seiner Schule führte es zu interessanten, neuen und exakten Ergebnissen, insbesondere dann, wenn es auf den Übergang vom Reellen zum Komplexen angewendet wurde. Es erlaubte Poncelet die Feststellung, daß alle Kreise der Ebene „zwei ideale imaginäre Punkte im Unendlichen gemeinsam" haben, was außerdem zum Begriff der sogenannten „unendlich fernen Gerade" der Ebene führte. G.H.Hardy hat die Bemerkung gemacht, daß diese Tatsache bedeutet, daß die projektive Geometrie das Aktual-Unendliche ohne irgendwelche Bedenken anerkannt hat.[1]) Die Analytiker blieben in dieser Frage geteilter Auffassung.

Poncelets Ideen wurden von deutschen Geometern weiterentwickelt. 1826 erschien die erste Veröffentlichung von Steiner, 1827 der „Barycentrische Calcül" von Möbius, 1828 der erste Band von Plückers „Analytisch-geometrischen Entwicklungen". Im Jahre 1831 erschien der zweite Band, dem 1832 Steiners „Systematische Entwicklung der Abhängigkeit geometrischer Gestalten voneinander" folgte. Die letzte der großen deutschen

---

[1]) G. H. Hardy, *A Course of Pure Mathematics* (6.Aufl., Cambridge 1933), Anhang IV.

Pionierarbeiten in dieser Art der Geometrie erschien 1847 mit der Veröffentlichung von v. Staudts axiomatischer „Geometrie der Lage".

Sowohl die synthetische als auch die algebraische Auffassung der Geometrie war unter diesen deutschen Geometern vertreten. Der typische Vertreter der synthetischen (oder „reinen") Schule war Jacob Steiner, ein ohne Schulbildung aufgewachsener schweizer Bauernsohn, ein „Hirtenknabe", dessen Begeisterung für die Geometrie erwachte, als er mit den Ideen von Pestalozzi bekannt wurde. Er entschloß sich, in Heidelberg zu studieren, und lehrte später in Berlin, wo er von 1834 bis zu seinem Tode 1863 nur einen Lehrauftrag an der Universität hatte. Steiner war durch und durch Geometer; er haßte den Gebrauch der Algebra und Analysis in einem solchen Maße, daß er sogar Figuren ablehnte. Geometrie konnte man seiner Meinung nach am besten durch angestrengtes Nachdenken lernen. Rechnen ersetzt das Denken, pflegte er zu sagen, während es durch Geometrie angeregt wird. Das traf sicherlich auf Steiner selbst zu, dessen Methoden die Geometrie um eine große Anzahl von schönen und oftmals schwierigen Sätzen bereichert haben. Wir verdanken ihm die Entdeckung der Steinerschen Fläche, auf der eine zweifach unendliche Schar von Kegelschnitten liegt (die auch römische Fläche genannt wird). Er unterdrückte oft den Beweis seiner Sätze, wodurch die gesammelten Werke von Steiner für Geometer, die nach zu lösenden Problemen Ausschau halten, zu einer Fundgrube geworden sind.

Steiner baute seine projektive Geometrie in streng systematischer Weise auf, wobei er von der Perspektivität zur Projektivität und von da zu den Kegelschnitten überging. Er löste auch eine Anzahl isoperimetrischer Probleme auf dem ihm eigenen geometrischen Wege. Sein Beweis (1836), daß der Kreis die Figur mit der größten Fläche unter allen geschlossenen Kurven von gegebenem Umfang ist, machte von einem Verfahren Gebrauch, durch das jede Figur von gegebenem Umfang, die kein Kreis ist, in eine andere mit demselben Umfang und von größerer Fläche verwandelt werden kann. Steiners Schlußfolgerung, daß daher der Kreis die maximale

Fläche besitzt, litt unter einer Auslassung: sie wies die tatsächliche Existenz eines Maximums nicht nach. Dirichlet versuchte, Steiner dies klarzumachen; ein strenger Beweis wurde später von Weierstraß gegeben.[1])

Steiner benötigte noch eine Metrik, um das Doppelverhältnis von vier Punkten oder Geraden zu definieren. Dieser Mangel der Theorie wurde von Christian v. Staudt beseitigt, der viele Jahre hindurch Professor an der Universität Erlangen war. In seiner „Geometrie der Lage" definierte v. Staudt den „Wurf" von vier Punkten auf einer Geraden auf rein projektivem Wege und zeigte dann seine Identität mit dem Doppelverhältnis. Er verwendete zu diesem Zweck die sogenannte Möbiussche Netzkonstruktion, die zu eng mit Dedekinds Arbeiten verwandten axiomatischen Betrachtungen Anlaß gibt, wenn irrationale Werte von projektiven Koordinaten eingeführt werden. Im Jahre 1857 zeigte v. Staudt, wie man imaginäre Elemente als Fixpunkte von elliptischen Involutionen streng in die Geometrie einführen kann.

Während der nächsten Jahrzehnte wuchs die synthetische Geometrie auf den von Poncelet, Steiner und v. Staudt gelegten Grundlagen in großem Umfange an. Sie wurde schließlich zum Gegenstand einer Anzahl von Standardlehrbüchern gemacht, unter denen Reyes „Geometrie der Lage" (1868, 3. Auflage 1886—1892) eines der besten ist.

17. Vertreter der algebraischen Geometrie waren Möbius und Plücker in Deutschland, Chasles in Frankreich und Cayley in England. August Ferdinand Möbius, der mehr als fünfzig Jahre Beobachter, später Direktor der Leipziger Sternwarte war, war ein vielseitiger Wissenschaftler. In seinem Buch „Der barycentrische Calcül" führte er zum erstenmal homogene Koordinaten ein. Bringt man die Massen m_1, m_2, m_3 in den Ecken eines festen Dreiecks an, so erteilte Möbius dem Schwerpunkt (barycentrum) dieser Massen die Koordinaten $m_1 : m_2 : m_3$ und zeigte, daß diese Koordinaten gut geeignet sind, um projektive und affine Eigen-

[1]) W. Blaschke, *Kreis und Kugel* (2. Aufl., Berlin 1956), S. 1—42.

schaften der Ebene zu beschreiben. Von da an wurden die homogenen Koordinaten das allgemein verwendete Hilfsmittel in der algebraischen Behandlung der projektiven Geometrie. Möbius machte, ähnlich seinem Zeitgenossen v. Staudt in ziemlicher Isolierung arbeitend, viele andere interessante Entdeckungen. Ein Beispiel ist das Nullsystem in der Theorie der Linienkongruenzen, das er in seinem Lehrbuch über Statik einführte (1837). Das „Möbiussche Band", das erste Beispiel einer nicht orientierbaren Fläche, bringt die Tatsache in Erinnerung, daß Möbius auch einer der Begründer der modernen Wissenschaft der Topologie ist.

Julius Plücker, der viele Jahre in Bonn lehrte, war sowohl Experimentalphysiker als auch Geometer. Er machte eine Reihe von Entdeckungen über Magnetismus der Kristalle, über Elektrizitätsleitung in Gasen und in der Spektroskopie. In einer Reihe von Arbeiten und Büchern, besonders in seinem Werk „Neue Geometrie des Raumes" (1868/69), gab er einen Aufbau der analytischen Geometrie unter Verwendung eines Reichtums an neuen Ideen. Plücker zeigte die Kraft der abgekürzten Bezeichnungsweise, in der z. B. $C_1 + \lambda \cdot C_2 = 0$ ein Büschel von Kegelschnitten darstellt. In diesem Buch führt er homogene Koordinaten nunmehr als auf ein Fundamentaltetraeder bezogene „projektive" Koordinaten ein und spricht auch das grundlegende Prinzip aus, daß die Geometrie nicht allein auf dem Punkt als Grundelement aufgebaut zu werden braucht. Geraden, Ebenen, Kreise, Kugeln können sämtlich als Elemente (Raumelemente) verwendet werden, auf die eine Geometrie gegründet werden kann. Dieser fruchtbare Gedanke warf sowohl auf die synthetische als auch auf die algebraische Geometrie neues Licht und schuf neue Formen der Dualität. Die Anzahl der Dimensionen einer besonderen Form der Geometrie konnte nunmehr eine beliebige positive ganze Zahl sein, die von der Anzahl der zur Definition des „Elements" notwendigen Parameter abhängt. Plücker veröffentlichte auch eine allgemeine Theorie der algebraischen Kurven in der Ebene, in der er die „Plückerschen Relationen" zwischen den Anzahlen der Singularitäten ableitete (1834, 1839).

Michel Chasles, viele Jahre hindurch der führende Vertreter der Geometrie in Frankreich, war ein Schüler der École Polytechnique in der späteren Zeit von Monge und wurde dort 1841 Professor. Im Jahre 1846 nahm er den ausdrücklich für ihn eingerichteten Lehrstuhl für höhere Geometrie an der Sorbonne an, wo er viele Jahre hindurch lehrte. Das Werk von Chasles wies viel Gemeinsames mit dem von Plücker auf, besonders in seiner Gewandtheit, ein Maximum an geometrischen Aussagen aus den Gleichungen herauszulesen. Das bot die Grundlage für geschickte Operationen mit isotropen Geraden und unendlich fernen Kreispunkten. Chasles übernahm von Poncelet die Verwendung „abzählender" Methoden, die sich unter seinen Händen zu einem neuen Zweig der Geometrie, der sogenannten „abzählenden Geometrie" entwickelte. Dieses Gebiet wurde später von Hermann Schubert in seinem Werk „Kalkül der abzählenden Geometrie" (1879) und von H. G. Zeuthen in „Abzählende Methoden" (1914) vollständig untersucht. Beide Bücher offenbaren sowohl die Stärke als auch die Schwäche dieser Art von Algebra in geometrischer Sprache. Ihr anfänglicher Erfolg rief eine von E. Study geführte Gegenströmung hervor, die nachdrücklich betonte, daß „die Exaktheit in der Geometrie nicht ewig als etwas Nebensächliches behandelt werden sollte."[1])

Chasles besaß ein feines Verständnis für die Geschichte der Mathematik, insbesondere der Geometrie. Sein wohlbekannter „Aperçu historique sur l'origine et le développement des méthodes en géométrie" (Historische Bemerkungen über den Ursprung und die Entwicklung der Methoden in der Geometrie) (1837) steht am Anfang der modernen Mathematikgeschichte. Es ist eine gut lesbare Abhandlung über griechische und moderne Geometrie und ein gutes Beispiel einer Mathematikgeschichte, die von einem produktiven Wissenschaftler geschrieben ist. Chasles wurde auch weltbekannt als Opfer eines Schwindlers, der es zwischen 1861 und 1870 fertigbrachte, ihm Tausende von gefälschten Dokumenten

[1]) Siehe E. Study, *Verhandlungen des dritten internationalen Mathematiker-Kongresses Heidelberg* (1905), S. 388–395; B. L. van der Waerden, Dissertation, Leiden 1926.

zu verkaufen, angefangen von Briefen, die von Pascal geschrieben sein sollten, bis zu solchen von Plato und den Aposteln.

18. Während dieser Jahre einer fast fieberhaften Produktion in den neuen Zweigen der projektiven und algebraischen Geometrie lag ein anderer neuer und sogar noch stärker revolutionärer Typ von Geometrie in wenigen dunklen Veröffentlichungen verborgen, die von den meisten führenden Mathematikern unbeachtet gelassen wurden. Die Frage, ob das Euklidische Parallelenpostulat ein unabhängiges Axiom ist oder aus anderen Axiomen abgeleitet werden kann, hatte die Mathematiker zweitausend Jahre lang beunruhigt. Ptolemäus hatte in der Antike versucht, eine Antwort zu finden, Nasīr al-dīn im Mittelalter, Lambert und Legendre im achtzehnten Jahrhundert. Alle diese Gelehrten hatten versucht, das Axiom zu beweisen, und waren gescheitert, selbst wenn sie im Laufe ihrer Untersuchung manches sehr interessante Ergebnis fanden. Gauß war der erste, der an die Unabhängigkeit des Parallelenpostulats glaubte, woraus folgte, daß andere Geometrien, die auf der Wahl eines anderen Axioms beruhten, logisch möglich waren. Gauß veröffentlichte seine Gedanken über diese Frage nicht. Die ersten, die offen die Autorität von zwei Jahrtausenden herausforderten und eine nichteuklidische Geometrie konstruierten, waren ein Russe, Nicolai Iwanowitsch Lobatschewski, und ein Ungar, Janos Bolyai. Derjenige, der seine Idee zuerst veröffentlichte, war Lobatschewski, der Professor in Kasan war und 1826 über die Frage des Euklidischen Parallelenaxioms Vorlesungen hielt. Sein erstes Buch erschien 1829/30 und war russisch geschrieben. Wenige Leute nahmen Notiz davon. Sogar eine spätere deutsche Ausgabe mit dem Titel „Geometrische Untersuchungen zur Theorie der Parallellinien" fand wenig Beachtung, obwohl immerhin Gauß Interesse zeigte. In der Zwischenzeit hatte schon Bolyai seine Ideen über diesen Gegenstand veröffentlicht.

Janos (Johann) Bolyai war der Sohn eines Mathematiklehrers in einer ungarischen Provinzstadt. Dieser Lehrer, Farkas (Wolfgang) Bolyai, hatte in Göttingen studiert, als auch Gauß dort

Student war. Beide Männer hielten einen gelegentlichen Briefwechsel aufrecht. Farkas wendete viel Zeit daran, das fünfte Postulat von Euklid (S. 49) zu beweisen, konnte aber zu keiner endgültigen Schlußfolgerung gelangen. Sein Sohn hatte diese Leidenschaft geerbt und begann ebenfalls, an einem Beweis zu arbeiten, obwohl ihm sein Vater geraten hatte, etwas anderes zu tun:

„Du solltest es genauso verabscheuen wie liederlichen Umgang, es kann Dich all Deiner Muße, Deiner Gesundheit, Deiner Ruhe und Deines ganzen Lebensglücks berauben. Diese abgrundtiefe Dunkelheit könnte vielleicht tausend turmhohe Newtons verschlingen, es wird niemals Licht auf Erden sein ..." (Brief aus dem Jahre 1820.)

Janos Bolyai trat in die Armee ein und erwarb sich den Ruf eines schneidigen Offiziers. Er begann, das Euklidische Postulat als ein unabhängiges Axiom anzusehen, und entdeckte, daß es möglich war, eine auf einem anderen Axiom beruhende Geometrie aufzustellen, in der sich durch einen gegebenen Punkt der Ebene unendlich viele Geraden legen lassen, die eine gegebene Gerade der Ebene nicht schneiden. Das war die gleiche Idee, die schon Gauß und Lobatschewski gefaßt hatten. Bolyai schrieb seine Überlegungen auf, die 1832 als Anhang eines Buches seines Vaters veröffentlicht wurden, der den Titel hatte: „Appendix scientiam spatii absolute veram exhibens." Der beunruhigte Vater schrieb an Gauß und bat um Rat bezüglich der unorthodoxen Ansichten seines Sohnes. Als die Antwort aus Göttingen eintraf, enthielt sie eine enthusiastische Wertschätzung des Werkes des jüngeren Bolyai. Angefügt war die Bemerkung von Gauß, daß er Bolyai nicht loben könne, da es Selbstlob bedeuten würde, denn die Ideen des „Appendix" seien ihm bereits seit vielen Jahren bekannt gewesen.

Der junge Janos war von diesem Beifall zollenden Brief, der ihn in den Rang eines großen Wissenschaftlers hob, ihn aber zugleich seiner Priorität beraubte, zutiefst enttäuscht. Seine Enttäuschung verstärkte sich, als er weiterhin sehr wenig Anerkennung fand. Er geriet noch mehr außer sich, als Lobatschewskis Buch in deutscher Sprache veröffentlicht wurde (1840); er veröffentlichte nie mehr etwas über Mathematik.

Die Theorien von Bolyai und Lobatschewski waren im Prinzip ähnlich, aber ihre Arbeiten waren sehr verschieden. Es ist bemerkenswert, wie die neuen Ideen unabhängig voneinander in Göttingen, Budapest und Kasan und in der gleichen Periode nach einer Zeit des Stillstands von zweitausend Jahren entstanden sind. Es ist auch bemerkenswert, daß sie teilweise außerhalb des geographischen Umkreises der Welt der mathematischen Forschung heranreiften. Manchmal werden große und neue Ideen außerhalb und nicht innerhalb von Schulen geboren.

Die nichteuklidische Geometrie (der Name stammt von Gauß) blieb mehrere Jahrzehnte ein dunkler Bereich der Wissenschaft. Die meisten Mathematiker kannten sie nicht, die vorherrschende Kantische Philosophie weigerte sich, sie ernst zu nehmen. Der erste führende Wissenschaftler, der ihre volle Bedeutung verstand, war Riemann, dessen allgemeine Theorie der Mannigfaltigkeiten (1854) nicht nur den existierenden Typen der nichteuklidischen Geometrie volles Bürgerrecht gewährte, sondern auch vielen anderen, den sogenannten Riemannschen Geometrien. Jedoch kam es erst dann zu einer vollen Anerkennung der neuen Theorien, als die Generation nach Riemann den Sinn seiner Theorien zu verstehen begann (1870 und später).

Noch eine andere Verallgemeinerung der klassischen Geometrie entstand in den Jahren vor Riemann und fand erst nach seinem Tode volles Verständnis. Das war die Geometrie von mehr als drei Dimensionen. Sie kam vollständig entwickelt zur Welt in Graßmanns Werk „Lineale Ausdehnungslehre“ (1844). Hermann Graßmann war Lehrer am Gymnasium in Stettin und ein Mann von außerordentlicher Vielseitigkeit; er schrieb über so verschiedene Gegenstände, wie elektrische Ströme, Farben und Akustik, Sprachen, Botanik und Folklore. Sein Sanskrit-Wörterbuch über den Rigweda ist noch in Gebrauch. Die „Ausdehnungslehre“, von der eine durchgesehene und lesbare zweite Ausgabe 1862 veröffentlicht wurde, war in streng Euklidischer Form geschrieben. Sie baute eine Geometrie in einem Raum von n Dimensionen auf, zuerst im affinen und dann im metrischen Raum. Graßmann verwendete einen invarianten Symbolismus, in welchem wir heute eine Vektor- und Tensorbezeichnung erkennen (seine Lückenprodukte sind Tensoren), der sein Werk aber für seine Zeitgenossen fast unzugänglich machte. Eine spätere Generation verwendete Teile der Graßmannschen Struktur, um die Vektoranalysis für affine und für metrische Räume aufzubauen.

Obwohl Cayley im Jahre 1843 denselben Begriff eines Raumes von n Dimensionen in einer viel weniger abschreckenden Form einführte, wurde die Geometrie von mehr als drei Dimensionen mit Mißtrauen und Unglauben aufgenommen. Hier wurde das völlige Verständnis wieder durch Riemanns Habilitationsvortrag erleichtert. Zu den Riemannschen Ideen waren die von Plücker hinzugetreten, der darauf hingewiesen hatte, daß die Raumelemente nicht Punkte sein müssen (1865), so daß die Liniengeometrie im dreidimensionalen Raum als eine vierdimensionale Geometrie betrachtet werden kann oder auch, wie Klein betont hat, als die Geometrie einer vierdimensionalen Quadrik in einem fünfdimensionalen Raum. Die volle Anerkennung der Geometrien von mehr als drei Dimensionen setzte sich erst im letzten Teil des neunzehnten Jahrhunderts durch, hauptsächlich wegen ihrer Verwendung zur Interpretation der Theorien von algebraischen und Differentialformen in mehr als drei Veränderlichen.

19. Die Namen von Hamilton und Cayley zeigen, daß die englisch sprechenden Mathematiker um 1840 endlich begonnen hatten, ihre kontinentalen Kollegen einzuholen. Bis weit in das neunzehnte Jahrhundert hinein betrachteten die maßgebenden Cambridger und Oxforder Akademiker jeden Versuch einer Verbesserung der Theorie der Fluxionen als frevelhafte Revolte gegen das geheiligte Andenken an Newton. Das Ergebnis bestand darin, daß die Newtonsche Schule in England und die Leibnizsche Schule auf dem Kontinent sich in so starkem Maße voneinander entfernten, daß Euler in seiner Integralrechnung (1768) eine Vereinigung beider Ausdrucksmethoden als nutzlos ansah. Das Dilemma wurde im Jahre 1812 von einer Gruppe junger Mathematiker in Cambridge durchbrochen, die auf Anregung des älteren Robert Woodhouse eine „Analytische Gesellschaft" gründeten, um die Differentialschreibweise zu verbreiten. Die Führer waren George Peacock, Charles Babbage und John Herschel. Sie versuchten, nach den Worten von Babbage, „the principles of pure d-ism as opposed to the dotage of the university“[1]) zu verfechten. Diese Bewegung stieß anfänglich auf heftige Kritik, die aber durch solche Maßnahmen wie die Veröffentlichung des „Elementary Treatise on the Differential and Integral Calculus“ (1816), einer Übersetzung eines Lehrbuchs, von Lacroix überwunden wurde. Nunmehr begann die neue Generation in England, an der modernen Mathematik mitzuarbeiten.

Der erste wichtige Beitrag kam jedoch nicht aus der Cambridger Gruppe, sondern von einigen Mathematikern, welche die kontinentale Mathematik selbständig aufgenommen hatten. Die bedeutendsten dieser Mathematiker waren Hamilton und George Green. Es ist interessant festzustellen, daß bei beiden Männern, ebenso wie bei Nathaniel Bowditch in Neuengland, die Anregung zum Studium des „reinen d-ismus“ aus dem Studium der Laplaceschen „Mécanique Céleste“ erwachsen war. Green, ein Müllerssohn aus Nottingham, ein Autodidakt, verfolgte mit großer Aufmerksamkeit die neuen Entdeckungen auf dem Gebiete der Elektrizität. Es gab zu jener Zeit (um 1825) so gut wie keine mathematische Theorie zur Erklärung der elektrischen Erscheinungen; Poisson hatte 1812 nicht mehr als einen Anfang dazu gemacht. Green las Laplace und schilderte seinen Weg mit folgenden Worten:

Von dem Wunsche ausgehend, eine Kraft von solch allgemeiner Wirksamkeit, wie die Elektricität, soweit als möglich der Rechnung zu unterwerfen, und geleitet von der Überzeugung, daß die Lösung manch schwieriger Probleme großen Vorteil gewähren könne, wenn man davon befreit wird, speciell die Kräfte zu untersuchen, die in irgendeinem System von Körpern wirksam werden, indem man seine Aufmerksamkeit bloß auf die besonderen

---

[1]) „die Prinzipien des reinen d-ismus im Gegensatz zum Punkt-Zeitalter der Universität“. Es handelt sich um ein geistreiches Wortspiel, das auf dem Doppelsinn von „d-ismus“ (Differentialschreibweise von Leibniz) und dot age „Punkt- (Fluxionsschreibweise von Newton) Zeitalter“ beruht, denn „Deismus“ ist gleichzeitig die Bezeichnung für die Vernunftreligion der Aufklärung, das englische Wort „dotage“ bedeutet „Altersschwachsinn“. *Anm. d. Übers.*

Functionen richtet, von deren Differentialquotienten sie sämmtlich abhängen, — fing ich an zu untersuchen, ob sich nicht einige allgemeine Beziehungen entdecken ließen zwischen dieser Function und den dieselbe hervorrufenden in den Körpern enthaltenen Elektricitätsmengen. (Ostwald's Klassiker, Nr. 61, Leipzig 1895.)

Das Ergebnis war eben Greens „Essay on the Application of Mathematical Analysis to Theories of Electricity and Magnetism" (Ein Versuch, die mathematische Analysis auf die Theorie der Elektrizität und des Magnetismus anzuwenden) (1828), der erste Versuch einer mathematischen Theorie des Elektromagnetismus. Diese Arbeit bedeutete den Anfang der modernen mathematischen Physik in England und, zusammen mit der Gaußschen Arbeit von 1839, die Herausbildung der Potentialtheorie als eines selbständigen Zweiges der Mathematik. Gauß kannte die Arbeit von Green nicht, die erst dann allgemeiner bekannt wurde, als William Thompson (der spätere Lord Kelvin) ihren Wiederabdruck im Crelleschen Journal von 1846 veranlaßt hatte. Trotzdem war die Verwandtschaft von Gauß und Green so eng, daß da, wo Green für die Lösung der Laplaceschen Differentialgleichung den Ausdruck „Potentialfunktion" gewählt hatte, Gauß fast denselben Ausdruck „Potential" verwendete. Zwei eng zusammenhängende Identitäten, die Kurven- und Oberflächenintegrale verknüpfen, werden als Formel von Green und Formel von Gauß bezeichnet. Auch der Ausdruck „Greensche Funktion" bei der Lösung partieller Differentialgleichungen wird zu Ehren des Müllerssohnes gebraucht, der in seiner Freizeit Laplace studierte.

Der hier zur Verfügung stehende Raum gestattet es nicht, eine Skizze der weiteren Entwicklung der mathematischen Physik in England und Deutschland zu geben. Mit dieser Entwicklung sind die Namen Stokes, Rayleigh, Kelvin und Maxwell, Kirchhoff und Helmholtz, Gibbs und viele andere verknüpft. Diese Männer trugen zur Lösung partieller Differentialgleichungen in einem derartigen Umfange bei, daß es manchmal schien, als ob mathematische Physik und Theorie der linearen partiellen Differentialgleichungen ein und dasselbe wären. Die mathematische Physik lieferte aber auch in anderen Gebieten der Mathematik fruchtbare Ideen, in der Wahrscheinlichkeitsrechnung und der komplexen Funktionentheorie ebenso wie in der Geometrie. Maxwells „Treatise of Electricity and Magnetism" (1873, 2 Bände), worin eine systematische mathematische Darstellung der auf den Experimenten von Faraday beruhenden Theorie des Elektromagnetismus gegeben wurde, war dabei von besonderer Bedeutung. Diese Maxwellsche Theorie beherrschte schließlich die ganze mathematische Elektrizitätslehre und gab später die Anregung zur Elektronentheorie von Lorentz und zur Relativitätstheorie von Einstein.

20. Die reine Mathematik wurde im neunzehnten Jahrhundert in England vornehmlich als Algebra mit hauptsächlich auf Geometrie gerichteten Anwendungen gepflegt und wurde von drei auf diesem Gebiet führenden Gelehrten, Cayley, Sylvester und Salmon, getragen. Arthur Cayley widmete sich in jungen Jahren dem Studium und der Praxis des Rechtswesens, nahm aber 1863 die neu errichtete Sadlerian-Professur für Mathematik in Cambridge an, wo er dann dreißig Jahre hindurch lehrte. In den vierziger Jahren, während Cayley Rechtsanwalt in London war, traf er mit Sylvester zusammen, der zu dieser Zeit den Beruf eines Versicherungsstatistikers ausübte; und aus jenen Jahren stammt das gemeinsame Interesse von Cayley und Sylvester an der Algebra der Formen oder „quantics", wie sie von Cayley genannt wurde. Ihre Zusammenarbeit bedeutete den Beginn der algebraischen Invariantentheorie.

Diese Theorie hatte viele Jahre „in der Luft gelegen", besonders nachdem die Determinanten zum Gegenstand eines allgemeinen Studiums geworden waren. Die ersten Arbeiten von Cayley und Sylvester gingen über die bloße Lehre von den Determinanten hinaus, sie waren der bewußte Versuch, eine systematische Invariantentheorie der quadratischen Formen aufzubauen, vollständig durchgebildet mit ihrem eigenen Symbolismus und ihren eigenen Verknüpfungsgesetzen. Das war die Theorie, die später von Aronhold und Clebsch in Deutschland weiterentwickelt wurde und das algebraische Gegenstück zur projektiven Geometrie von Poncelet bildete. Das umfangreiche Werk von Cayley umfaßte eine große Mannigfaltigkeit von Themen aus den Gebieten der endlichen Gruppen, algebraischen Kurven, Determinanten und Invarianten algebraischer Formen. Zu seinen am besten bekannten Arbeiten gehören die neun „Memoirs on Quantics“ (1854—1878). Die sechste Arbeit dieser Reihe (1859) enthielt die projektive Definition einer Metrik bezüglich eines Kegelschnitts. Diese Entdeckung führte Cayley zur projektiven Definition der Euklidischen Metrik und ermöglichte es ihm dadurch, die Stellung der metrischen Geometrie im Rahmen der projektiven Geometrie zu kennzeichnen. Die Beziehung dieser projektiven Metrik zur nichteuklidischen Geometrie war ihm entgangen; sie wurde später von Felix Klein entdeckt.

James Joseph Sylvester war nicht nur ein Mathematiker, sondern auch ein Dichter, ein witziger Kopf und mit Leibniz zusammen der bedeutendste Schöpfer neuer Bezeichnungen in der ganzen Mathematikgeschichte. Von 1855 bis 1869 lehrte er an der Woolwicher Militärakademie. Er war zweimal in Amerika, beim erstenmal als Professor an der Universität von Virginia (1841/42), beim zweitenmal als Professor an der Johns-Hopkins-Universität in Baltimore (1877—1883). Während dieser zweiten Periode war er einer der ersten, die das Studium der modernen Mathematik an den amerikanischen Universitäten aufgebaut haben.

Zwei unter den zahlreichen Beiträgen Sylvesters zur Algebra sind klassisch geworden: die Theorie der Elementarteiler (1851, wiederentdeckt von Weierstraß im Jahre 1868) und das Trägheitsgesetz der quadratischen Formen (1852, bereits Jacobi und Riemann bekannt, aber nicht veröffentlicht). Wir verdanken Sylvester viele heute allgemein angenommene Bezeichnungen, wie etwa invariant, kovariant, kontravariant, kogredient und Syzygie. Viele Anekdoten sind ihm zugeschrieben worden, einige vom Typ des zerstreuten Professors.

Der dritte Algebraiker-Geometer war George Salmon, der während seines langen Lebens mit dem Trinity-College in Dublin, der Hochschule Hamiltons, verbunden war, an der er sowohl Mathematik als auch Theologie lehrte. Sein Hauptverdienst liegt in seinen wohlbekannten Lehrbüchern, die sich durch Klarheit und Eleganz auszeichnen. Diese Bücher eröffneten mehreren Generationen von Studenten in vielen Ländern den Weg zur analytischen Geometrie und zur Invariantentheorie und sind sogar heute noch kaum überholt. Es sind dies die „Conic Sections“ (1848), „Higher Plane curves“ (1852), „Modern Higher Algebra“ (1859) und die „Analytic Geometry of Three Dimensions“ (1862). Das Studium dieser Bücher kann allen Studenten der Geometrie noch immer bestens empfohlen werden.

21. Zwei Errungenschaften der Algebra des Vereinigten Königreichs verdienen unsere besondere Aufmerksamkeit: Hamiltons Quaternionen und Cliffords Biquaternionen. Nachdem Hamilton, der Königliche Astronom von Irland, seine Arbeiten über Mechanik und Optik abgeschlossen hatte, wandte er sich ab 1835 der Algebra zu. Seine „Theory of Algebraic Couples“ (1835) definierte die Algebra als die Wissenschaft der reinen Zeit und konstruierte eine strenge Algebra der komplexen Zahlen mit Hilfe der Auffassung einer komplexen Zahl als Zahlenpaar. Das geschah wahrscheinlich unabhängig von Gauß, der in seiner Theorie der biquadratischen Reste (1831) ebenfalls eine strenge Algebra der komplexen Zahlen aufgebaut hatte, die aber auf der Geometrie der komplexen Ebene beruhte.

Beide Auffassungen werden heute gleichermaßen anerkannt. Hamilton versuchte anschließend, in die Algebra von Zahlentripeln, Zahlenquadrupeln usw. einzudringen. Ein Licht ging ihm auf – wie es seine Bewunderer gern erzählten –, als er an einem Oktobertag des Jahres 1843, unter einer Brücke in Dublin hindurchschreitend, die Quaternionen entdeckte. Seine Untersuchungen über Quaternionen wurden in zwei umfangreichen Büchern, den „Lectures on Quaternions“ (1853) und den posthum herausgegebenen „Elements of Quaternions“ (1866), veröffentlicht. Der am besten bekannte Teil seines Quaternionenkalküls war die Theorie der Vektoren (der Name stammt von Hamilton), die auch einen Teil der Graßmannschen Ausdehnungslehre bildeten. In der Hauptsache wegen dieser Tatsache werden die algebraischen Arbeiten von Hamilton und Graßmann heutzutage oft zitiert. Zur Zeit Hamiltons jedoch und auch noch lange danach bildeten die Quaternionen selbst den Gegenstand einer übertriebenen Bewunderung. Einige britische Mathematiker sahen im Quaternionenkalkül eine Art von Leibnizscher „arithmetica universalis", was natürlich eine Gegenströmung erzeugte (Heaviside gegen Tait), in der die Quaternionen viel von ihrem Ruhm einbüßten. Die von Peirce, Study, Frobenius und Cartan ausgearbeitete Theorie der hyperkomplexen Zahlen hat die Quaternionen schließlich auf den ihnen zustehenden Platz des einfachsten assoziativen Zahlensystems mit mehr als zwei Einheiten gestellt. Der Quaternionenkult führte in seiner Blütezeit sogar zu einer „International Association for Promoting the Study of Quaternions and Allied Systems of Mathematics", die als Opfer des ersten Weltkrieges wieder verschwand. Eine andere Seite des Quaternionenstreits war der Kampf zwischen den Anhängern von Hamilton und Graßmann, als sich durch die Bemühungen von Gibbs in Amerika und Heaviside in England die Vektoranalysis als selbständiger Bestandteil der Mathematik herausgebildet hatte. Dieser Streit tobte zwischen 1890 und dem ersten Weltkrieg und wurde schließlich durch die Anwendung der Gruppentheorie geschlichtet, die die Verdienste jeder der beiden Methoden auf ihrem eigenen Tätigkeitsfeld absteckte.[1])

William Kingdon Clifford, der 1879 im Alter von dreiunddreißig Jahren starb, lehrte am Trinity College in Cambridge und am University College in London. Er war einer der ersten Engländer, der Riemann verstanden hatte und mit ihm das grundsätzliche Interesse an der Herkunft unserer Raumvorstellungen teilte. Clifford entwickelte eine Bewegungsgeometrie zum Studium dessen, wozu er die Hamiltonschen Quaternionen verallgemeinert hatte, zu den sogenannten Biquaternionen (1873 bis 1876). Das waren Quaternionen, deren Koeffizienten einem System

---

[1]) F. Klein, *Vorlesungen über die Entwicklung der Mathematik im 19. Jahrhundert* (Berlin 1927) II, S. 27—52; J. A. Schouten, *Grundlagen der Vektor- und Affinoranalysis* (Leipzig 1914).

komplexer Zahlen $a + b\varepsilon$, wobei ε^2 die Werte $+1$, -1 oder 0 haben kann, angehörten und die auch zum Studium der Bewegung in nichteuklidischen Räumen verwendet werden konnten. Cliffords „Common Sense in the Exact Sciences" ist noch immer eine gute Lektüre; hierin kommt die Verwandtschaft der Denkweise des Autors mit Felix Klein zum Ausdruck. Diese Verwandtschaft zeigt sich auch in dem Ausdruck „Clifford-Kleinsche Räume" für gewisse geschlossene euklidische Mannigfaltigkeiten in der nichteuklidischen Geometrie. Wenn Clifford gelebt hätte, hätten die Ideen von Riemann die britischen Mathematiker eine Generation früher beeinflußt haben können, als es tatsächlich der Fall war.

Viele Jahrzehnte lang blieb die starke Betonung der formalen Algebra in der reinen Mathematik der englisch sprechenden Länder bestehen. Sie beeinflußte das Schaffen von Benjamin Peirce von der Harvard-Universität, einem Schüler von Nathaniel Bowditch, der erfolgreich über Himmelsmechanik gearbeitet hatte und im Jahre 1872 seine „Linear Associative Algebras" veröffentlichte, die eine der ersten systematischen Studien über hyperkomplexe Zahlen war. Der formalistische Zug in der englischen Mathematik kann auch als Erklärung für das Erscheinen der Untersuchung „The Laws of Thought" (1854) von George Boole vom Queens College in Cork dienen. Hier wurde dargelegt, wie die Gesetze der formalen Logik selbst, die von Aristoteles aufgestellt und jahrhundertelang an den Universitäten gelehrt worden waren, zum Gegenstand eines Kalküls gemacht werden konnten. Dieser stellte Prinzipien auf, die mit der Leibnizschen Idee einer „characteristica generalis" weitgehend übereinstimmten. Diese „Algebra der Logik" leitete eine Denkrichtung ein, die sich bemühte, eine Vereinigung von Logik und Mathematik herbeizuführen. Sie empfing ihren Anstoß aus Gottlob Freges Buch „Die Grundlagen der Arithmetik" (1884), das eine Ableitung arithmetischer Begriffe aus der Logik versuchte. Diese Untersuchungen erreichten ihren Höhepunkt im zwanzigsten Jahrhundert mit den „Principia Mathematica" von Bertrand Russell und Alfred N. Whitehead (1910–1913); sie beeinflußten auch die späteren Arbeiten von

Hilbert über die Grundlagen der Arithmetik und die Beseitigung der Paradoxien des Unendlichen.[1])

22. Die Arbeiten von Cayley und Sylvester über die Invariantentheorie fanden in Deutschland die größte Beachtung, wo mehrere Mathematiker die Theorie zu einer auf einem vollständigen Algorithmus beruhenden Wissenschaft weiterentwickelten. Die maßgeblichen Wissenschaftler waren dabei Hesse, Aronhold, Clebsch und Gordan. Hesse, der in Königsberg und später in Heidelberg und München Professor war, zeigte wie Plücker die Kraft der abgekürzten Schreibweise in der analytischen Geometrie. Er liebte es, seine Untersuchungen mit Hilfe von homogenen Koordinaten und Determinanten durchzuführen. Aronhold, der an der Technischen Hochschule in Berlin lehrte, schrieb im Jahre 1858 eine Arbeit, in der er mit Hilfe von sogenannten „idealen" Faktoren (die mit denen von Kummer nichts zu tun haben) eine konsequente Symbolik in der Invariantentheorie entwickelte; dieser Symbolismus wurde außerdem von Clebsch im Jahre 1861 entwickelt, unter dessen Händen die „Clebsch-Aronhold"-Symbolik die fast allgemein angenommene Methode zur systematischen Untersuchung algebraischer Invarianten geworden ist. Wir erkennen heute in diesem Symbolismus ebenso wie in den Hamiltonschen Vektoren, den Graßmannschen äußeren Produkten und Gibbsschen Dyaden besondere Seiten der Tensoralgebra. Diese Invariantentheorie wurde später von Paul Gordan von der Universität Erlangen bereichert, der 1868/69 bewies, daß es zu jeder binären Form ein endliches System von rationalen Invarianten und Kovarianten gibt, durch das alle anderen rationalen Invarianten und Kovarianten in rationaler Form ausgedrückt werden können. Dieser Satz von Gordan (der Endlichkeitssatz) wurde von Hilbert 1890 auf algebraische Formen in n Veränderlichen verallgemeinert.

Alfred Clebsch war Professor in Karlsruhe, Gießen und Göttingen und starb im Alter von neununddreißig Jahren. Sein Leben war eine gedrängte Folge von bemerkenswerten Leistungen. Er ver-

[1]) D. Hilbert — W. Ackermann, *Grundzüge der theoretischen Logik*, 4. Aufl. (Berlin 1959). M. Black, *The nature of mathematics* (New York—London 1934).

öffentlichte 1862 ein Buch über Elastizität, worin er dem Vorbild von Lamé und de Saint Venant in Frankreich folgte; er wendete seine Invariantentheorie auf die projektive Geometrie an. Er war einer der ersten, die Riemann verstanden hatten, und einer der Begründer jenes Zweiges der algebraischen Geometrie, in der Riemanns Funktionentheorie und seine Theorie der mehrfach zusammenhängenden Flächen auf reelle algebraische Kurven angewendet wurde. Die Clebsch-Gordansche „Theorie der Abelschen Funktionen“ (1866) gab einen umfassenden Überblick über diese Ideen. Clebsch gründete auch die „Mathematischen Annalen“, die über sechzig Jahre hindurch die führende mathematische Zeitschrift war. Seine von F. Lindemann herausgegebenen Vorlesungen über Geometrie sind ein Standardlehrbuch der projektiven Geometrie geblieben.

23. Um 1870 war die Mathematik zu einem riesigen und unübersehbaren Gebäude angewachsen, das in eine große Anzahl von Teilgebieten aufgegliedert war, in denen sich nur noch Spezialisten auskannten. Selbst bedeutende Mathematiker, etwa Hermite, Weierstraß, Cayley, Beltrami, konnten nur wenige dieser vielen Gebiete überblicken. Diese Spezialisierung hat beständig zugenommen, bis sie gegenwärtig beunruhigende Ausmaße erreicht hat. Der Kampf dagegen hat niemals aufgehört, und einige der bedeutendsten Leistungen der letzten hundert Jahre sind das Resultat einer Synthese von verschiedenen Gebieten der Mathematik gewesen.

Eine solche Synthese war im achtzehnten Jahrhundert durch die Werke von Lagrange und Laplace über Mechanik verwirklicht worden. Sie blieben die Grundlage für sehr ertragreiche Arbeiten verschiedenen Charakters. Das neunzehnte Jahrhundert fügte neue vereinheitlichende Prinzipien hinzu, insbesondere die Gruppentheorie und den Riemannschen Funktions- und Raumbegriff. Ihre Bedeutung kann man am besten aus den Werken von Klein, Lie und Poincaré erkennen.

Felix Klein war gegen Ende der sechziger Jahre Assistent von Plücker in Bonn; hier vertiefte er sich in die Geometrie.

Im Alter von zweiundzwanzig Jahren besuchte er im Jahre 1870 Paris. Hier traf er mit Sophus Lie zusammen, einem sechs Jahre älteren Norweger, der erst kurze Zeit vorher Interesse an Mathematik gewonnen hatte. Der junge Klein suchte die Begegnung mit den französischen Mathematikern, darunter auch Camille Jordan von der École Polytechnique, und studierte ihre Werke. Jordan hatte gerade 1870 seinen „Traité des substitutions", ein Buch über Substitutionsgruppen und die Galoissche Theorie der Gleichungen, geschrieben. Klein und Lie begannen die beherrschende Rolle der Gruppentheorie zu verstehen und teilten von da ab das Gebiet der Mathematik mehr oder weniger ausgeprägt in zwei Teile: Klein konzentrierte sich in der Regel auf diskontinuierliche, Lie auf kontinuierliche Gruppen.

Im Jahre 1872 wurde Klein Professor in Erlangen. In seiner Antrittsvorlesung setzte er die Bedeutung des Gruppenbegriffs für die Klassifizierung der verschiedenen Gebiete der Mathematik auseinander. Diese Vorlesung, die unter dem Namen „Erlanger Programm" bekannt geworden ist, erläuterte, daß jedes Gebiet der Geometrie die Invariantentheorie einer besonderen Transformationsgruppe ist. Durch Übergang zu einer erweiterten Gruppe oder zu einer Untergruppe kann man von einem Typ der Geometrie zu einem anderen übergehen. Die euklidische Geometrie hat das Studium der Invarianten der metrischen Gruppe zum Inhalt, die projektive Geometrie das Studium der Invarianten der projektiven Gruppe. Die Klassifizierung der Transformationsgruppen ergibt so eine Klassifikation der Geometrie; die Theorie der algebraischen und Differentialinvarianten jeder Gruppe ergibt die analytische Struktur der Geometrie. Die Cayleysche projektive Definition einer Metrik ermöglicht es, die metrische Geometrie im Rahmen der projektiven Geometrie zu untersuchen. Die „Adjunktion" eines invarianten Kegelschnitts zu einer projektiven Geometrie der Ebene ergibt die nichteuklidischen Geometrien. Sogar die (damals) noch relativ unbekannte Topologie erhielt den ihr zukommenden Platz als Invariantentheorie der stetigen Punkttransformationen.

Im vorhergehenden Jahr hatte Klein ein wichtiges Beispiel seiner Denkweise gegeben, als er zeigte, wie man die nichteuklidischen Geometrien als projektive Geometrien mit einer Cayley-Metrik auffassen kann. Das verschaffte endlich den vernachlässigten Theorien von Bolyai und Lobatschewski volle Anerkennung. Ihre logische Folgerichtigkeit war nunmehr gesichert. Gäbe es logische Fehler in der nichteuklidischen Geometrie, dann könnten sie in der projektiven Geometrie gefunden werden, obwohl natürlich wenige Mathematiker bereit waren, einen solchen ketzerischen Gedanken überhaupt ernstlich zu hegen. Später wurde diese Idee der „Abbildung" eines Gebietes der Mathematik auf ein anderes oft verwendet und spielt eine wichtige Rolle bei der Hilbertschen Axiomatik der Geometrie.

Die Gruppentheorie ermöglichte eine Synthese der geometrischen und algebraischen Arbeiten von Monge, Poncelet, Gauß, Cayley, Clebsch, Graßmann und Riemann. Die Riemannsche Theorie des Raumes, die so viele der ins Erlanger Programm eingearbeiteten Anregungen erzeugt hatte, regte nicht nur Klein zu neuen Gedanken an, sondern auch Helmholtz und Lie. Helmholtz studierte 1868 und 1884 die Riemannsche Raumauffassung, teilweise auf der Suche nach einem geometrischen Bild für seine Farbentheorie, teilweise, um den Ursprung unserer Raumanschauung zu erforschen. Das führte ihn zu Untersuchungen des Wesens der geometrischen Axiome und besonders der Riemannschen quadratischen Form, die die Grundlage aller Messungen bildet. Lie verbesserte die theoretischen Erwägungen von Helmholtz über die Natur des Riemannschen Maßes, indem er das Wesen der ihm zugrunde liegenden Transformationsgruppen untersuchte (1890). Dieses „Lie-Helmholtzsche" Raumproblem hat seine Bedeutung nicht nur in der Relativitätstheorie und Gruppentheorie, sondern auch in der Physiologie erwiesen.

Klein gab eine Darlegung der Riemannschen Auffassung der komplexen Funktionen in seinem Büchlein „Über Riemanns Theorie der algebraischen Funktionen" (1882), in welchem er mit Nachdruck darauf hinwies, wie physikalische Betrachtungen selbst die verfeinertsten Überlegungen der Mathematik beeinflussen können. In den „Vorlesungen über das Ikosaeder" (1884) zeigte er, daß die moderne Algebra über die alten Platonischen

Körper viele und überraschende Einsichten bringen kann. Dieses Werk hat das Studium der Drehungsgruppen der regulären Körper und ihre Beziehungen zu den Galoisschen Gruppen algebraischer Gleichungen zum Inhalt. In umfassenden, von ihm selbst unter Mitarbeit zahlreicher Schüler durchgeführten Studien wendete Klein den Gruppenbegriff auf lineare Differentialgleichungen, elliptische Modulfunktionen, auf Abelsche und die neuen „automorphen" Funktionen an, letzteres in einem interessanten und freundschaftlichen Wettstreit mit Poincaré. Unter der begeisternden Führung von Klein wurde Göttingen mit seiner auf Gauß, Dirichlet und Riemann zurückgehenden Tradition ein Weltzentrum mathematischer Forschung, in dem sich junge Menschen aus vielen Nationen zusammenfanden, um das Studium spezieller mathematischer Fragen als integrierenden Bestandteil der Gesamtheit des mathematischen Wissens durchzuführen. Klein hielt begeisternde Vorlesungen, deren Nachschriften in vervielfältigter Form von Hand zu Hand gingen und ganzen Generationen von Mathematikern sowohl spezielle Kenntnisse als auch — und dies vor allem — das Verständnis für die Einheit ihrer Wissenschaft vermittelten. Nach dem Tode von Klein im Jahre 1925 wurden mehrere dieser Vorlesungsnachschriften in Buchform veröffentlicht.

In der Zwischenzeit hatte Sophus Lie in Paris die Berührungstransformationen und damit den Schlüssel zur ganzen Hamiltonschen Dynamik als eines Teils der Gruppentheorie entdeckt. Nach seiner Rückkehr nach Norwegen wurde er Professor in Christiana, später, von 1886 bis 1898, lehrte er in Leipzig. Er widmete sein ganzes Leben dem systematischen Studium der stetigen Transformationsgruppen und ihrer Invarianten, wobei er ihre zentrale Bedeutung als Klassifikationsprinzip in Geometrie, Mechanik, in den gewöhnlichen und partiellen Differentialgleichungen nachwies. Das Resultat dieser Lebensarbeit wurde in einer Anzahl von Standardbänden niedergelegt, die mit Hilfe seiner Schüler Scheffers und Engel herausgegeben wurden: „Transformationsgruppen" (1888—1893), „Differentialgleichungen" (1891), „Kontinuierliche Gruppen" (1893), „Berührungstransformationen“ (1896). Lies Werk ist seitdem von dem französischen Mathematiker Elie Cartan wesentlich bereichert worden.

24. Frankreich, das sich dem riesigen Wachstum der mathematischen Wissenschaft in Deutschland gegenübersah, brachte weiterhin hervorragende Mathematiker auf allen Gebieten hervor. Es ist interessant, französische und deutsche Mathematiker zu vergleichen: Hermite mit Weierstraß, Darboux mit Klein, Hadamard mit Hilbert, Paul Tannery mit Moritz Cantor. In den vierziger bis sechziger Jahren war Joseph Liouville, Professor am Collège de France in Paris, der führende Mathematiker, ein guter Lehrer und Organisator und langjähriger Herausgeber des „Journal de mathématiques pures et appliquées“. Er führte eine systematische Untersuchung der arithmetischen Theorie der quadratischen Formen von zwei und mehr Veränderlichen durch, jedoch läßt ihn das „Liouvillesche Theorem“ der statistischen Mechanik auch als einen produktiven Forscher auf einem ganz anderen Gebiet erkennen. Er wies die Existenz von transzendenten Zahlen nach und bewies 1844, daß weder e noch e^2 Wurzel einer quadratischen Gleichung mit rationalen Koeffizienten sein kann. Das war ein Schritt in der Kette der Überlegungen; sie führte von Lamberts Beweis im Jahre 1761, daß π irrational ist, zum Hermiteschen Beweis (1873), daß e transzendent ist, und zum abschließenden Beweis von F. Lindemann (1882) (einem Schüler von Weierstraß), daß π transzendent ist. Liouville und mehrere seiner Mitarbeiter entwickelten die Differentialgeometrie der Kurven und Flächen; die Formeln von Frenet-Serret (1847) entstammen dem Liouvilleschen Kreis.

Charles Hermite, Professor an der Sorbonne und an der École Polytechnique, wurde nach dem Tode von Cauchy im Jahre 1857 der führende Vertreter der Analysis in Frankreich. Hermites Werk bewegte sich ebenso wie das von Liouville in der Tradition von Gauß und Jacobi; es zeigte auch eine gewisse Verwandtschaft mit Riemann und Weierstraß. Elliptische Funktionen, Modulfunktionen, Thetafunktionen, Zahlen- und Invariantentheorie — allen diesen Gebieten wandte sich sein Interesse zu, wie die Namen

„Hermitesche Zahlen“, „Formen“, „Polynome“ bezeugen. Seine Freundschaft mit dem holländischen Mathematiker Stieltjes, der durch die Fürsprache von Hermite einen Lehrstuhl in Toulouse erhielt, bedeutete für den Entdecker des Stieltjesintegrals und der Anwendung der Kettenbrüche auf die Theorie der Momente eine große Ermutigung. Die Wertschätzung beruhte auf Gegenseitigkeit: „Sie haben immer recht, und ich habe immer unrecht“, schrieb Hermite einmal an seinen Freund. Der vierbändige „Briefwechsel“ (1905) zwischen Hermite und Stieltjes enthält eine Fülle von Material, hauptsächlich über Funktionen einer komplexen Veränderlichen.

Die französische Tradition in der Geometrie wurde in den Büchern und Arbeiten von Gaston Darboux großartig fortgesetzt. Darboux war ein Geometer im Sinne von Monge, der geometrische Probleme unter voller Beherrschung der Gruppen und Differentialgleichungen behandelte und an Probleme der Mechanik mit einer lebhaften Raumanschauung heranging. Darboux war Professor am Collège de France und ein halbes Jahrhundert lang als Hochschullehrer tätig. Sein einflußreichstes Werk war das Standardlehrbuch „Leçons sur la théorie générale des surfaces“ (Vorlesungen über die allgemeine Theorie der Flächen) (4 Bände, 1887—1896), das die Forschungsergebnisse eines Jahrhunderts über die Differentialgeometrie der Kurven und Flächen zusammenfaßte. In den Händen von Darboux wurde diese Differentialgeometrie auf den verschiedensten Wegen sowohl mit den gewöhnlichen und partiellen Differentialgleichungen als auch mit der Mechanik verknüpft. Darboux nahm bei seiner verwaltungstechnischen und pädagogischen Gewandtheit, seiner glänzenden geometrischen Anschauung, seiner Beherrschung der analytischen Technik und seinem Verständnis für Riemann in Frankreich eine irgendwie ähnliche Stellung ein wie Klein in Deutschland.

Der zweite Teil des neunzehnten Jahrhunderts war die Periode der bedeutenden und umfassenden Lehrbücher über Analysis und ihre Anwendungen, die oft unter dem Namen „Cours d'analyse“ erschienen und von den führenden Mathematikern geschrieben waren. Die berühmtesten sind der „Cours d'analyse“

von Camille Jordan (3 Bände, 1882—1887) und der „Traité d'analyse" von Emile Picard (3 Bände, 1891—1896), zu denen noch der „Cours d'analyse mathématique" von Edouard Goursat (2 Bände, 1902—1905) hinzukam.

25. Der größte französische Mathematiker der zweiten Hälfte des neunzehnten Jahrhunderts war Henri Poincaré, der von 1881 bis zu seinem Tode Professor an der Sorbonne in Paris war. Kein Mathematiker dieser Zeit beherrschte eine so große Zahl von Gebieten und war imstande, sie alle zu bereichern. Jedes Jahr las er über einen anderen Fragenkomplex; diese Vorlesungen wurden von seinen Hörern herausgegeben und umspannen einen gewaltigen Bereich: Potentialtheorie, Optik, Elektrizitätslehre, Wärmeleitung, Kapillarität, Elektromagnetismus, Hydrodynamik, Himmelsmechanik, Thermodynamik, Wahrscheinlichkeitsrechnung. Jede einzelne dieser Vorlesungen war in ihrer Art hervorragend; insgesamt stellen sie Ideen dar, die in den Werken anderer fruchtbar geworden sind, während viele noch der weiteren Bearbeitung harren. Poincaré schrieb darüber hinaus eine Anzahl von populären und halbpopulären Werken, die dazu beitrugen, ein allgemeines Interesse an den Problemen der modernen Mathematik zu fördern. Darunter befinden sich „La valeur de la science" (Vom Wert der Wissenschaft) (1905) und „La science et l'hypothèse" (Wissenschaft und Hypothese) (1906).[1]) Außer diesen Vorlesungen veröffentlichte Poincaré eine große Anzahl von Arbeiten über die sogenannten automorphen und Fuchsschen Funktionen, über Differentialgleichungen, Topologie und die Grundlagen der Mathematik, wobei er mit großartiger Beherrschung der Technik und vollem Verständnis alle einschlägigen Gebiete der reinen und angewandten Mathematik bearbeitete. Kein Mathematiker des neunzehnten Jahrhunderts, wohl mit alleiniger Ausnahme von Riemann, hat unserer heutigen Generation ebensoviel zu sagen.

Der Schlüssel zum Verständnis von Poincarés Gesamtwerk dürfte in seinen Gedanken über Himmelsmechanik und ins-

---

[1]) Der idealistische Standpunkt, den Poincaré in diesen Büchern einnimmt, ist von W. I. Lenin in seinem *Materialismus und Empiriokritizismus* (1908) kritisiert worden.

besondere über das Drei-Körper-Problem („Les méthodes nouvelles de mécanique céleste", 3 Bände, 1893) liegen. Hier zeigte er seine unmittelbare Verwandtschaft mit Laplace und bewies, daß selbst am Ende des neunzehnten Jahrhunderts die alten mechanischen Probleme des Universums nichts von ihrem Beziehungsreichtum für den schöpferischen Mathematiker verloren hatten. Gerade im Zusammenhang mit diesen Problemen studierte Poincaré divergente Reihen und schuf die Theorie der asymptotischen Entwicklungen, arbeitete über Integralinvarianten, die Stabilität der Planetenbahnen und die Gestalt der Himmelskörper. Seine grundlegenden Entdeckungen über das Verhalten der Integralkurven von Differentialgleichungen in der Nähe von Singularitäten und im Großen hängen mit seinem Werk über Himmelsmechanik zusammen. Das trifft auch auf seine Untersuchungen über das Wesen der Wahrscheinlichkeit zu, auf welchem Gebiet er abermals ähnliche Interessen entwickelte wie Laplace. Poincaré war Euler und Gauß ähnlich; von welcher Seite man ihn auch betrachtet, stets entdeckt man den Reiz der Originalität. Unsere modernen Theorien in der Relativitätstheorie, Kosmogonie, Wahrscheinlichkeit und Topologie sind alle ganz wesentlich durch das Lebenswerk von Poincaré beeinflußt worden.

26. Das Risorgimento, die nationale Wiedergeburt Italiens, bedeutete auch die Wiedergeburt der italienischen Mathematik. Mehrere der Begründer der modernen Mathematik in Italien nahmen an den Kämpfen teil, durch die ihr Land von Österreich befreit wurde und die zu seiner Einigung führten; später hatten sie neben ihren Lehrstühlen politische Stellungen inne. Ein starker Einfluß ging von Riemann aus, und durch Klein, Clebsch und Cayley erwarben sie ihre Kenntnisse der Geometrie und Invariantentheorie. Sie begannen sich auch für die Elastizitätstheorie mit ihrem stark geometrischen Einschlag zu interessieren.

Zu den Gründern der neuen italienischen Mathematikerschule gehörten Brioschi, Cremona und Betti. Im Jahre 1852 wurde Francesco Brioschi Professor in Pavia, und 1862 organisierte er die Technische Hochschule in Mailand, wo er bis zu seinem Tode

1897 lehrte. Er war Begründer der „Annali di matematica pura et applicata“ (1858), die im Titel ihre Absicht kundgaben, mit Crelles und Liouvilles Journal zu wetteifern. Im Jahre 1858 besuchte er zusammen mit Betti und Casorati die führenden Mathematiker in Frankreich und Deutschland. Volterra behauptete später, daß „die wissenschaftliche Existenz Italiens als einer Nation“ von dieser Reise an gerechnet werden müsse.[1]) Brioschi war der italienische Vertreter der im Sinne von Cayley-Clebsch unternommenen Forschungen über algebraische Invarianten. Zu Ehren von Luigi Cremona, der nach 1873 Direktor der Ingenieurschule in Rom war, wurde die birationale Transformation der Ebene und des Raumes, die „Cremona“-Transformation (1863—1865), nach ihm benannt. Er war auch einer der Pioniere der graphischen Statik.

Eugenio Beltrami war ein Schüler von Brioschi und hatte Lehrstühle in Bologna, Pisa, Pavia und Rom inne. Seine Hauptleistungen in der Geometrie stammen aus der Zeit zwischen 1860 und 1870, als er mit seinen Differentialparametern den Kalkül der Differentialinvarianten in die Flächentheorie einführte. Ein anderer Beitrag aus dieser Zeit war das Studium der sogenannten pseudosphärischen Flächen, der Flächen mit negativer konstanter Gaußscher Krümmung. Auf einer solchen Pseudosphäre kann man die nichteuklidische Geometrie von Bolyai im Zweidimensionalen verwirklichen. Das lieferte, ebenso wie die projektive Interpretation von Klein, eine Methode, um zu zeigen, daß in der nichteuklidischen Geometrie keine inneren Widersprüche vorhanden sind, da sich derartige Widersprüche dann auch in der gewöhnlichen Flächentheorie zeigen müßten.

Um 1870 wurden die Ideen von Riemann mehr und mehr zum Gemeingut der jüngeren Mathematikergeneration. Seine Theorie der quadratischen Differentialformen bildete den Gegenstand von zwei Arbeiten der deutschen Mathematiker E. B. Christoffel und R. Lipschitz (1870). Die erstgenannte Arbeit führte die „Christoffel“-Symbole ein. Diese Untersuchungen zusammen mit

[1]) V. Volterra, Bull. Amer. Math. Soc. 7, 60—62 (1900).

der Beltramischen Theorie der Differentialparameter brachten Gregorio Ricci-Curbastro in Padua auf die Idee des sogenannten absoluten Differentialkalküls (1884). Das war ein neuer invarianter Symbolismus, der ursprünglich zur Behandlung der Transformationstheorie von partiellen Differentialgleichungen geschaffen worden war, aber er erwies sich zugleich als ein für die Transformationstheorie der quadratischen Differentialformen geeigneter Symbolismus.

In den Händen von Ricci und einigen seiner Schüler, besonders von Tullio Levi-Civita, entwickelte sich der absolute Differentialkalkül zu dem, was wir heute Tensorrechnung nennen. Die Tensoren waren imstande, eine Vereinheitlichung von vielen invarianten Symbolismen herbeizuführen, und bewiesen außerdem ihre Kraft zur Behandlung allgemeiner Sätze der Elastizitätslehre, der Hydrodynamik und Relativitätstheorie. Der Name Tensor hat seinen Ursprung in der Elastizitätstheorie (W. Voigt, 1900).

27. David Hilbert, Professor in Göttingen, unterbreitete dem Internationalen Mathematikerkongreß in Paris im Jahre 1900 eine Reihe von dreiundzwanzig Forschungsproblemen. Zu dieser Zeit hatte Hilbert für seine Arbeiten über algebraische Formen bereits Anerkennung gefunden und sein heutzutage berühmtes Buch über die „Grundlagen der Geometrie“ (1900) vorbereitet. Dieses Buch war in vieler Hinsicht durch die von Moritz Pasch in Gießen geleistete Pionierarbeit, insbesondere durch sein Buch „Vorlesungen über neuere Geometrie“ (1882) angeregt worden, worin Pasch die Grundlagenfragen der Geometrie durch die axiomatische Denkmethode bereichert hatte, die zur gleichen Zeit Frege zu seinen Arbeiten über die Grundlagen der Arithmetik geführt hatte. Hilbert gab in seinem Buch eine Untersuchung der Axiome, auf denen die Euklidische Geometrie beruht, und erklärte, inwiefern die moderne axiomatische Forschung in der Lage war, die Leistungen der Griechen zu vervollkommnen.

In seinem Vortrag aus dem Jahre 1900 versuchte Hilbert, die Strömungen der mathematischen Forschung der vergangenen Jahrzehnte zu erfassen und einen Umriß künftiger produktiver

Arbeit zu skizzieren.[1]) Ein Überblick über die von ihm vorgeschlagenen Probleme wird ein besseres Verständnis für die Bedeutung der Mathematik des neunzehnten Jahrhunderts geben können.

Zuallererst schlug Hilbert die arithmetische Formulierung des Kontinuumbegriffs vor, wie er in den Arbeiten von Cauchy, Bolzano und Cantor ausgebildet worden war. Gibt es eine Kardinalzahl zwischen derjenigen der abzählbaren Mengen und der des Kontinuums? Und kann das Kontinuum als eine wohlgeordnete Menge betrachtet werden? Was kann darüber hinaus über die Widerspruchsfreiheit der arithmetischen Axiome gesagt werden?

Die nächsten Probleme behandelten die Grundlagen der Geometrie, dazu den Lieschen Begriff der stetigen Transformationsgruppe — ist Differenzierbarkeit eine notwendige Bedingung? — und die mathematische Durchforschung der Axiome der Physik.

Darauf folgten einige Spezialfragen, zuerst aus Arithmetik und Algebra. Die Irrationalität oder Transzendenz gewisser Zahlen war noch unbekannt (z. B. α^β für algebraisches α und irrationales β). Gleichermaßen unbekannt war ein Beweis der Riemannschen Vermutung über die Nullstellen der Zeta-Funktion ebenso wie die Formulierung des allgemeinsten Reziprozitätsgesetzes in der Zahlentheorie. Eine andere Frage auf diesem Gebiet betraf den Beweis für die Endlichkeit gewisser vollständiger Funktionensysteme, die durch die Invariantentheorie nahegelegt wurde.

Die fünfzehnte Frage forderte einen strengen Beweis des abzählenden Kalküls von Schubert, die sechzehnte das Studium der Topologie algebraischer Kurven und Flächen. Ein anderes Problem betraf die Zerlegung des Raumes in kongruente Polyeder.

Die restlichen Probleme handelten von Differentialgleichungen und Variationsrechnung. Sind die Lösungen von regulären Problemen der Variationsrechnung immer analytisch? Besitzt jedes reguläre Variationsproblem bei gegebenen Randbedingungen eine Lösung? Was läßt sich über die Uniformisierung analytischer Relationen mit Hilfe von automorphen Funktionen sagen? Hilbert

---

[1]) Göttinger Nachrichten (1900), S. 253—297.

beendete seine Aufzählung mit einem Aufruf zur Weiterentwicklung der Variationsrechnung.[1])

Hilberts Programm bewies die Lebenskraft der Mathematik am Ende des neunzehnten Jahrhunderts und hebt sich scharf von dem gegen Ende des achtzehnten Jahrhunderts aufgekommenen pessimistischen Ausblick ab. Gegenwärtig sind einige der Hilbertschen Probleme gelöst worden; andere harren noch der endgültigen Lösung. Die Entwicklung der Mathematik in den Jahren nach 1900 hat die Erwartungen, die am Ende des neunzehnten Jahrhunderts geäußert wurden, nicht enttäuscht. Jedoch hat selbst Hilberts Genie einige der überraschendsten Entwicklungen nicht voraussehen können, die tatsächlich stattgefunden haben und heute noch stattfinden. Die Mathematik des zwanzigsten Jahrhunderts hat ihren eigenen neuen Weg zum Ruhm angetreten.

Literatur

Die beste Geschichte der Mathematik des neunzehnten Jahrhunderts ist:

F. Klein, *Vorlesungen über die Entwicklung der Mathematik im 19. Jahrhundert, I, II* (Berlin 1926/27).

Eine Bibliographie der führenden Mathematiker des neunzehnten Jahrhunderts findet sich in:

G. Sarton, *The Study of the History of Mathematics* (Cambridge, Mass., 1936), S. 70–98.

Dort werden Biographien verzeichnet von Abel, Adams, Airy, Appell, Aronhold, Babbage, Bachmann, Baire, Ball, Bellavitis, Beltrami, Bertrand, Bessel, Betti, Boltzmann, Bolyai, Bolzano, Boole, Borchardt, Brioschi, G. Cantor, L. Carnot, Cauchy, Cayley, Chasles, Clausius, Clebsch, Clifford, Cournot, Couturat, Cremona, Darboux, G. Darwin, Dedekind, de Morgan, Dirichlet, Edgeworth, Eisenstein, Encke, Fiedler, Fourier, Fredholm, Frege, Fresnel, Fuchs, Galois, Gauß, Germain, Gibbs, Göpel, Gordan, Graßmann, Green, Halphen, Jevons, Jordan, Kelvin, Kirchhoff, Klein, Kowalewskaja, Kron-

[1]) Eine Diskussion der von Hilbert umrissenen Probleme nach dreißig Jahren findet man in L. Bieberbach, *Über den Einfluß von Hilberts Pariser Vortrag über „Mathematische Probleme" auf die Entwicklung der Mathematik in den letzten dreißig Jahren*, Naturwissenschaften *18*, 1101–1111 (1936). Seitdem sind neue Fortschritte gemacht worden.

ecker, Kummer, Laguerre, Lamé, Laplace, Legendre, Lemoine, Leverrier, Lie, Liouville, Lobatschewski, Lorentz, MacCullagh, Maxwell, Méray, Minkowski, Mittag-Leffler, Möbius, F. Neumann, Newcomb, E. Noether, Olbers, Oppolzer, Painlevé, Peacock, B. Peirce, Pfaff, Plücker, Poincaré, Poinsot, Poisson, Poncelet, Ramanujan, Rankine, Rayleigh, Riemann, Rosenhain, Ruffini, Saint-Venant, Schwarz, Smith, v. Staudt, Steiner, Stokes, Sylow, Sylvester, Tait, Tschebyscheff, Weierstraß.
Weiteres bibliographisches Material in den Ausgaben der Scripta Mathematica (New York, seit 1932).

Von folgenden Mathematikern sind gesammelte Werke herausgegeben worden (manchmal nur teilweise): Abel, Beltrami, S. Bernstein, Betti, Bianchi, G. Birkhoff, H. Bohr, Bolzano, Borchardt, Brioschi, G. Cantor, Carathéodory, E. Cartan, Casorati, Cauchy, Cayley, H.-C. Chow, Clifford, Cremona, Dedekind, Denjoy, Dini, Dinnik, Dirichlet, Eisenstein, Fourier, Fuchs, Galois, Gauß, Gibbs, Graßmann, Green, Haar, Halphen, Hamilton, Hecke, Hermite, Hilbert, Jacobi, Klein, S. Kowalewskaja, Kronecker, Laguerre, E. E. Levi, Levi-Civita, Lie, Ljapunoff, Lobatschewski, Lusin, Mandelstam, G. A. Miller, Minkowski, Möbius, Mukhopadhyaya, Peano, C. S. Peirce, Pincherle, Plücker, Poincaré, van der Pol, Pompeiu, Ramanujan, Ricci, Riemann, Ruffini, Schläfli, Schwarz, Scorza, C. Segre, H. I. S. Smith, Steiner, Sylow, Sylvester, Szasz, Tait, Tschebyscheff, Urysohn, Vaidyanathaswamy, Volterra, Voronoi, Wald, Weierstraß.

Weiterhin:

L. de Launay, *Monge. Fondateur de l'École Polytechnique* (Paris 1934).

R. Taton, *Monge* (Paris 1951), auch kürzer: Elemente der Mathematik, Beiheft *49* (Basel 1950).

F. Klein u. a., *Materialien für eine wissenschaftliche Biographie von Gauß* (8 Bände, Leipzig 1911—1920).

G. W. Dunnington, *Carl Friedrich Gauß; Titan of Science* (New York 1955).

C. F. Gauß, Gedenkband anläßlich des 100. Todestages, herausgegeben von H. Reichardt (Leipzig 1957).

C. F. Gauß, Sammelband zu seinem 100. Todestag (russisch) (Moskau 1956).

C. F. Gauß und die Landesvermessung in Niedersachsen (Hannover 1955).

Quaternion centenary celebration. Proc. Roy. Irish Acad. A *50*, 69—98 (1945); unter den Artikeln befindet sich A. J. McConnell, *The Dublin mathematical school in the First Half of the Nineteenth Century.*

Eine Sammlung von Arbeiten zum Gedenken an Sir William Rowan Hamilton (Scripta mathematica studies [New York, 1945]).

E. Kötter, *Die Entwicklung der synthetischen Geometrie von Monge bis auf v. Staudt*, Jahresber. Deutsche Math.-Ver. *5*, 1—486 (1901).

M. Black, *The Nature of Mathematics* (New York 1934); enthält eine Bibliographie über symbolische Logik.

V. F. Kagan, *Lobatschewski* (Moskau, Leningrad 1944) (russisch).

[A. P. Norden, Herausg.] *Hundertfünfundzwanzig Jahre nichteuklidische Geometrie von Lobatschewski* (Moskau, Leningrad 1952) (russisch).

D. J. Struik, *Outline of a History of Differential Geometry*, Isis *19*, 92—120 (1933); *20*, 161—191 (1934).

J. L. Coolidge, *Six female mathematicians.* Scripta math. *17*, 20—31 (1951). Siehe auch E. G. Kramer, Scripta math. *23*, 83—95 (1957).

Behandelt werden Hypatia, M. G. Agnesi, E. du Chatelet, M. Sommerville, S. Germain und S. Kowalewskaja.

Sonja Kowalewskaja, *Her recollections of childhood.* Aus dem Russischen übersetzt von I. F. Hapgood (New York 1895).

Dieses Buch enthält auch die von A. C. Leffler verfaßte, aus dem Schwedischen (1892) übersetzte Biographie; in Sammlung Reclam, Leipzig, vorhanden.

Zur Erinnerung an S. V. Kowalewskaja. Eine Sammlung von Essays (Moskau 1951) (russisch).

Siehe auch Istor. Mat. Issled. *7*, 666—715 (1954).

L. P. Wheeler, *Josiah Willard Gibbs* (New Haven 1951).

E. Worbs, *Carl Friedrich Gauß.* Ein Lebensbild (Leipzig 1955).

N. Nielsen, *Géomètres français sous la Révolution* (Copenhagen 1929).

L. Kollros, *Jakob Steiner*, Elemente der Mathematik, Beiheft 7 (Basel 1947).

J. T. Merz, *A History of European Thought in the Nineteenth Century* (London 1903–1914).

J. Hadamard, *The Psychology of Invention in the Mathematical Field* (Princeton, N. J., 1945).

G. Prasad, *Some Great Mathematicians of the Nineteenth Century: Their Lives and Their Works* (2 Bände, Benares 1933/34).

E. Winter, *B. Bolzano und sein Kreis* (Leipzig 1933, Halle 1949).

E. Kolman, *Bernard Bolzano* (Moskau 1955; russisch).

O. Ore, *Niels Henrik Abel* (Minneapolis 1957).

L. Infeld, *Wen die Götter lieben* (Wien 1954).

Das ist ein auf dem Leben von Galois beruhender Roman. Über Galois vgl. auch R. Taton, Revue Hist. Sci. appl. *1*, 114—130 (1947), und

A. Dalmas, *Evariste Galois, Révolutionnaire et Géomètre* (Paris 1958) (russische Übersetzung Moskau 1960).

Für das Studium der mathematischen Arbeiten von Karl Marx siehe

A. P. Gokieli, *Die mathematischen Handschriften von Karl Marx* (Tiblissi 1947, russisch).

D. J. Struik, *Marx and Mathematics,* Science and Society *12,* 181—196 (1948).

Vergleiche auch K. A. Rybnikow, Uspechi mat. nauk *10* (1955), 197—199 (russisch).

Zu einzelnen Mathematikern des 19. Jahrhunderts siehe auch

Kurt-R. Biermann, *Alexander von Humboldt als Protektor Gotthold Eisensteins und dessen Wahl in die Berliner Akademie der Wissenschaften*; in: Forsch. u. Fortschr. *32*, 78–81 (1958).

Ders., *Zum Verhältnis zwischen Alexander von Humboldt und Carl Friedrich Gauß;* in: Wiss. Z. d. Humb.-Univ. zu Bln. M.-n. R. VIII 1958/59, 121–130.

Ders., *Über die Förderung deutscher Mathematiker durch Alexander von Humboldt;* in: Gedenkschr. z. 100. Wiederkehr seines Todestages, Berlin 1959, 83–159.

Ders., *F. Woepckes Beziehungen zur Berliner Akademie;* in: Mon. Ber. Dt. Akad. Wiss. *2*, 1960, 240–249.

Ders., *J. P. G. Lejeune Dirichlet. Dokumente für sein Leben und Wirken*, Berlin 1959 (= Abh. Dt. Akad. Wiss., Kl. f. Math., Phys. u. Techn., 1959, Nr. 2).

Ders., *Vorschläge zur Wahl von Mathematikern in die Berliner Akademie*, Berlin 1960 (= Abh. Dt. Akad. Wiss., Kl. f. Math., Phys. u. Techn., 1960, Nr. 3).

Ders., *Gotthold Eisenstein*, Journ. reine angew. Math. *214*, 19–30 (1964).

NAMENVERZEICHNIS

(geb. = geboren; gest. = gestorben; Hp. = Höhepunkt des Schaffens)

INHALT